自 然 文 库
Nature
Series

KINDRED

Neanderthal Life, Love, Death and Art

血 缘

尼安德特人的生死、爱恨与艺术

〔英〕丽贝卡·雷格·赛克斯 著

李小涛 译

商务印书馆
The Commercial Press

按：关于研究者的姓名

21世纪的科学界与19世纪有着天壤之别。这不单单是指分析方法的巨大改变，也是指科学研究的百家争鸣。单单过去10年发表的科研论文，就比19世纪到20世纪之间发表的文章多好几倍。撰写完整的尼安德特人研究历史，详细介绍早期一些关键的史前学家是可以的，因为总体上就那么几个人。此外，从这些人身上也可以窥见，19世纪到20世纪初有关尼安德特人的首批考古发现，是如何对科学界和社会产生更广泛的影响的。

但是大约从1930年开始，从事该课题研究的人数急剧增加，考虑到文章的可读性和简洁性，我决定在文中不再提及具体人名，而是泛泛地称为"考古学家"或"研究人员"。作为一个受过科学训练的人，我很清楚科研人员不管说什么都需要有大量引文作为佐证，我是深思熟虑后做出这个决定。《血缘》需要不同的写作方式，我希望在讲述尼安德特人的故事时，每句话都切中主题。仅因为篇幅原因，文中说到每处遗址或每条信息时，也无法提到研究人员的姓名和身份。

我绝不是说，过去的八九十年里，那些不知名的供稿人对我们了解尼安德特人所做的贡献就不重要。文中有许多没有单独提及的人，是我一直以来的同事，有些也是我的好友。他们的姓名和出版物可以在书中附的在线参考书目中找到，但是在此我想特别感谢他们，没有他们的奉献、勇气、灵感以及汗水，这本书根本不可能成形。

目 录

血缘

导言

　　来自远古的声音在洞穴中回荡，但那不是浪花奔涌飞溅的悲鸣与低叹，因为海水早已随着严寒的来袭而退却，起伏的山峦也因冰雪铠甲的禁锢而扭曲。凹凸不平的岩壁内传来越来越弱的呼吸，缓慢的脉动也在渐渐消失。在世界的尽头，不管是从字面意思还是象征意义来说，伊比利亚半岛的最后一个尼安德特人目睹了旭日从地中海上喷薄而出。幽暗如燧石般的天空渐渐亮起，迎来一个灰蒙蒙的黎明，原鸽轻柔的咕咕声与迷路海鸥的鸣叫声婉转应和，犹如孩子饥饿时的哭泣。但是这地方再也看不到婴孩，再也看不到其他人的身影，只有他形影相吊，独自仰视星辰渐暗，独自守夜直到生命尽头。

　　大约 4 万年后，海平面再次升高，空气中弥漫着一股海盐的味道，同一个洞穴的岩壁内再次响起人声与音乐声，就像是为祖先遗梦唱响的安魂曲。

　　这就是 2014 年在直布罗陀发现的戈勒姆洞穴。考古学家和人类学家每年都会来到欧洲最南端的这个温暖宜人之地，参加有关尼安德特人的众多学术会议之一。但 2014 年发生了一件特别的事情。音乐人兼生物学家道格·拉森（Doug Larson）教授作为与会代表，在参观犹如教堂般壮丽的遗址洞穴时忍不住拨动吉他琴弦，唱起了歌曲《最后的站立者》：伊比利亚半岛和戈勒姆洞穴考古研究最新发现的一些尼安德特人。当歌声在巨大空旷的石室内回荡时，专业人士们停止了学术演讲，停止了理论交锋，也不再讨论石制工具分类的繁冗复杂。他们静静地沉浸在歌声的涓流中，感受着与古代先人产生精神共鸣的冲动。其实，你也能体验这个奇特而又令人动容的时刻，因为据说有人拍下了这一幕，并上传到了 YouTube 网站。

那首在千年墓地吟唱的小夜曲，仿佛一道光射入这些科学研究者的心中。昔日一丝不苟、理性客观的科学阐述结束了，这些同僚（同时也是朋友）来到咖啡馆和酒吧，提出更为自由开放，甚至充满激情的猜想。他们谈论的话题范围非常广泛，从梦想的考古遗址，到已知的发现和未知的谜团，所有对话都围绕一个问题展开，即我们能否揭开尼安德特人的身份之谜。

本书为读者打开了一扇窗口，方便大家了解相关的讨论。不管你是否听说过尼安德特人，也不管你是对此稍有兴趣，还是业余专家；甚至那些有幸研究尼安德特人史前世界的科学家都能从中获益，因为这项研究的难度日益增加：伴随新的考古发现源源出现，各种研究数据和理论纷繁复杂，令人迷惑，这使得许多研究人员不得不改变研究方向，甚至彻底改弦易辙。庞大的信息量增加了处理难度，很少有专家能尽览自己领域内所有新发表的文章，

血缘

更别说有关尼安德特人的全部学术成果了。即便是资历最深的研究人员，面对眼花缭乱的新发现照样震惊不已。

研究人员对该课题的大量关注和分析是因为尼安德特人至关重要，而且一直都很重要。他们拥有其他已灭绝的古人类无法企及的流行文化。在我们的远古亲戚（人族动物）中，尼安德特人确实是最著名的，有关他们的重大发现稳居重要科学期刊的封面和主流媒体的头条。如今，他们的魅力依旧不减：谷歌趋势（Google trends）显示，网民对"尼安德特人"的搜索量甚至远远超过了"人类进化"。但是高人气就像一把双刃剑。编辑们都知道有关尼安德特人的信息能骗取点击率。他们通过低俗新闻吸引读者，而且通常倾向于采用此类标题，比如"某某杀死了尼安德特人"或"尼安德特人并非我们想象的那么蠢"。

随着相互矛盾的导向性陈述持续出现，研究人员在不同的观点间摇摆不定，犹豫不决，由此引发的挫败感逐渐冲淡了他们分享工作成果的热情。虽然争论有助于科学进步，但新的研究数据和理论反映出的不是研究人员的困惑，而是他们强势的劲头。此外，老生常谈似的"尼安德特人新闻"意味着普通人永远听不到最令人着迷的现代研究发现。

自 1856 年在德国采石场发现的奇怪骸骨化石[1]被初步鉴定为一种已灭绝的古人类以来，有关尼安德特人的研究早已发生巨大变化，更宏观的图景也变得很难把握。学者们开始挖掘更多这种

---

1 化石化是指骸骨变成矿物质的过程。——本书脚注无特殊说明，均为原注。

奇特古人类的骸骨，到第一次世界大战时，随着更多尼安德特人的骸骨化石被发现，我们才意识到地球上曾经生活着我们的许多兄弟姐妹。研究人员将目光延伸到各种石制工具，并首次对尼安德特人的文化展开认真的研究。时间本身就是关键：到20世纪中期，随着年代测定技术和地质年代学的发展，那些在时间长河的波浪中被空间分隔的考古遗址得以联系起来。时间推进到70多年后，正是在这些遗址的基础上，我们得以尽览尼安德特人跨越数千公里、纵贯35万年的宏观世界图景。

然而要探寻尼安德特人的起源，21世纪的考古学研究还任重道远，这可能更像维多利亚时代未来主义者的幻想。早期的史前学家只能通过一些石器和骨骼化石来重建远古世界，而现代的研究人员采用的是先辈们从未见过的工作方法。专家们在研究100年前做梦都想不到的遗存时，用激光扫描代替墨迹素描来获取整个遗址的图像，从鱼鳞和羽枝，到单个火塘的微观历史，显微镜下秋毫毕现，足以媲美挖掘铲的发现。

我们几乎能回望尼安德特人的过去，重建4.5万年前将一块圆石打磨成锋利石片的数分钟时间。静态的考古学记录变成了动态画面：我们看到这些石制工具在考古遗址周围的移动，看到它们被携带到自然场景中。我们甚至能反向追踪它们最初的产地。现在，有关尼安德特人身体的深入研究已经成为可能。单纯通过牙齿化石，我们就能深入研究它们每天的生长线，通过微抛光评估日常饮食情况，甚至通过化学方法"闻嗅"渗入牙结石中的火塘柴烟。

30 多年来，大量考古信息的涌现促进了尼安德特人研究的复兴。各种惊人发现接二连三登上报纸头条，而我们对尼安德特人的基本理解已经发生革命性变化，包括他们生活的时间、地点、使用工具的方式、日常饮食以及他们世界的象征维度。也许最令人惊奇的是，曾经被嗤之以鼻的"跨人种之恋"就是从毫不起眼的骸骨碎片中梳理出来的，而一茶匙的洞穴土壤也能提供尼安德特人完整的基因组。

　　尖端设备使我们能从所有可想到的物质中获取 TB 级字节的信息，但更重要的是，考古学家意识到，遗址的形成过程对理解其内部遗物至关重要。数千年来，保存环境、自然侵蚀的变化莫测和岁月变迁意味着所有东西以碎片化状态呈现在我们面前。在我们全心投入分析遗址的形成过程前，记录每件人工制品的确切位置对理解各地层的完整性至关重要。破碎和长期分离的部分能够重新组合，而土壤结构、燧石片的倾角或者骨头碎片的风化情况都有助于破解考古遗址的形成之谜。我们必须通过这份严重受损、有时又杂乱无章的档案，费力拼凑出历史的原貌。

　　所以考古人员需要按捺住挖掘时激动的心情，将平均每次挖掘出的数万或数十万小心收集来的遗物清洗、贴标签，再放入独立的密封袋保存。所有遗物都以数字形式存储于海量的物源数据库中，为我们探寻地质学、景观环境和人类活动之间的交叉提供了宝贵资源。如此审慎的处理方式也改变了我们处理很久之前搜集的博物馆藏品的方式。如今，典型遗址越来越多，有些每年要接待成千上万的游客。通过尖端的再分析技术，这些典型遗址将揭开新的秘密，有时甚至是意想不到的。这一切使我们比以往任何时候都能更加准确地回答有关尼安德特人的基本问题，比如，尼安德特人平时吃什么？

但是，即便只是简单涉猎尼安德特人饮食研究，我们也发现这个问题看似简单，实则不然。这不仅是因为可用的研究材料和方法有限（主要包括检查动物骸骨的比例、分析牙齿与石制工具的微痕和食物残渣，以及对化石进行化学和基因分析），也是因为对遗址形成过程的正常怀疑延伸到了对饮食的法证调查。即便是在许多动物遗骸表面布满石器划痕的遗址，情况也并不总是一目了然。比方说，考古学家已经从失败中得到教训，会充分考虑其他食肉动物的作用以及身体各部位腐烂速度的差异。

但是，研究的每一次进展都会让宏观图景变得更加清晰。事实证明，尼安德特人除了狩猎大型动物，也会食用其他食物，但是不同时空节点的尼安德特人吃同样的食物吗？尼安德特人生活中的各方面息息相关，并与其他许多重大问题紧密交织，比如：他们需要食用多少食物来满足身体需求？他们做饭吗？他们如何狩猎？他们的领地范围有多大？他们的社会网络是什么样的？每个问题都显示出深层的复杂性。

人工制品和考古遗址多如繁星，要从中找出模式，就必须兼顾方方面面，进行跨时空研究。尼安德特人的生活呈现出四维性，所以当我们重建他们在某地狩猎驯鹿的惊人细节时，我们必须要问一句：他们在其他地方、其他时间在做什么？目前发现的考古遗址种类多样，有些只是一具骸骨周围短暂散落的石头，有些则是深埋在灰烬沉积层的大量骸骨，即包含成百上千野兽骸骨的烧骨堆。这些不同种类的考古记录让我们很难把握过去变幻莫测的时间长度。根据各地层形成模式的不同，两个同等深度的沉积层之间的时间跨度可能是一个下午，也可能是 1 万年。确定单件遗物的年份是非常有效的手段，但前提是我们得确定遗物在沉积层之间没有发生位移。单个人工制品、沉积层或考古遗址提供的信息向外延伸，能将不同程度的行为联系起来。

有关尼安德特人的公开讨论和探索鲜少提到这些细微差别，大多数人对他们只是略有所闻，对科学细节知之甚少。此外，许多人想到尼安德特人，都会把他们与冰雪和猛犸象联系在一起。先前的刻板印象是：衣衫褴褛的尼安德特人在冰冻荒野中瑟瑟发抖，并随着我们现代人祖先的到来而走向消亡。但尼安德特人的世界绝非如此。通过一些研究人员的社交平台或直播会议，人们虽然有更多的机会来了解研究结果，但面对铺天盖地的新数据和复杂解读，要找到均衡考虑、真正前沿的观点非常困难。真正"令人惊喜"的发现确实会吸引新闻媒体全天候的注意，甚至让研究人员都大吃一惊，但最吸引人的并不总是这种"夺人眼球"的故事。那些经历数十年缜密研究的理论和争论虽然缺乏新闻头条的吸引力，但这些故事包含许多有关尼安德特人生活的最惊人的想法。

事实上，这种细微差别为我们调整研究尼安德特人的重要思路奠定了基础。随着研究数据的积累，我们开始拓宽视野，"我们"和"他们"之间的差距不断缩小。随着数据信息逐渐增加，我们曾经认为不在尼安德特人认知范围内的许多事情开始受到广泛认可，比如他们不单用石料制作工具，也会使用矿物颜料，收集贝壳和鹰爪等物品，甚至发展出了艺术美学。此外，尼安德特人的多元性也得以显现。在今天看来，尼安德特人与其说是一个模子刻出来的人族动物，不如说更像生活在一个像罗马帝国那样广袤富饶的王国里的居民。他们在时空层面的广泛性意味着文化上的多样性、复杂性和演进性。尼安德特人种群多样，适应性强，既生活在壮丽冰川与冻土地带交界处那些如今已消逝的世界，也生活在温暖的森林、沙漠、海岸和群山之间。

自从 160 多年前尼安德特人被（重新）发现以来，人类对他们的痴迷就丝毫不减。这是一场超越生命、千古长存的爱情，但是与他们漫步地球的时间跨度相比，这仅仅是时钟里秒针的轻颤而已。在过去，他们举头迎接日出，大口呼吸新鲜空气，在泥沙和雪地间留下一串串脚印。我们对他们的看法和印象也在不断改变，过去普通人在谷歌上搜索"尼安德特人是人类吗？"，如今人们开始关注那些终日研究尼安德特人骸骨化石的研究人员。我们重新想象尼安德特人的模样，每个发现都会重新激发我们探寻这些古人类起源的渴望和关切。最奇特的是他们可能从未想过，在他们去世之后，他们的故事与近 200 年来的科学、历史和流行文化紧密纠缠，如今继续向我们遥远的未来延伸。

本书接下来的章节将描绘出一幅 21 世纪的尼安德特人画像：他们并非家族树枯枝上的愚钝失败者，而是适应性极强甚至繁衍兴旺的远古亲戚。凡阅读本书的人都是出于对他们的关注，而由此引出的最伟大、最重要的问题是：我们是谁，我们来自何方，我们可能归向何处?

透过重重阴影,穿过层层回响,他们有万语千言想要倾诉,不仅讲述人类的其他演化之路,也让我们用新的视角审视自我。尼安德特人最光荣的是他们与我们拥有共同的起源,而且他们并没有走向演化的死胡同,并非逝去的存在。他们就在这里,在我打字的手里,在你阅读的大脑中。

请继续阅读,走近你的血亲。

第一章　初露真容

屋顶粗粝的尘土在脚下发出刺耳的响声，因为我们站在令人目眩的太空摩天塔上。它超出了任何关于通天塔的梦想，犹如超级石笋般巍然屹立在地球上，1米对应着人类历史上的1年。在30万米高的塔顶，国际空间站从我们头顶快速划过，眨眼就消失不见。从高塔边缘向下俯瞰，整个高塔周围透射着从成千上万窗口倾泻而出的光晕。靠近楼顶处是LED灯照明的公寓楼窗口，但一路往下——在更遥远的过去——光的亮度发生变化。你的眼睛要适应变化的光线，琥珀色的日光灯让位给煤气灯，然后是层层摇曳的烛火。

现在，你眯起眼睛，更久远时代的亮光变得微弱。数以万计的黏土灯发出荧荧灯火，它们的烟迹环绕整座高塔，然而我们仍旧没有看到人类历史的源头。你拿出一个小望远镜，睁大眼睛，贪婪地搜寻古老的光子，你看到火塘中忽明忽暗的炉火从大约30千米深处出现，在30万米深处继续，然后一直持续到了30万年前。

火焰与光影纠缠起舞，变换形状，在石墙上投下影子，再往下是无尽的黑暗，而年代早已无从计算。

时间的流逝充满了欺骗性，有时快得吓人，有时又慢如心跳，令人度日如年。即使我们置身于持续流淌的"现在"之河，每个人的生命中也充斥着各种回忆和想象。我们都是时间长河里的漂流客，却无法跳出窠臼，观看整条奔涌的长河。现代科学无需太多计算或测量，就能将量值计算到让大脑爆炸的精准水平，不管是宇宙年龄，还是普朗克秒[1]，无一例外。但是要想从演化、行星和宇宙层面真正理解时间的尺度，仍旧几乎是天方夜谭，就像第一批地质学家窥见地球真实年龄时一样令人震惊。大多数人能设法维系的"有生记忆"的极限是三四代人，要想与超出这个极限的过去产生共鸣极具挑战，而要探寻更古老的祖先更是难上加难。那些承载着我们形象的老照片变得愈发模糊，甚至这种视觉档案也只能再向前推进两三代人。当我们走近肖像画的领域，这又为过去罩上了另一层虚幻的薄纱。要理解浩瀚悠久的考古时代，自然更加困难。

许多方便好用的心理技巧能跨越我们短暂人生和永恒时间之间的鸿沟。当138亿年的宇宙历史浓缩在短短12个月内，我们会惊奇地发现恐龙时代离公元元年近得惊人，而最早的智人只是在新年烟火燃放的几分钟前才出现。但是以相对尺度标绘时间并不能传递出岁月的漫长和难以逾越的跨度。各种惊人的并列比较会

---

1 可测量的最短的时间单位。

更直观一些。比如，从埃及女王克莉奥帕特拉统治王朝到人类登月，时间跨度小于她的王朝与吉萨金字塔群建造之间的时间间隔。这只是近几千年前的事情，而旧石器时代作为最后一个冰河时代前的考古时期，则更加令人费解。从时间上来说，拉斯科洞穴壁画中"跳跃的公牛"更接近你手机拍摄的那些照片，而不是法国南部肖维岩洞中的马和洞狮的壁画。尼安德特人的位置在哪里呢？他们将我们带回过去，回到比那些描摹野兽的史前壁画更久远的时代。

第一批尼安德特人出现的时间虽然无法确定，但可以肯定的是，他们在45万到40万年前演化为独特的人种。当时，地球上生活着许多古人类种群，夜空对他们或许还很陌生，太阳系在永恒的银河系华尔兹中被迫起舞，距离它现在的位置仍有数光年距离。尼安德特人在距今大约12万年前开始统治地球。虽然那时的陆地与河流大多清晰可辨，但世界的**感觉**有所不同：气候更加温暖，冰川融水导致海平面上升，海水淹没陆地，海岸线上移了许多米。令人吃惊的是，许多热带动物四处游荡，足迹甚至遍布北欧的大峡谷。总之，尼安德特人在地球上存续的时间令人吃惊，达到了35万年，直到距今大约4万年前，他们才销声匿迹——至少是他们的化石和人工制品消失了。

到目前为止，这一切令人头晕目眩，但还不限于时间层面，尼安德特人广泛的空间分布也令人瞠目。与其说他们是欧洲人，不如说他们更像欧亚人，分布范围从威尔士北部到中国边境，再向南一路到达阿拉伯沙漠边缘。

血缘

我们对尼安德特人了解得越多，就越发现他们的范围之广、情况之复杂，但这也让我们心生疑惑：地球上有成千上万的尼安德特人考古遗址，我们该如何取舍？所以我们要坚守根本，继续研究关键遗址，并以此作为衡量尼安德特人故事的重要标准，由此向外扩展。有些遗址，比如西班牙的罗曼尼岩棚或者西伯利亚的丹尼索瓦洞穴，为我们讲述了 21 世纪发现的离奇故事。而有些遗址，比如法国西南部佩里戈尔中心的勒穆斯捷岩棚，提供了尼安德特人的生活编年史，它贯穿了考古学本身的历史。我们在后面章节中提到的两具极其重要的骨骼化石就是在此地发现的，另外这也是一个石器[1]遗址，界定了一种特别的尼安德特人文化。勒穆斯捷岩棚见证了 100 多年的研究，接待过纷至沓来的学者，甚至在"一战"爆发前成为引发地缘政治焦虑的导火索。但不管是勒穆斯捷岩棚，还是 1914 年的法国，都并非尼安德特人故事真正的起点。我们需要再向前回溯 50 年，回到 19 世纪 50 年代。

开始

有关现代人与尼安德特人邂逅的故事总是令人着迷。我们与他们的故事纠缠错节，因为各种直觉和困惑的线索而变得凌乱。这个故事诞生于工业革命时期，经历过战火硝烟，在失而复得的宝藏中散发光芒。从数万年前两种人类之间那些早已被遗忘的相遇，

---

1 研究人员更喜欢用"石器"这个词，而不是"石制工具"，后者更多是特指手持工具。

到最近我们对这些远古亲戚的重新发现，我们对他们的迷恋始终都在。这个故事早已厌弃了冰天雪地和猛犸象的背景，不断吸引人们乘坐时光机直接返回更新世时期[1]。但是我们需要从这段宏大复杂历史的中点开始，这样才能清晰地看到它的起源或者结束。

首先我们将时间向前推进五六代人，见证人类演化科学的诞生。自恋从根本上说是维多利亚时代世界观的产物——它总是在探寻：我们是谁？又因何是我们？19世纪的世界经历了迄今为止最严重的社会经济动荡，学者们集中精力研究欧洲诸多洞穴中出土的奇特骸骨，但从一开始有件事就确定无疑，那就是尼安德特人引发了越来越多有关人类本质的争论。这无疑是至关重要的问题，而答案不仅能满足好奇，还具有深远意义。回顾早期史前学家对该离奇人种的分类方式，或许能帮助我们理解有关尼安德特人的各种自相矛盾的认知，并解释那些延续至今的偏见。

这段历史始于1856年夏末。为了满足蓬勃发展的大理石和石灰石开采业的需求，昔日著名的风景名胜——德国杜塞尔多夫西南部的深邃峡谷逐渐被开采殆尽。靠近悬崖顶部的克莱恩·菲尔德霍夫洞穴得以显露出来。洞口堆积了厚而黏稠的沉积物，因此需要爆破疏通。采石场场主的目光被采矿工人从洞口扔下的大块骨头化石吸引。作为当地博物学协会的成员，他推测这些可能是学术界很感兴趣的古老动物遗骸，所以他抢救出一堆残缺不全

1　更新世是划分出的地质时代，是第四纪的第一个世，始于大约280万年前，结束于大约1.17万年前，而这正是我们人类生活的时代——全新世的开始。

血缘

的动物骸骨，包括一块最重要的头盖骨。博物学协会的创始人约翰·卡尔·富尔罗特（Johann Carl Fuhlrott）查看后意识到这是人类的骸骨。不仅如此，骸骨已经石化，年代肯定非常久远。[1]

伴随着新闻媒体的报道，菲尔德霍夫洞穴的发现激发了当地人的想象，就连许多顶尖学者都要求查看这些神秘骸骨。1857年初，这块头盖骨的模型被送给波恩的解剖学家赫尔曼·沙夫豪森（Hermann Schaaffhausen），幸好他思想开明，很愿意承认这可能是人类骸骨。最终，富尔罗特将真正的骸骨装入木箱，通过建成10年的铁路一路护送到了波恩。沙夫豪森凭借自己的专业眼光，很快注意到这些骸骨的大小有些异常，尤其是头骨。而其他特征，比如倾斜的额骨，让他想到了猿类。鉴于这些骸骨十分古老，而且出现在洞穴里，他倾向于认为这是某个原始人种。同年夏天，他和富尔罗特向普鲁士的莱茵兰和威斯特伐利亚博物学学会全体大会提交了有关这项发现的报告。这是尼安德特人首次非正式亮相，数年后随着更多骸骨被偶然发现，他们成为第一个获得科学命名的化石人类：尼安德特人（*Homo neanderthalensis*）。

今天，"尼安德特人"一词早已变得耳熟能详，但它的历史却充满了奇怪的巧合。英文 Neanderthal 后面的"thal"（意思是"河谷"）暗指这些骸骨的原始安息地，这条河谷是以17世纪末教师、诗人兼作曲家约阿希姆·尼安德（Joachim Neander）的姓氏命名的。约阿希姆是加尔文主义者，他的信仰在一定程度上受到

1　即使"只有"数万年历史的化石，质地差异也很明显。

大自然，包括著名的杜塞尔河河谷的启发。河谷的地质奇观，包括悬崖、洞穴和圆拱结构，都深受艺术家和浪漫主义者的喜爱，由此促进了当地旅游业的发展。约阿希姆·尼安德于1680年去世，但他著名的赞美诗成为不朽的遗产，300年后还有人在英国女王伊丽莎白二世的钻石禧年（登基60周年）庆典上演唱。到19世纪初，河谷的构造之一以他的名字命名为尼安德洞穴，但可能只要短短数十年，约阿希姆就已无法认出周围的景观。采石业的肆意开采导致河谷消失，新的河谷被称为尼安德河谷。奇怪的是，约阿希姆的姓氏最初是诺依曼，后来他的祖父为了顺应复古潮流将姓氏改为尼安德，而诺依曼和尼安德的字面意思都是"新人类"。对于我们首次发现另一个人种的地方，还有比这更合适的名字吗？

但是，即便解剖结果非常明显，考古人员也需要证明这些骸骨确实历史悠久。富尔罗特和沙夫豪森重返采石场询问采石工人。他们证实，骸骨就埋在大约0.5米深的原状黏土中。在富尔罗特看来，按照《圣经》地质学的解释，这说明它来自全球性大洪水前的时代，由此证明骨骼的历史极其古老。因此1859年他们信心十足地发表了一份爆炸性声明，指出在智人之前还存在一个早已灭绝的原始人种。（更加巧合的是，就在同一年，达尔文和华莱士的自然选择理论在科学界掀起了另一阵动荡。）但是直到大约两年后，英国古生物学家乔治·巴斯克（George Busk）将德语原文翻译过来，菲尔德霍夫遗址才真正大放异彩。

如今已经很少有人知道巴斯克，但在19世纪，他是科学精

血缘

英圈的核心人物。就像许多同时代人一样，他对多个学科表现出的兴趣在现代几乎是不可能的。他是地质学会成员、人类学会主席，并于1858年就任伦敦林奈学会（当时最前沿的生物学学会）动物学秘书。1861年，他在翻译有关菲尔德霍夫遗址的发现时附加了一篇评论。他指出，在灭绝动物的骸骨周围发现人工制品，足以确定这里是极其古老的人类遗迹。他将这个头骨与黑猩猩的头骨进行具体比较，同时指出寻找其他骸骨化石的迫切性。

事实上，此前已经出现许多尚未得到确认的发现。数千年来，人类早已淡忘那些久违的远亲，但是在19世纪上半叶，3具尼安德特人的骸骨化石接连出土。第一具化石是菲利普－夏尔·施梅林（Philippe-Charles Schmerling）在1829年发现的。

当时喜欢化石的人日益增多，施梅林就是其中一员，同时他还有医学背景。他在比利时昂日附近的阿维尔洞穴（Awirs Cave）发现了部分头骨残片，随同出土的还有许多古代生物的骸骨和一些石制工具，它们都深埋在1.5米深的砾石胶结成的碎岩屑[1]下面。

昂日的这个头骨虽然呈不同寻常的细长形状，但它并未引起更广泛的注意，因为这是一个儿童的头骨。就像我们一样，幼年尼安德特人必须"生长成"成人体形。菲尔德霍夫遗址的成年尼安德特人头骨明显更重，而且随同出土的还有其他身体部位的骸

---

1 这种材料被称为角砾岩。

骨。[1]虽然昂日的儿童骸骨直到 20 世纪初才公之于众，但是令巴斯克开心的是，有人已经发现了另一具成年尼安德特人的骸骨，而且它就来自英国的属地。

1848 年，埃德蒙·弗林特上尉（Captain Edmund Flint）在驻守直布罗陀时获得一个头骨。这次同样是石灰石开采业促进了尼安德特人的考古发现，只不过这次开采石灰石是为了加固英国的军事堡垒，但是弗林特的地位及其个人对博物学的爱好使得这个头骨得以保留。[2]

直布罗陀巨岩像一枚巨大的鬣狗牙齿一样在半岛上拔地而起，当地丰富的动植物化石引起了许多博物学家的强烈兴趣，而弗林特正好担任博物学家学会的秘书。1848 年 3 月 3 日的会议记录显示，他在 18 世纪的炮台上展示了从福布斯采石场挖掘的"人类头骨"化石。毫无疑问，军官们来回传看这块头骨，凝视着它巨大的眼窝，尽管这块头骨基本完整（不像菲尔德霍夫的头骨），但是显然人们并未发现它的特别之处。头骨表面的胶结沉积物或许掩盖了细节，但居然没人"看出"它的奇特形状，这一点也很有意思。

这块福布斯头骨一直静静地陈列在学会的藏品之间无人问津，直到 1863 年 12 月，一名对人种学很感兴趣的进修医生托马

1　菲尔德霍夫遗址最初出土的骸骨总共包括 2 条大腿骨、左髋骨、部分锁骨、1 块肩胛骨、大部分臂骨和 5 条肋骨。

2　发现这些骸骨的与其说是上尉，不如说更可能是那些不知姓名的采石工人。

血缘

斯·霍奇金[1]参观了老博物馆。也许事先读过朋友巴斯克翻译的菲尔德霍夫遗址报告，他确实从这块头骨获得了不同寻常的发现。此时直布罗陀最重要的古文物研究者和军事监狱的监狱长弗雷德里克·布罗姆上尉（Captain Frederick Brome）也参与进来，他对地质学和古生物学怀有浓厚兴趣，多年来一直将自己挖掘的发现物送给巴斯克。于是这块福布斯头骨在 1864 年 7 月准时船运至英国。

巴斯克肯定立刻就意识到，福布斯头骨巨大的鼻骨和前突的面部与菲尔德霍夫头骨暗藏的特征存在惊人的相似，尽管菲尔德霍夫头骨只由上颌骨和部分眼眶组成。他也明白，这个早已灭绝的原始人种肯定生活在"从莱茵河到赫拉克勒斯之柱，也就是直布罗陀海峡之间"。两个月后，经过一些特殊的预先评述，福布斯头骨在科学界首次亮相。多亏了维多利亚时代绅士们的通信习惯，我们得知福布斯头骨可能曾经通过巴斯克－休·福尔克纳（Busk-Hugh Falconer）的一位生物学家同事送到达尔文手中，但是达尔文因身体不适，没能参加这次盛大的科学揭幕仪式。达尔文认为这是"奇妙"的发现，但是就像对人类起源问题保持沉默一样，他对尼安德特人也没有做出任何学术回应。

巴斯克和福尔克纳急于确认头骨的地质背景，于是在年底前匆忙赶回直布罗陀。随后的发现让他们自信十足地发表文章，声称福布斯头骨来自又一个极其古老的"前人类"，但他们将其

---

1 Thomas Hodgkin，"霍奇金淋巴瘤"因其得名。

命名为直布罗陀人（*Homo calpicus*[1]）的愿望注定落空。威廉·金（William King）是地质学和矿物学教授，也是纽卡斯尔汉考克博物馆的前任馆长。他早就研究过菲尔德霍夫骸骨模型，就在直布罗陀的头骨送抵英国时，他提议的名称"尼安德特人"对外公布。按照科学界的"优先权"原则，这个名称一直沿用至今。

给这些奇特的化石命名还是争议最小的，将他们归入已灭绝人种的行列却影响深远，引起科学界外部的强烈反响。这个与19世纪西方世界观大相径庭的观点遭到激烈反对，[2]很快就受到奥古斯特·弗朗兹·约瑟夫·卡尔·迈耶（August Franz Josef Karl Mayer）的严格批判。此人退休前是沙夫豪森的同事，是解剖学家，也是一位神创论者。

迈耶声称，这些骸骨只是来自一位身患疾病且受伤的人，从其他方面来说都很正常。1872年稍晚些时候，著名生物学家鲁道夫·魏尔啸（Rudolf Virchow）检查了菲尔德霍夫头骨，并同意迈耶的观点：如果是一名因关节炎、佝偻病、腿部骨折和弓形肢体而失踪的俄国哥萨克骑兵在藏身洞穴后死亡，那就可以解释这些骸骨的解剖特征了。这一解释在今天听起来牵强得近乎荒谬，但讽刺的是他也强调这些骸骨极像人类。不过，魏尔啸是细胞病理学领域广受尊敬的医学先驱，并设计了第一套系统的尸检程序，他倾向

1　卡尔皮克斯（Calpicus）是古代腓尼基人对直布罗陀的称呼；要是更早期比利时的发现得到认可，我们可能要称他们"阿维尔人"。

2　发表菲尔德霍夫那篇评论的编辑们早就预料到这点。他们加了一句委婉的注释，指出并非所有人都赞同作者的奇特解释。

于把菲尔德霍夫头骨的解剖特征解释为疾病和受伤所致，或许也不足为奇。他甚至暗示，可怕的眉弓是因为慢性病痛引起过度皱眉造成的。[1]

然而，巴斯克本人也是医生。作为从业数十年的海军军医，他治疗过各种身体创伤、内在疾病和寄生虫感染，自然会从病理学角度检查尼安德特人的解剖特征，但他的动物学背景和物种分类经验[2]提供了有效补充。巴斯克坚信任何疾病或身体创伤都无法解释他看到的解剖特征，同时带着几分自我安慰指出，那些拒绝接受菲尔德霍夫头骨是新人种的人必须承认，一名生病的哥萨克骑兵几乎不可能在直布罗陀海峡丧命。这些争论一直持续到20世纪，但是从某些方面说，尼安德特人并不像陡然间弹出的火花那么出人意料。此前西方知识界早已产生疑虑，怀疑世界可能与《圣经》中的描述并不完全吻合。

自中世纪以来，有关自然的各种启示，从未知的大陆到发现以前看不到的天体，都迫使人们重构知识和哲学体系。虽然注意到化石已有千年时间，但直到18世纪，生物学家才开始将它们当作曾经存活在地球的远古生物来研究。人类对地球深处的探索日益增加：早在1771年就有人探索德国南部巴伐利亚的盖伦鲁斯大

1　魏尔啸在接到俾斯麦的决斗挑战后，曾用自己的科学研究保护自己：他被允许挑选武器，于是他选择了两根香肠，其中一根含有可能感染人类的寄生虫幼虫，结果俾斯麦放弃了挑战。

2　巴斯克对达尔文从"小猎犬号"考察船上保留的标本进行鉴定，并编辑了达尔文和华莱士有关自然选择的论文。

洞穴（Gailenreuth Cave），这让我们对灭绝动物栖居的"失落世界"有了初步了解。神学中关于灾难与复兴交替循环的观点仍旧具有影响力，但是大洪水之前的陌生世界在 19 世纪初开始初露端倪。不仅类似驯鹿等北极生物曾经出现在北极以南数千公里的地方，还有人在明显非热带地区的英国约克郡发现了河马的骸骨。但是，并非每个人都相信生物确实是演化而来的。有些人，包括具有宗教倾向的科学家，比如德国病理学家鲁道夫·魏尔啸，甚至从这些理论中看到了道德风险，担心这导致社会达尔文主义理论泛滥。

尽管如此，更多化石证据的出现强化了另一个人种曾经存在的观点。就在威廉·金将其正式命名为尼安德特人一年后，比利时发现了猛犸象、驯鹿和披毛犀的骸骨化石，以及一块沉重而短小的下颌骨化石，后者经确认同样来自尼安德特人，不过基本完整的尼安德特人骨骼直到大约 20 年后才被发现。同样在比利时，斯庇洞穴于 1866 年出土了两具成年人的骸骨，扁长的头骨、内缩的颌骨和粗壮的肢骨与其他遗址的已知骸骨特征相符，说明属于同一物种。这一切促使学术界达成一致，承认尼安德特人是解剖学意义上已经灭绝的原始人种。不过，单纯化石证据自然还不够。

时间与石器

早期史前学家面临一个根本问题：时间。他们缺少方法来鉴定遗物的确切存在时间，只能依赖相对年表：随同灭绝动物出土的化石或人工制品明显比当时人们眼中的世界更古老。英国地质学家查尔斯·莱尔（Charles Lyell）知道，地球历史悠久，绝对远远超出《圣经》数千年的界限。在经典著作《地质学原理》中，他指出，只要有足够的时间，简单的、可观察到的地质作用就是创造地球面貌的绝对力量。所以整个行星的历史可以通过地层学原理来寻找答案：由于沉积物随着时间的推移逐层堆积，越深层的沉积物必然对应更久远的年代。莱尔对菲尔德霍夫头骨很感兴趣，甚至在 1860 年，早在巴斯克翻译相关报告前，莱尔就曾前往查看剩余的沉积物。富尔罗特向其展示了头骨，并送给他一个头骨模型作为礼物——这是维多利亚时代共享数据的方式。当时，菲尔德霍夫洞穴濒临坍塌，而莱尔的专家意见对科学界是否认可这个古老的遗址至关重要。

不仅如此，莱尔的地层学概念为考古学研究奠定了基石。它可以为"深度时间"提供框架，确定不同自然景观的相对地质年代，并阐明遗址内的沉积物是如何形成的。在考古挖掘过程中，沉积物颜色或质地的差异以及每个沉积层所含的遗迹，包括人工制品和动物骸骨，都能反映不同地质年代自然条件的变化。数十年来，虽然许多人大胆猜测尼安德特人的年代久远，但证据完全是基于推理。科学家们花了近百年时间才最终发展出能直接测定地质年代的方法。最早是 20 世纪 50 年代的放射性碳年代测定法[1]，

---

1 放射性碳年代测定法对大多数非专业人士来说或许是最熟悉的直接定年法。根据碳-14同位素的可预测衰变率，它现在用于测定距今 5 万多年前的有机物的年代。

随后出现的定年法几乎适用于任何遗迹，包括骨头、石笋，甚至是单粒沙子。

有些石制工具甚至能直接测定年代，但早期的尼安德特人骸骨化石周围似乎并没有文物。事实上，我们现在知道至少在菲尔德霍夫遗址就存在大量石器，但发现者对石制工具不够熟悉，无法区分自然碎裂的石块和有意打制的石器。

在发现第一批尼安德特人的骸骨之前，人类对化石和史前人工制品一直具有浓厚的兴趣。在金属材料占据主导的社会，偶然发现的巨大手斧或精致的石箭明显需要做出解释。人们从自然和超自然两方面寻找原因，将它们称为"雷石"，认为它们能阻挡闪电[1]，或者编造故事说它们是"小精灵"的武器。另一方面，历史学家则在探究这些文物在可用年表中的时间。最早有关史前石制工具的一则记载出自 1673 年，当时有人在伦敦格雷律师学院路的"象骨"附近发现了一件三角形的人工制品。虽然当时人们已经开始理解地质年代的划分，但他们仍然将这项发现解释为古罗马时期的一头大象遭到了凯尔特勇士的攻击。要说这是比古罗马时期还早数万年的古人类留下的，肯定超出了所有人的认知范围。不过大约 100 年之后，人类对深埋在地层中的手斧有了进一步理解，认为它可能来自"一个久远的时代，甚至超越了现世时期"[2]。但

1　这并不像看起来那么奇怪，因为在富含硅的沉积物中，闪电能产生一种名为"雷击石"的矿物质。

2　引言出自约翰·弗里尔（John Frere）。他于 1797 年在英国的诺福克发现已灭绝动物的骸骨，随同出土的还有石制品。

血缘

是，要理解古人类，石器真正的重要性还有待发现。

目前已知第一个特意去挖掘尼安德特人工制品的是法国人弗朗索瓦·勒内·贝尼·瓦塔尔·德茹阿内（François René Bénit Vatar de Jouannet）——虽然当时他还不知情。1812 年到 1816 年间，他在法国西南部的佩钦德阿泽 1 号地点和康贝·格林纳尔岩棚进行挖掘，发现了动物烧骨和石器生产的残余物。最重要的是，他发现这些遗迹都嵌在显而易见的古老浮石中，但即使昂日的头骨也是 10 多年后才被发现，此时他对尼安德特人或者任何已经灭绝的原始人种还毫无概念。对这些人工制品所处的年代，他给出了最好的猜测：它们是"古老的高卢人的产物"。这与将近 150 年前对伦敦格雷律师学院路出土的骸骨所做出的解释惊人地相似。[1]

继德茹阿内之后，各种考古证据层出不穷，但这些考古发现的地质年代超出了历史年表或《圣经》年表。古文物研究者保罗·图尔纳（Paul Tournal）长期以来一直在法国东南部的比兹洞穴挖掘洞熊和驯鹿的骸骨，以及明显的人工制品，这些最终促使他在 1833 年提出了"史前"的概念。大约在同一时期，法国考古学家雅克·布歇·德克雷弗克·德比尔（Jacques Boucher de Crevecoeur de Perthes）在法国北部索姆河谷的砾石中发现了打磨的燧石。当时很难想象尼安德特人曾经到过那里，就连大象和犀牛的化石证据也没有得到科学界认可。随着有关菲尔德霍夫的

---

1 在他之后，丹麦考古学家克里斯蒂安·于恩森·汤姆森（Christian Jürgensen Thomsen）于 1817 年提出"三时代"体系，即石器时代、青铜器时代和铁器时代。

考古发现传播开来，情况才发生变化。

这里要再次提到当初将福布斯头骨交给达尔文的福尔克纳。他与巴斯克一样鲜为当代人所知，却是研究人类演化和起源的核心人物。他在英属印度工作多年，致力于古生物学研究。到1858年，福尔克纳在英国德文郡的布里克瑟姆洞穴挖掘时，从石笋地面下发现了封存的石器和灭绝的动物。同年，他参观了索姆河谷的砾石坑，认为它们的年代久远，随后他又建议地质学家约瑟夫·普雷斯特维奇（Joseph Prestwich）前去考察。普雷斯特维奇在那里偶遇石器专家约翰·伊文思（John Evans），还有已经完成索姆河谷考察的查尔斯·莱尔。1859年，普雷斯特维奇和伊文思发表专家意见，证实索姆河谷出土的石器和灭绝动物骸骨确实来自远古时期。对"科学人"[1]而言，此事早已盖棺论定，但怀疑论者仍旧认为：虽然工具制造者所处的年代久远，但是否有可能是在猛犸象等生物早已化为枯骨之后呢？

答案根本毋庸置疑，而且令人欣喜的是，很快就有证据证明远古人类确实见证了那些灭绝动物身披长毛、繁衍兴盛的荣耀时刻。索姆河谷砾石坑以南560多公里的莱塞济－德泰亚克村地处博讷河与韦泽尔河的交汇处。如今，1月的小村庄寂静无声，游隼在陡峭悬崖上的鸣叫清晰可闻；可是在夏季，烈日下狭窄的人行道上挤满了游客，因为这座村庄正处于一座史前乐园的中心，四

---

[1] 达尔文的通信者、植物学家和探险家约瑟夫·胡克（Joseph Hooker）用"科学人"（scientificos）一词来与"平民"（plebs）对应。

血缘

周是壮观的石灰岩峡谷和高原，数百个洞穴和岩棚遍布其间。在市政厅咖啡馆品尝过松露炒蛋后，游客们缓步来到英国国家史前博物馆。这座博物馆环绕一座废弃的城堡而建，高耸的石灰石崖就悬在头顶。精致的壁炉仍在，与地下堆叠数米深的史前灰烬层遥相呼应。在古老的城墙上，一个巨大的尼安德特人装饰艺术雕塑凝视着城外——像这座心思莫测的雕塑一样，这里隐藏着许多秘密。

1863年，连接巴黎和马德里的铁路线开设出一条通往佩里戈尔的支线，由此打破了莱塞济相对隔绝的局面，它从默默无闻的小村庄转变为西方文明有关人类起源争论的中心，并最终被列入世界遗产名录。如今，你可以沿着从车站出发向南转弯的铁路线旁边的小径步行，也可以租一条独木舟，沿着蜿蜒曲折的韦泽尔河逆流而上，大约数公里后就能看到正对山顶城堡的马德莱纳岩棚。如今，著名的中世纪遗迹吸引着游客纷至沓来，但毗邻的史前遗址仍旧掩映在绿色植被中，宛如1864年的情景。

那年夏天福尔克纳也在场。他来这里考察一个考古项目，该项目的两名合伙人在前一年乘坐新火车抵达此地。英国金融家亨利·克里斯蒂（Henry Christy）因为财力雄厚，得以收集到"欧洲最优质的私人考古藏品"[1]，这也让他对石制工具有了不同寻常的深入理解。他的法国合伙人爱德华·拉尔泰（Édouard Lartet）可以说是久负盛名的史前学家，从19世纪30年代就开始挖掘古

---

1 摘自福尔克纳的回忆录，第631页。

代遗址。¹基于传闻中当地一位子爵的藏品和在一家巴黎古董店的发现，他们开始在韦泽尔河谷展开联合挖掘，起初只是调查勒穆斯捷的上层岩棚，有一天在归途中两人注意到河对岸的另一处大型岩棚，当时之所以能发现，完全是因为时值冬季，洞口前方毫无枝叶遮挡。

　　这处遗址就是马德莱纳岩棚。事实证明，遗址内包含丰富的早期智人遗迹，而智人出现的时间比尼安德特人要晚数万年。尽管如此，有一件遗物对承认尼安德特人在人类演化史上的地位至关重要。在此之前，对于法国其他地方发现的驯鹿鹿角雕刻品，那些怀疑远古人类遗迹说的人解释，这是收集已经石化的鹿角材料雕刻制成的。可是当拉尔泰和克里斯蒂的手下在马德莱纳遗址发现一块带有标记的猛犸象象牙碎片时，这一说法就站不住脚了。同一天，世界上最著名的猛犸象化石专家福尔克纳碰巧来访。当象牙表面的泥土被轻轻抹去时，他立即看到，轮廓分明的雕刻线条构成一头猛犸象独特的圆顶脑袋，还有精心勾勒的毛茸茸的毛发²。单单这件人工制品就能证明，尼安德特人曾经与许多灭绝动物共同生活，而且在欧洲各地，许多洞穴遗址出土的尼安德特人生活废弃物确实来自远古世界。

1　拉尔泰最初是律师，据说在一位农场主将一枚猛犸象牙齿作为酬劳送给他后，开始对古生物学产生浓厚兴趣。

2　18 世纪，俄罗斯永冻层的发现已经证明猛犸象浑身披满毛发。

　　　　　　　　　　　　　　　　　　　　　　血缘

＊　　＊　　＊

　　马德莱纳遗址的考古发现最终为现代人类起源奠定了基石，虽然史前学家可能还要再等 50 年左右才能收集石器并真正探寻这些石器的制造者和制造时间，但此时他们已经跨过了两种宇宙观之间的界限：旧观点认为宇宙为我们而创造；而在新世界中，人类和其他兄弟姐妹一样，都是地球本身的孩子。本书旨在带领我们踏上新世界之路，了解尼安德特人如何从"科学怪人"变成我们发现并创造的、以奇特方式永存且受到喜爱的生命。不过，我们首先需要一张全家福，将尼安德特人放到他们广阔壮丽的演化背景中。

第二章　河流击倒树木

　　闭上双眼，甩掉鞋子，黯淡的落日余晖在你的眼皮上散发微光，草尖刺痛脚趾，灰尘沾满脚底。一只手滑过你的手臂，带来一缕暖意，你凭知觉就知道那是谁。睁开双眼，暮色下的天空有残阳如血，也有繁星点点，你的母亲就站在前方。这是个超越时间之地，所有人类都会聚于此。沙沙的脚步声渐渐靠近，另一个女人迈步向前，那是你的外婆。也许你上周还跟她闲谈，或者是在 20 年前，又或者你只在昏黄模糊的照片中见过她的模样。她牵住你妈妈的手，然后转头望去：在她身后，一望无垠的平原上是一长队女人，她们手牵手，目光紧紧相连。

　　你的双眼早已应接不暇，但你能感觉到她们的数量成百上千。尽管你能看出她们脸颊的线条，卷曲的头发或臀部的摆动，但那一张张面孔因为距离逐渐拉长而变得陌生。绵延的长队一直伸向遥远的天际，你的目光向上转向乳白色的飞沫：在那里，在数万年之外，甚至日月星辰都迥然不同，然后你突然如遭电击，电流穿过 4 万只手：爱与失的无尽循环穿越 50 万年岁月的

30

血缘

迷雾，重重撞击着众人的胸腔和骨骼，直入你的血液和心脏。随即而来的是一阵天旋地转，但母亲的手紧紧攥着你，随后你眨动双眼看到了它。这条母系血统四面铺展，形成巨大的人类图案，死亡和永生交错而成的图案与远古时间的边缘渐渐模糊。他们都在这里；其他人类，他们始终都在。

我们每个人都是母亲血脉的延续和体现。当你凝视这篇文字时，这双眼睛的前身在 5 亿多年前第一次看到光。你翻动书页的 5 根灵活的手指 3 亿年来一直在不断地抓取、紧握和翻找东西。也许你现在能听音乐或者这本书的有声书，可是直到我们在巨兽的腿间奔跑穿梭时，我们耳朵中别具一格的三骨结构才开始聆听爱与惧的声音。正在处理文字信息的大脑历经 50 万年演化才发展到现在的尺寸，而尼安德特人也拥有这样的大脑。

在更深层的生物学和演化背景下，我们与尼安德特人的共同点清晰可见。这也说明 19 世纪将尼安德特人视为我们和其他猿类之间缺失的环节有多离谱。灵长类动物化石早已为人所知：1836年，正是拉尔泰发现了一具古代猴子的骸骨化石。后来在菲尔德霍夫洞穴出土尼安德特人骸骨的同一年，拉尔泰发现了第一个欧洲猿类化石，即森林古猿。尽管如此，古人类化石仍旧令人震惊。

如今，情况早已发生翻天覆地的变化。虽然有些细节仍旧存在争议，但人类的家族树比巴斯克或达尔文等学者想象的更加枝繁叶茂：单单过去 350 万年就有 20 多个物种得到确认。而且，它的根系扎入得更深。小型爬行哺乳动物向人族动物转变并最终向尼安德特人转变的过程极其漫长。距今 2500 万年，广袤的森林里栖息着各种猴子，它们已经开始向猿类演化。这些无尾灵长类动物的早期代表原康修尔猿在东非已经开始远离森林玩耍。随后当东非大裂谷出现后，全球气温下降，猿类开始变得多种多样，分布也日益广泛。它们在距今 1500 万到 1000 万年之间已经演化出至少 100 个种类。森林古猿和其他猿类开始凭借灵活的手指在湿润的森林和开阔地上寻找食物。

从这点来说，我们会发现越来越细致的化石和基因证据，证明我们的类人猿同伴是在何时何地走上了独立的演化之路。亚洲的红毛猩猩曾和体形庞大的巨猿共享热带雨林，后者的咆哮声和拍打胸部的声音在薄雾笼罩的晨曦时刻久久回荡。[1]回到非洲，在距今大约 1000 万年前，第一批大猩猩从猴子家族分离出来，然后是黑猩猩。大约在这一时期，我们开始看到两足行走的生物，它们并不都是人族动物——尼安德特人和我们现代人的直系祖先——但这是一道分水岭。

距今 700 万到 300 万年的稀有人族动物出现了某种骸骨镶嵌演化现象，也就是令人费解的原始和高级解剖学结构并存的情况。[2]其中有面部扁平的肯尼亚平脸人，还有许多南方古猿，也就是真正能直立行走，并且大脑容量越来越大的"原始人"。距今

---

1 巨猿的体重虽然有 400 千克左右，但它们可能像山地大猩猩那样过着相对平静的生活，而且可能存活到了近代。

2 这点在两足埃塞俄比亚原始人——地猿身上得到了典型体现。它仍旧保留有用于爬树的抓握足骨。

血缘

330万年前的古人类创造了以最简单的石制品为代表的洛迈奎文化。这可能是获取肉食和石器之间不断强化的反馈循环的开始：偶然的肉食倾向或许能追溯到更早时候，但要获取大型猎物残骸上的肉类和脂肪，锋利的刃端是必不可少的。

洛迈奎人到底源自哪个古人类族群目前尚不清楚，但是可以肯定的是，尼安德特人与我们现代人的第一个共同祖先——匠人[1]在距今大约200万年开始登上历史舞台。距今约100万年，这些古人类肯定开始了"真正的"狩猎采集生活，其拥有的技术行为相较早期人种更加复杂。他们制造了第一批外观精美的石器，人称"两面器"，也就是两面打磨而成的工具，[2]并随身携带工具前往更远的地方。这标志着他们生活的计划性更强，社交网络也扩大了。

匠人的身体特征基本与人类无异。他们身材高大，擅长奔跑，足部没有任何抓握爬树的特征。下巴内收、牙齿萎缩、四肢匀称，这些都标志着他们是尼安德特人和我们现代人的直系祖先。最引人注目的是他们有巨大的脑容量，这也使他们成为地球上生活过的最聪明、最灵活的灵长类动物。他们肯定走出了非洲大陆，尽管我们知道许多化石和简单工具都来自距今200万年前[3]一个较早的"超古老"欧亚种群。

但是，尼安德特人究竟来自何处呢？西欧地区最古老的人族

---

1 非洲的这些古人类曾有数十年被称为"直立人"，但如今直立人仅用于指亚洲的代表人种。

2 这些工具通常也被称为手斧。

3 经测定，遍布欧亚大陆的化石和石器年份定为距今180万到100万年前，而如今中国出土的石器年份为距今200万年前。

动物的骸骨来自西班牙阿塔普尔卡的象山洞窟，年代测定为距今120万年左右，但它们比最古老的貌似尼安德特人的骸骨还要古老得多。阿塔普尔卡还有一处年代较近的格兰多利纳洞穴，其中发现的骸骨年代测定在距今大约85万到80万年，这可能是尼安德特人和智人共同的祖先种群，或者至少是关系紧密的姊妹群。这些古人类被命名为先驱人，地理分布不只局限于伊比利亚半岛，也生活在欧洲西北部气候不太舒适的偏远地区。2013年，英国东北海岸黑斯堡的发现提供了重要证据。狂风和海浪过后，暴露出大约90万年前的古老黏土沉积层，沉积层表面的奇怪凹痕经证实是数十个人族脚印，是一小群人从巨型河口沿河而上留下的印迹，而这条河正是如今早已不复存在的泰晤士河北部河道[1]。这处令人惊叹的遗迹在面世短短两周后就被海水抹去，但立体记录显示，这些脚印来自至少一名成年人和一群年轻人，从少年到幼童都有。鉴于趾间黏稠光滑的淤泥，他们肯定很费力才能保持直立行走，此外保存至今的花粉颗粒证实，湿地周围是茂密的松树和云杉林。

　　远古人类柔软的身体部位确实极少留下痕迹，它们的即时性与研究人员用来确认尼安德特人血统的干硬化石形成了鲜明对比。遗传学告诉我们，他们的血统起源于距今大约70万年前，虽然格兰多利纳人生活的年代仅比他们早了大约10万年，但两者看起来并不相像。从这点说，当时的欧洲可能生活着不止一种古人类，可是在随后的数十万年里，欧洲出土的骸骨化石却与同时期

1　大约45万年前，泰晤士河的整条河道因为冰川的进一步扩张而向南移动。

非洲的发现有些相似，包括 1907 年在德国发现的一块巨大的下颌骨（后来被命名为海德堡人）。虽然这些古人类长期以来被认为很可能是尼安德特人的祖先，但最近在阿塔普尔卡 3 号地点"骨坑"（the Sima de los Huesos）的考古挖掘却重新定义了整个事件。这 28 个古人类个体有很多保存环境都十分特殊，它们是如何深埋于"骨坑"中，或许是难解之谜。其年代在距今 45 万到 43 万年前，解剖结构也使人们认为这最有可能是真正的原始尼安德特人，这点已经由 2016 年的 DNA 分析结果证实。[1]

　　研究尼安德特人悠久的演化史为何至关重要呢？尽管我们与尼安德特人以及亲缘关系最近的灵长类近亲之间隔了数百万年的时间，但人们仍旧普遍认为他们是真正连接不同类人猿的桥梁。从纯解剖学的角度来说，我们能"看到"骨坑遗址的尼安德特人要比大约 30 万到 20 万年前非洲最古老的类似智人的化石出现时间稍早一些，而这个时间空白很可能包含数千代人。但是从更广泛的演化角度而言，他们是距今时间最短的古人类种群之一，而且与我们极其相似。同样重要的是，了解尼安德特人的起源可以证明现代人并非沿直线演化而来。恰恰相反，演化历程中存在着许多并行的路线，有些最终走进死胡同，有些就像尼安德特人一样演化出独特的身体和思想，足以与我们现代人相抗衡。他们并非孤立的存在：正如我们在过去大约 10 年里所发现的那样，人属家族谱系本身还有其他故事要讲。比方说，印度尼西亚弗洛勒斯岛的"霍

1　"骨坑"的骸骨化石仍旧是世界上能提供遗传物质的最古老的人类化石。

比特人"最早可追溯到距今 70 万年，而且一直生活到大约距今 50 万年前。2013 年，世界另一端的南非出现了更多意想不到的骸骨化石。这些古人类被命名为纳莱迪人。他们具有许多较为原始的特征，人们曾经以为其年代应该在距今数百万年前，但出人意料的是，他们生活在仅仅 25 万年前左右，因此被视为尼安德特人的同时代人和我们现代人的早期代表。

但是在近期所有关于人类演化的发现中，最令人惊讶的也许是，尼安德特人能够而且确实与我们现代人存在基因交流。虽然不至于说地球上的所有人都是，但看来大多数人遥远的母系祖先——一份延续至今的身体和血液档案——都包括尼安德特人。这个令人震惊的发现使人们将目光重新聚集在尼安德特人身上，他们是一下子从进入演化死胡同的原始家族分支转变成现代人名副其实的祖先，进而促成了此时此地的我们吗？

这是尼安德特人研究的新阶段，我们必须回头重新审视关于尼安德特人的考古学发现。它们就像革命者，将我们现代人引以为傲的古老王朝之树连根拔起。而我们现代人的悠久历史更像是洋洋洒洒飘落在壮丽大河中的树叶，有些随着湍急的溪流奔涌而去，有些追随缓慢的涓涓细流。它们分裂、汇合并聚集在坑洼之处，直到水流溢出，重新汇入划破地表的深邃河道。

血缘

第三章　身体生长

　　朝气蓬勃的旭日高悬在悬崖上，纵横的枝丫间抹上了一层绿色，她们开始催促该上路了。那些身穿毛皮大衣、住在附近的人小心翼翼地，没有留下任何能被追踪的痕迹。她九死一生产下的小生命瘦弱不堪，只能虚弱无力地吸吮，直到最后他停下动作，就像干枯的肌腱开始僵硬。但母亲仍旧将他抱在怀里，任由他纤细四肢周围的皮肤开始收缩，肩胛骨的皮肤绷紧。现在，群体成员收拾东西准备离开，她知道应该跟上族人的脚步，却始终不舍得放下婴儿。她闻嗅着婴儿黑发间刺鼻的分娩气味，在庇护所边缘蹲下来，将紧紧抱在怀中的包裹放到地上——这是母亲与怀胎十月生下的婴儿最后的告别。其他人好奇地走近，伸出手轻戳、拉拽、轻触，想探个究竟，但是野兽们稍后即将赶到，她绝不允许自己的心头宝沦为动物的美食。她挖出一个空洞，将早已布满尘土的包裹放入其中，然后用土掩埋。她用充满石器废料的松软土壤掩埋婴儿的骸骨，然后与亲人们一起继续前行。

　　时空在明暗交叠中快速变幻，数百年光阴匆匆而逝。土壤凝结变硬，将脆弱的骸骨紧紧包裹。地面上人来人往，但最终脚步声停了下来。即使冰冷刺骨的寒意都无法穿透那小小的遗骸。数万年岁月流转，向下的撞击声发出低沉的隆响，负重陡然减轻。上方传来纷乱嘈杂的声音：这里早已废弃许久，新住户正在建造房子。在婴儿的遗骸上方，木底鞋沿着木质楼梯上上下下发出清脆的声响，这是超越死亡的生命摇篮曲。转瞬间，这所房子也消失不见。随着有人拨开泥土，沉积物一层层地移开。土块碎裂，初夏的一缕阳光轻轻洒落在薄如蛋壳的白色头骨碎片上。有个声音高喊："快停下！是骸骨！"一双粗糙而轻柔的手，就像最后触摸它的母亲的双手，隔了许久后，终于捡起了它。

这具遗骸出土的时间是 1914 年 5 月 19 日。大约一个月后，一辆汽车在萨拉热窝的街道错误转弯，车上的两名贵族被突然出现的刺客开枪击中，继而殒命。这次事件犹如滚雪球般发酵扩大，将 2 亿人卷入战争。在欧洲另一边——法国的佩里戈尔，一个 4 万年前丧生的生命重见天日。丹尼斯·佩罗尼（Denis Peyrony）在勒穆斯捷岩棚的工作日志中记录了这个瘦小骸骨的发现过程。佩罗尼是 20 世纪最受尊敬的史前学家之一，但是不像他更年轻、名声更显赫的同事弗朗索瓦·博尔德[1]，佩罗尼在现代鲜为人知。就在菲

---

1 François Bordes，博尔德还是科幻小说家。在他工作了数十年的波尔多大学外，有一座电车站就以他的名字命名作为纪念。

尔德霍夫和直布罗陀的尼安德特人骸骨吸引世人关注的 10 年间，佩罗尼出生于农家。他从小在这些遗址附近生活，长大成为莱塞济村的学校老师后，他对史前历史非常着迷。

1894 年，佩罗尼开始和路易斯·卡皮唐（Louis Capitan）合作。卡皮唐原本是病理学家，后改行成为史前人类学家。7 年后，两人在丰德戈姆洞穴（Font de Gaume）发现了令人震惊的冰河时期岩画。到 1914 年春末，佩罗尼在尼安德特人遗址积累了丰富的挖掘经验，并在费拉西岩棚（La Ferrassie rockshelter）发现了多具古人类骨骼化石。当勒穆斯捷岩棚的骸骨化石在 5 月挖掘出土时，他马上认出这是一个婴儿的骸骨。不可思议的是，它居然没有受到地面建筑兴建拆除的影响。这个人称"勒穆斯捷 2 号"的婴儿骸骨，在随后的 80 年里意外遗失又失而复得。它是拥有迷人发现史的众多尼安德特人骸骨化石之一。

所有的古人类骸骨，无论是不是骸骨化石，都很特别。它们是数万或数十万年前生命的实体代表，具有令人着迷的即时性。它们也是稀有的：尼安德特人的遗址中，挖掘出的人工制品数量远远超过骸骨数量。尽管如此，我们对他们比对其他人类近亲了解得更加详细、深入。这些低声诉说着另一种古人类故事的骸骨，100 年前还寥寥无几，如今已经增加到数千块，分布于 200 多处遗址。它们代表了 200 多个独立的尼安德特人，从新生婴孩到垂垂老者——虽然按照现代的标准，这些成年人还不算老，但在他们的社会可能算是老人了。丰富的样本使我们能够重建尼安德特人的生物学特征和多样性。

虽然骨骼样本的数量可观，但所有骸骨碎片仍需要放在天鹅绒垫上小心保护。它们就像钻石或圣物一样，被妥善放置在密封箱里保存和运输。这些骸骨化石的非凡价值在于，它们不仅能提供有关尼安德特人的生活数据，也为我们了解整个人种开启了一扇窗户。专家们采用纷繁多样的研究技术，从生物化学到高科技可视化手段，检测整具骸骨或细化到牙齿内部。通过检测骸骨化石中的 DNA，我们就能找到现代人与这些遗失的古人类之间的直接联系。

我们与这些干枯的骸骨间似乎隔了两层阻碍：一是岁月的侵蚀，二是博物馆的玻璃箱。在正面相逢时，我们忍不住感到一阵战栗滑过我们的皮肤表面，尤其是当我们面对的是一具小型的骸骨：不管历史有多久远，那代表着一个戛然而止的孩童生命。

成长的尼安德特人

任何骨骼经历如此漫长的岁月侵蚀后仍能保存下来都足以令人吃惊，更别提脆弱不堪的婴儿骸骨了，勒穆斯捷岩棚的婴儿骸骨尤其令人惊叹。勒穆斯捷岩棚位于两座山谷间突出的一个桥墩似的石灰岩山脊上。100 多年来，各种有关尼安德特人的理论就像河水泛滥，而这些悬崖始终是漩涡的中心。勒穆斯捷岩棚经历了史前历史学的成长之痛。它被发现时，人们还没有真正理解考古挖掘是一把双刃剑，既能揭示考古记录，也能破坏记录。如果遗址挖掘过程中遗漏了一个关键维度的信息，世界上研究单个人工制品的各种先进技术都将变得无足轻重：这些模式能揭示出所有遗物的来源，以及它们出现的先后顺序。

考古学研究能区分一处遗址的不同区域或不同特征。某个地层是人工制品，下一个地层是遗物组合，基本上是根据相似性原则，划分出最小的、可识别的遗存分类。通常来说，这些器物组合来自不同地层，也就是挖掘者根据颜色、质地或考古发现物区分的不同沉积物。地层沉积的序列被称为地层学。它记录了各种遗物沉积的先后顺序，不管是人类废弃物，自然堆积的落石、泥泞的淤泥还是风沙。考古发掘意味着移除这些地层，而越往下，地层年代就越久远。

可是有些因素会使情况更加复杂，比如自然侵蚀、局部反转（localised inversions），甚至是后期史前活动的干扰。识别不同地层间的混合沉积作用或运动情况至关重要，而要做到这点不仅需要仔细检查人工制品，也要仔细检查土壤和遗物的空间关系。化用卡尔·萨根（Carl Sagan）的说法，要理解尼安德特人在特定遗址的行为，你首先必须重建它的整个形成历史。[1]这就是埋藏学（taphonomy，又称为化石形成学），今天被视为考古学最重要的组成部分。

从拉尔泰和克里斯蒂的挖掘到佩罗尼的研究，这段时间勒穆斯捷岩棚遗址并非原封未动。瑞士考古学家奥托·豪泽（Otto

---

1 美国天文学家卡尔·萨根的名言是："如果你想从头开始制作苹果派，就得先创造宇宙。"

Hauser）也活跃在佩里戈尔地区，从 1907 年开始在勒穆斯捷遗址挖掘。[1] 不可思议的是，不管是豪泽，还是 18 世纪的建设工程都没对这具婴儿骸骨产生影响，其距离地表只有 25 厘米，从地质学角度来说微乎其微。后续章节将会再介绍豪泽。在他离开后，佩罗尼继续挖掘，在一座拆除的房子下面发现了完好无损的沉积物。史前婴儿就掩埋在这里：一个楼梯下的幽灵。尽管已经挖掘多具尼安德特人的骸骨，但是佩罗尼对该发现几乎没有记录任何细节，除了明确肯定这里有个坑洞。

但他立即将这些骸骨送给了巴黎的解剖学家，也是尼安德特人研究领域的权威马塞尔·布勒（Marcel Boule）。短短一周后，就收到了他的解剖意见，证实骸骨来自一名新生儿。但匪夷所思的是，这个婴儿骸骨从记录中消失了。佩罗尼的挖掘日志再也没提过这个骸骨。两个月后，第一次世界大战的战火席卷了整个欧洲，他们被迫放弃实地挖掘工作。数十年来，许多人认为这个婴儿骸骨不管是遗失了，还是遭到破坏，都是多年战争冲突的牺牲品。

事实上，有些骸骨虽然未被发现，但它们就在距遗址只有数公里的地方等待着重见天日。1913 年，在发现婴儿骸骨的前一年，佩罗尼在莱塞济建立了一座壮丽的博物馆。大约 80 年后，人们对其丰富藏品登记清单时，在保存勒穆斯捷遗物的箱子里发现了贴有"骸骨"标签的骨头化石。那明显是单个新生儿的骸骨，研究人

---

1 佩罗尼和奥托·豪泽在勒穆斯捷遗址挖掘的是下层岩棚，拉尔泰和克里斯蒂挖掘的是上层岩棚，但是几乎没有信息保留下来。

血缘

员大胆猜测这是失踪的尼安德特婴儿，据说它最后一次出现是在巴黎。连续 6 个月的详尽分析显示，这些仍旧残留部分骨骼和细小石器碎片的沉积物，与勒穆斯捷遗址的发现完全相同。

所以有些骸骨化石肯定仍旧留在佩里戈尔，然后随着时间流逝逐渐被人遗忘。[1] 但是送往巴黎的部分骸骨是怎么回事呢？它们讲述了一个张冠李戴的故事。1914 年，佩罗尼的注意力全都集中在 3 个尼安德特人遗址，分别是勒穆斯捷、佩钦德阿泽 1 号和费拉西，这三处遗址都有古人类骸骨出土。他把大部分骸骨送给了布勒，有些仍旧包裹在沉积块中，方便他在实验室挖掘。数十年后，有人注意到从费拉西遗址发现的一对疑似婴儿骸骨在颜色和保存状况上都不一样。20 世纪的分析证实，骸骨上附着的沉积物和所含的燧石碎片与费拉西的发现并不吻合，反而与勒穆斯捷的相符。而且这里的大腿骨和上臂骨正是勒穆斯捷婴儿骸骨遗失的部分。布勒的实验室里堆满了大量没有标记的尼安德特人骸骨，可能是因为战争爆发一时忙乱，结果导致它们与费拉西的婴儿骸骨混淆，进而在存放时出现错误。

两个迷失的幼小灵魂跨越数千年的时间长河完成了这次奇特的相遇，这个故事至今仍在继续，因为勒穆斯捷婴儿的四肢骨骼保存在 160 多公里外的巴黎，与身体其他部位仍旧是天各一方。

鉴于现在研究人员将尼安德特人的骸骨视若珍宝，这段历史

---

1 就连佩罗尼发表的有关勒穆斯捷考古发现的文章中也忽略了它们。它们最后一次被提及是在 1937 年，即佩罗尼退休的第二年。

似乎让人难以置信。但有关这个婴儿骸骨的发现并没有画上完美的句号。两个史前婴儿死后的生命明显超过他们在世间存活的时间；他们在死后经历了骸骨分离、肢体异处的惨剧，却也提供了独一无二的机会：尼安德特人的身体和认知发育速度与现代人类的孩子一样快吗？要想一探究竟，我们必须追本溯源。然而脆弱的婴儿骸骨也提醒我们：每个尼安德特人的寿命各不相同，在从诞生到衰老的道路上，他们的生命有时会戛然而止。

我们来认识一些尼安德特儿童，他们安然沉睡于世界各地的博物馆中。勒穆斯捷婴儿或许能穿上任何新生儿的第一套衣服，但这里还有许多不同年龄段的孩子。想象一张合影：前排有勉强会坐的 7 个月大的幼儿、刚学习爬行的幼儿、急躁好动的蹒跚学步者和一群难以管束的 3 岁幼童；后排是褪去婴幼儿特征的 4 岁以上孩童。他们来自西班牙、法国、以色列和叙利亚，甚至还有一位 8 岁儿童来自乌兹别克斯坦。

要确定这些儿童骸骨的性别只能靠 DNA 检测，但是要确定年龄，通过牙齿和骨骼就行。正是这点说明尼安德特人的生长速度与智人非常相似，但生长方式存在差异。

牙齿主要由矿物质构成，所以像原始化石一样不会腐烂，而骨头不行。研究人员计算了内向生长线，也就是所谓的"釉面横纹"的数量，结果发现与现代人相比，尼安德特儿童的牙釉质形成速度平均要快一天；同样，不管在什么地方，有些尼安德特儿童乳牙掉落的时间要早一到三年。但是其他尼安德特人牙齿样本的釉面横纹和发育情况符合今天的典型生长速度。从勒穆斯捷岩棚往下游步行几个小时可达的法国马尔萨尔岩棚于 1961 年出土的最完整的尼安德特儿童骸骨就是如此。据估计，这个儿童骸骨的骨龄在两岁半到 4 岁之间，同步辐射显微断层摄影术（一种超高强度的 X 射线扫描）虽然发现了更晚期的臼齿，但是其门牙的发育明显滞后于现代的同龄儿童。

西班牙西北部埃尔锡德隆洞穴出土的尼安德特男童骸骨也有同样矛盾的情况。他的臼齿发育程度并不像釉面横纹暗示的那样，而且部分骨骼的情况看着更像比他小两三岁的儿童。也许他只是个小孩子，但这一切表明，尼安德特人在发育中有自己的变异范围和复杂性。

有趣的是，这名埃尔锡德隆男孩的大脑发育相对其外表年龄来说也有些滞后，理解尼安德特人生长过程的这个特点尤为重要。有个事实给人们留下了深刻印象——也许是因为出人意料——那就是尼安德特人具有更大的脑容量。我们没有木乃伊或冰冻的尸体，无法直接检查，但大脑确实会在内颅骨上留下印记。现代扫描技术通过对石膏模型进行扫描，能够实现三维模型的逆向重现：消失的灰质以神奇的数字形式再现，就连曾经充斥着血液、曲折伸展的动脉也能重现。研究显示，尼安德特人的大脑看起来更大，其实是样本的性别差异造成的；单纯对比男性大脑样本时，差异要小得多，由此突出了大多数完整的尼安德特人骨骼都属于男性的可能。[1]

---

1 男性的头部平均来说大于女性。

尼安德特人刚出生时，头骨大小与我们现代人大体相似，但如果你触碰过勒穆斯捷婴儿毛茸茸的脑袋，你会发现它的形状有些出人意料。研究人员将勒穆斯捷婴儿和另一名尼安德特新生儿的头骨扫描结果进行综合分析，发现他们的面中部向前轻微突出，而且缺少我们现代婴儿可爱的下巴。他们的大脑在至为关键的幼年阶段是如何发育的呢？各种观点甚嚣尘上。他们大脑的发育速度虽然稍快，投影大小看着却与我们现代人很像，头骨结构本身的发育速度也并没有更快。这说明尼安德特婴儿发育过程中许多具有里程碑意义的事件，比如笑、抓握物体和咿呀学语，时间点与我们现代人大体相似。各种细微差异不断累积，导致他们生理学上的童年期可能会提早结束，从而造成他们要在较短时间内掌握复杂的社交和技术能力。但身体其他部位与脑部的发育达到了平衡。

从骨骼到身体

令人惊奇的是，总体而言虽然只有不到 0.01% 的尼安德特人骸骨在经历时间和埋藏的磨砺后保存下来，但它们代表了 200 到 300 个独立个体。大多数是奇特的骨头或有牙齿留存的颌骨碎片，但也有 30 到 40 个骸骨是相对完整的骨骼，而且最初肯定是整个埋入泥土的。我们将在第十三章讨论有关丧葬的争论，但不管背景如何，每具骨骼都为我们深入了解单个尼安德特人提供了机会。即使支离破碎的骸骨碎片也很重要，有助于我们探索整个种群的

血缘

情况，比如受伤模式、死亡年龄以及两性运用身体的情况。

克罗地亚的克拉皮纳洞穴拥有极其丰富的化石记录。这里出土了900多块骨头，来自20到80个尼安德特人。[1]但是即使以更少的人数来计算，仍旧有大约四分之三的骨骼部分不见踪影。毫无疑问，19世纪末的快速挖掘方法是造成这种现象的原因之一，但发掘时间并不比这早多少的斯庇遗址却出土了更多完整的骸骨。事实上，克拉皮纳遗址发现的许多骸骨都是尼安德特人自己弄断的，在沉积之前可能就不是完整的骨骼。相比之下，埃尔锡德隆遗址于1994年被发现，比克拉皮纳遗址考古发掘的时间晚了将近100年，是迄今已知尼安德特人骸骨化石最丰富的遗址。[2]考古人员经过细致的挖掘，共发现了2500多块骸骨，但仅来自13名尼安德特人，包括4名女性、3名男性、3名青少年、2名儿童和1名婴儿。他们的骸骨也都支离破碎，但是很明显最初埋葬时相对完整。

这些情况说明不同的化石遗址各有差别，要解释这些差别必须慎重，特别是要尝试了解它们的死亡模式。种群的年龄分布能反映出健康风险的变化：死者中儿童多，成年人较少，老年人也有一些。但骸骨化石不一定是种群情况的完整重现。就像教堂墓地会排除特定的社会阶层一样，考古记录说明并不是所有的尼安德特人的骸骨都有同样的机会保存下来，而且不同遗址的情况也有差异。

1　由于骸骨化石呈高度碎裂状态，结果会因使用的计算方法而异。

2　与菲尔德霍夫洞穴遗址相呼应，最早在埃尔锡德隆洞穴发现骸骨的洞穴探险者认为，这些骸骨可能来自西班牙内战期间躲藏在洞穴中的士兵。

别忘了，我们获得的骸骨化石仍旧呈现出惊人的多样性，而且足以说明——不管是从字面上还是象征意义上讲——我们对他们的理解相当全面。我们比以往任何时候都更能重现他们与我们现代人的不同之处，甚至能重现他们体验世界的方式。

当我们与尼安德特人对面而立时，能看出他们是人类，但明显是不同寻常的人类。他们比一般人略矮，胸部较宽，腰部较窄，四肢比例也稍有不同。大腿骨肌肉发达，腿骨更粗、更圆而且稍微弯曲，但是与无数不太精确的重现结果不同，他们绝对能像我们现代人一样直立行走。

仔细观察，几乎处处都呈现出独特的解剖学特性，有些比较明显，有些不易察觉。我们作为智人中的成员，自身就是现成的人体解剖模型：捏住你的下巴，在颤动的皮肤和肌肉下，你能摸到一个骨质核心，几乎所有尼安德特人都没有这个核心，甚至婴儿时期都没有。再摸摸你的头部：头骨高但呈球状，面部短，额骨突出。尼安德特人虽然和我们现代人一样拥有相比其他古人类更鼓胀的大脑，但他们的头骨形状截然不同：头骨顶部较低，赋予了他们更具流线型的雕塑感面孔，而终点是颈部上方明显的隆起[1]。更大、更深邃的眼睛炯炯有神，鼻子和嘴部似乎有些前突，但颊骨向后倾斜。他们粗大的拱形眉脊令人印象深刻，不像现代人的眉毛那样从中间分开，显得更加仪表堂堂。但在他们密切回视你的目光背后，起操纵作用的大脑和我们现代人的大脑大小相似，而且同样

1　这被称作枕骨包子（occipital bun）。

善于思考。

差别不只限于表面。摸一下你的下颌骨与头骨的交界处，并假装咀嚼；尼安德特人的这个活动关节呈现为不同的形状，它有一条不对称的浅缝和一块额外的骨质隆突。你将舌头轻轻滑到嘴巴后方智齿（或者本该有智齿）的位置，大多数智人的牙齿向上紧靠着颌弓，但尼安德特人牙齿更往前突，由此形成一条间隙。他们也许能把舌头伸进那条间隙，或利用铲状的舌头触碰大门牙稍微后卷的边缘。他们下颌内部的臼齿也有所不同，通常带有巨大的融合根。甚至新生儿的"牙蕾"也很特别，在没有其他骨骼的情况下可作为区别性特征。

当你伸手打招呼时，你会发现你拇指的第一节比第二节短，但尼安德特人，哪怕是婴儿，这两节指骨的长度也几乎相等。当他们紧握你的手，你会发现他们的手掌更宽，指尖更秃。

但是从普遍理解上来说，尼安德特人全身上下的各种差异并不能说明他们更加原始[1]。我们现代人和他们都遗传了一些共同的古代特征，但他们的血统保留了我们失去的其他特征，我们也保留了他们失去的一些特征。毋宁说尼安德特人和智人反映了两条不同的人类演化之路，每条路都有独特之处。在更广泛的人类演化背景下，我们现代人特有的窄胸、内耳特征或牙齿特点，就像尼安德特人的各种缺点一样"怪异"。尽管如此，探寻这些身体差

---

1 在演化论术语中，"原始"一词只是代表源自相同祖先类群的不同物种所共有的具有古老根源的特征。

异存在的原因及其对尼安德特人生活方式的影响，仍旧是科学研究的重点。

我们充满好奇的大脑总喜欢追根究底，探寻所有事情的原因，但自然选择进化理论其实只解释了繁殖上的成功，并不包括形成超级适应能力。有关尼安德特人生理特性的解释可能都集中在优势特点上，但因为受到多种因素影响，现实要复杂得多。身体的构建过程相互关联，任何一个部位改变都会引起其他部位的变化。基因突变只是随机的复制错误，有时会导致一些解剖学特征改变，如果不影响生存，也会在一些孤立的种群中保留下来。

虽然基因蓝图极其重要，但生活方式也深刻影响着人的身体，大到骨骼，小到身体细胞。周围环境和常规活动都会留下永久性印迹：想想运动员是如何通过长期锻炼肌肉改变他们的骨骼的。

弄清遗传学和行为的影响对我们理解尼安德特人的生理结构与生活方式至关重要。举例来说，四肢长度的差异是与生俱来的，还是长期使用造成的，又或者是两种因素兼有？这也正是尼安德特婴幼儿和青少年骸骨至关重要的原因。有一个特殊的尼安德特人能帮助我们理解他们生命中第二个发育阶段，那就是勒穆斯捷岩棚发现的第一个骨骼，故事尤其引人入胜。

从冰到火

自从 19 世纪 60 年代拉尔泰和克里斯蒂对勒穆斯捷上层岩棚进行发掘后，这些峭壁就静静矗立在那里。直到 20 世纪初，两段

血缘

更加离奇的"尼安德特人死后"的故事开始了。其中一个是佩罗尼著作中提到的婴儿骸骨，正式名称是勒穆斯捷 2 号，因为早在 6 年前就出土过一具骸骨。勒穆斯捷 1 号骸骨也被战争的巨浪卷走，数十年来许多人认为它早已被毁，但它真正的发现者是奥托·豪泽，不是佩罗尼。豪泽从 1907 年开始发掘巨大的下层岩棚，在不同建筑间往来工作。1908 年春，让·莱萨尔斯[1]挥舞的铁锹击穿了一根粗壮的小腿骨，勒穆斯捷 1 号骸骨就此重现人间。与仍旧深埋土中的勒穆斯捷 2 号骸骨不同，它有比较详细的记录。

随后几天里又有更多骸骨发掘出土，而头骨直到一个雨夜才现身，但是头骨表面的清除工作持续了数月。豪泽对这次时间延误给出的解释是要迎接富有的参观者，但他这么做，连同遮盖和重新挖掘这个头骨的动机，其实可能都是为了确保它得到专家的保护和见证。豪泽特意邀请人类学教授、世界级尼安德特人专家赫尔曼·克拉施（Hermann Klaatsch）加入团队[2]，并邀请众多国际学者参加 8 月 12 日最后的"抬高"仪式。但最终出现的只有他的一些德国同事，结果基本上就变成克拉施清理头骨，豪泽负责拍照；这是独一无二的时代档案。随后他们在乡村咖啡馆前，在众多儿童的围观下尝试重建头骨，[3]然后所有骸骨被小心地装箱送往

---

1 Jean Leysalles，他在劳格里（Laugerie）岩棚下方开了一家咖啡馆，与考古小组居住的莱塞济村隔河相望。

2 克拉施亲自研究过菲尔德霍夫、斯庇和克拉皮纳遗址的考古藏品以及其他人族的考古发现。

3 当时年仅 7 岁的小姑娘甘博（Guimbaud）回忆说，曾隔着栅栏看到头骨从桌上摔落断裂，他们只能从头再来。

德国，由此开始了将近一个世纪的非凡之旅。

豪泽将这具骨骼化石以可观的价格卖给了柏林民族志博物馆。数十年来，这具骸骨始终被作为珍贵藏品展出。这份平静在"二战"初期被打破，而这具骨骼作为无可替代的珍宝，被藏入"动物园防空塔"内的一个大型掩体。动物园防空塔是少数几座带有防空系统和大型防空洞的堡垒建筑之一，也充当了珍贵文物的安全储藏库。

纳粹分子在"二战"接近尾声时试图转移这些珍贵藏品，有些确实被运走了，但留下来的还是不少。1945年5月，柏林陷落，动物园防空塔作为纳粹负隅顽抗的最后防线，连同动物园里幸存的动物，都遭到狂轰滥炸。[1]

当防空堡连同隐藏在黑暗中的尼安德特人骸骨被弃置一旁时，一支奇特的更新世后卫队，包括洞狮、鬣狗、一头大象和一头河马，被留下等待苏联红军的到来。苏联战利品委员会洗劫了柏林市，从多个防空堡和德国其他地方掠夺了将近200万件物品。勒穆斯捷1号头骨一度也被装上火车，与古代大师们的绘画作品和特洛伊的黄金宝藏堆放在一起，全部运往莫斯科。

10多年后，这块远离故土的头骨冲破铁幕重新回到柏林。苏联的旅居生涯让它幸免于难，但勒穆斯捷1号骸骨的其他部分就没这么幸运了。在"二战"即将结束时，2000多架盟军轰炸机对柏林展开大规模轰炸，仍在陈列展出这具骨骼的博物馆被炸弹摧

---

1 动物园防空塔经受了苏联向它投掷的所有东西，除了大量炸药。

血缘

毁。当墙壁倒塌并陷入熊熊烈焰时，这个无头骸骨肯定就静静躺在那里。它第二次被埋葬，随同埋入地下的还有大量瓦砾和熔化的手工艺品，直到10年后才被小心翼翼地挖掘重现。

但是，这个骸骨直到30年后才身首合一。归还的战利品凌乱不堪，通过细致地交叉对照旧照片和目录，人们才辨认出这块头骨。柏林墙被拆毁后，破碎的家庭和久违的朋友终于团聚。勒穆斯捷1号的骸骨在1991年终于再次拼合起来。

科学朝圣者纷至沓来，研究这一著名的考古遗迹。在被发现99年后，第一份关于勒穆斯捷1号骸骨的权威研究报告终于发表。骸骨可能来自一名11到15岁的男孩，是目前已知最完整的尼安德特青少年的骸骨。他的头骨呈典型的长且窄的形状，最宽的点靠近后方，但他看起来正处于生长高峰期。他的面部向上扩展的速度超过向前，所以他的智齿后方缺少独特的空间，另外他的眉脊和鼻子也不像成年尼安德特人那样引人注目。多亏了勒穆斯捷1号骸骨，我们知道尼安德特青少年有自己难以应付的叛逆阶段；激素分泌过量也许意味着他的面部容易长粉刺，而且脾气暴躁。

勒穆斯捷1号的头骨辗转于欧洲各地，饱受轰炸和焚烧之苦，但这些磨难似乎还不够。这个头骨经历了5次物理修复，有些修复相对比较粗暴。但是，21世纪的技术发展已经能实现更精准的虚拟尝试，利用镜像来修正沉积物重压造成的变形部分。结果显示，这张面孔虽然还不成熟，但巨大的眼窝格外突出，而且看起来与任何现代青少年都不一样。有趣的是，他的大脑已经较大，这意味着他成年后可能个子比较高。

第三章 身体生长

最后一个谜团至今依然存在：从"二战"结束到 20 世纪 90 年代骸骨重新聚合期间，骸骨的一颗门牙和一些颜面骨失踪。是在柏林重新打开凌乱不堪的战利品时丢失的吗？或者是在更早，当动物园防空塔的板条箱在苏联某地被打开的时候？有人想象是苏联士兵在面对金条和价值连城的画作时情绪激动，继而对头骨进行评估时造成了损坏。真相如何，或许永远不得而知，但是想想一颗遗失的尼安德特人牙齿仍旧躺在俄罗斯的盐矿深处，还是很令人着迷的。

面容和感官

尼安德特人的头骨令人着迷，但即便没有变形，其身体各部位复杂的功能也很难重建。总之，要探寻他们和我们之间出现生理学差异的原因，非常棘手。头骨的结构以复杂的方式相互交叉，研究人员才刚刚开始了解骨头生长背后的遗传学和生物化学特性。也许头骨的整体形状是基因经历数千代人的随机漂变后产生的结果，但那些可能具有演化优势的特征通常会引人注意，尤其是在冰河时代。但是在这段时期，冰川环境促进身体演化的主导作用并不明显。相反，他们的身体结构很大程度上可能是由生活方式决定的。

我们从他们的头部开始探索研究人员观念的变化。关于尼安德特人巨大的眉脊，有人认为它能为较大的面部提供支撑，也有人认为它是天然的遮阳板，各种说法莫衷一是。最近一种另类观点认为，尼安德特人依靠眉毛进行交流，就像狒狒通过扭动鲜艳的眉毛来显示身份一样。但结构模型显示，巨大的眉脊反而会使移动眉毛的动作难度加大，而黑猩猩的行为表明，面部和身体还有其他很多传情达意的方式。

接下来说说眼睛：尼安德特人是如何看世界的呢？他们的眼窝比从古至今的任何智人都大，而眼睛越大，可能意味着视网膜吸收光的能力越强，对光的敏感度也越高。那他们为何需要更大的眼睛呢？假定尼安德特人的活动区域主要集中在欧亚大陆西部，这个地区的纬度高于非洲大陆的大部分地区，而且光照时间较短，特别是在光线暗淡的冬季。北方动物的眼睛确实比较大，即使是高纬度地区的人，他们的眼球平均来说也比赤道附近的人要大将近 20%。大眼睛需要更大的视觉系统，而在尼安德特人身上，位于独特的枕骨包子中的这个区域明显更大。

弱光环境下视力更好，就相当于有效延长了白昼的时间，但即使考虑到尼安德特人的脑容量稍大，这也会导致用于其他计算能力的大脑空间减少。特别要提的是额叶皮质，它负责社会交往，而其大小似乎与更大的社交网络有关。与尼安德特人相比，我们现代人的这个大脑区域尤其鼓胀。但是另一方面，大脑具有极好的适应性，在严重受伤后通过在不同大脑区域间转换任务，甚至在常用区域生长出新的组织，就能做出适应性改变。[1]由于

1　为了获得职业资格，伦敦的黑人出租车司机必须记住城市的两万多条街道，这导致他们负责空间记忆的海马体后部显著增大。

无法直接通过核磁共振扫描仪来观察尼安德特人的大脑，我们很难确定他们的大眼睛和更大的视觉神经元是否限制了其他认知和社交能力。

不管尼安德特人是否具有猫头鹰般敏锐的视觉，他们都可能和我们一样拥有奇怪的白眼球和多样化的虹膜颜色。但是，重建个体身上的色素，无论是眼睛、头发还是皮肤上的，都相当麻烦。许多遗传基因参与其中，以不同方式相互作用，产生数量惊人的组合。尼安德特人与我们现代人的演化史非常相似，所以肤色深的情况不太可能出现，因为即使受到持续日晒，他们在其生活的高纬度地区也不可能获得足够的维生素D。

所以尼安德特人很可能演化出较浅的肤色，但DNA结果显示，他们与现代欧亚血统的人群在各种生物学机制上都存在差别。基本的遗传对比显示，有些尼安德特人可能会同时出现红头发和雀斑，但我们无法确定这些基因的表现形式是否与我们的完全相同。不过有一点很清楚，尼安德特人的种群也呈现多样化特点，比如在西班牙和意大利发现的一些尼安德特人具有姜黄色的雀斑痕迹，而其他分析显示，克罗地亚的尼安德特人无论是皮肤、眼睛和头发的颜色都比较深。

不管他们凝视远方牧群的眼睛是何颜色，关注听觉环境对他们的生存同等重要。高分辨率的骨扫描技术显示，尼安德特人微小的内耳骨及其周围的软组织与我们现代人不同，与我们共同的祖先也不相同。尼安德特人的听觉方式也不一样吗？令人惊讶的是，功能模型表明，这些部位仍旧像我们的耳朵一样能传输和放大声波。[1]他们的耳朵在演化过程中似乎配合头骨的变化调整了形状，同时能像我们一样锁定相同类型的声音。有相当多的证据表明，对人类来说，这在很大程度上意味着我们能通过声音交流。

尼安德特人的视觉或许比我们更敏锐，听觉对微风中传来的声音同样敏感，那他们的嗅觉体验呢？2015年，一款名为"尼安德特"的香水问世，[2]据称灵感源于制作石器产生的"热燧石香气"。这其实不单纯是广告宣传，敲打燧石确实会产生一种独特的香气。人们经常把它描述成枪开火的气味，宇航员也正是如此形容月球尘埃的气味。在充满滑石颗粒的月球表面，大约有一半是小行星粉碎后的二氧化硅，也就是燧石、石英和其他常见打磨石块的主要成分。想想尼安德特人很可能比尼尔·阿姆斯特朗更熟悉月球，实在很奇怪。

尼安德特人虽然视觉系统比我们强大，但他们的嗅球，也就是大脑中处理气味的区域相对较小。但这是否意味着他们对气味不太敏感呢？做出这个结论必须谨慎，而且在这里基因再次发挥了作用。

我们现代人和尼安德特人的气味感知基因虽然不同，但明显存在重叠之处。一种叫雄烯酮（androstenone）的分子很有意思，它能让人的汗水和尿液散发出气味，现存人群中有大约50%能感

1　至少，频率较低的声音有可能重建。

2　采用手工制作的两面器形状的瓶子，90毫升的价格不到200英镑。

知这种气味，其中一种反应是强烈厌恶。[1]如果有些尼安德特人也能感知这种气味，也许会很有用。雄烯酮会影响人的激素分泌和情绪，但野猪也会释放雄烯酮，这种野猪版的气味对犬类有强烈影响。这可能与狩猎有关，能闻到山上牧群的气味或察觉路过的动物，使他们占据巨大优势。但不管特定气味的具体特征是什么，尼安德特人可能把感知到的气味，比如松脂、马汗和旧烟等气味，作为强有力的记忆触发因素。

他们通过惊人的大鼻子吸入气味，这不禁让人产生一个疑问：他们的鼻子为何如此巨大？巨大的鼻孔占据他们的面部中央，要是画出来可能会像查理二世国王的肖像画一样夸张。研究人员对他们的头骨进行显微镜研究后发现，面部中央区域有相当多的骨生长细胞，说明整个区域在向前突出生长，但生物力学模型并不支持大鼻子能增强咀嚼力的观点（下一章将讨论他们的牙齿绝不仅用于咀嚼、进食）。相比之下，骨吸收细胞导致我们的面部凹陷且相对较小，而且出人意料的是我们的咬合力更强。

鼻子本身的功能主要有两个，分别是呼吸和闻嗅。尼安德特人的鼻孔气流模型重构了法国圣沙拜尔遗址头骨的软组织，证实整个结构比现代人大将近三分之一。总的来说，鼻子的一大功能是在空气进入我们敏感的肺部之前，通过加热和湿润的方式来"调节"空气。这在干旱和寒冷环境中尤为重要，而且从某些方面说，

---

1 确切地说，它与信息素雄甾烯醇（androstenol，又称猪烯醇，是猪的性激素，有麝香味）非常相似。

尼安德特人巨大的鼻内结构与驯鹿和高鼻羚羊的类似，都具有大量黏膜来减少鼻内脱水和热量流失。有趣的是，尼安德特人的鼻内结构在调节空气方面似乎远不如我们（但是比海德堡人好）。但尼安德特人巨大的鼻孔能控制气流，所以他们能以近乎两倍于我们的速度吸入空气。

❀　　❀　　❀

150 多年来，我们对尼安德特人骸骨的观察逐渐趋向微小的尺度，这意味着我们对他们有了惊人的了解，有时对细节的把握令人难以置信。通过追溯他们的成长、发育和感知周围世界的方式，我们会发现他们与我们有着惊人的一致性。在微弱的冬日阳光下眨动眼睛，张开耳朵聆听孩童嬉戏的声音或皱着鼻子闻嗅木烟的气味，这些都是所有人类数千年来共同的经历。

不管怎样，尼安德特人从很多方面来说都具有独特的身体结构。破解他们全身上下大大小小的特征之谜，意味着我们要重新思考他们在特定环境下适应演化的证据。我们仍旧要探寻许多部位的具体功能，比如更大的眼睛，但其他部位，比如鼻子，可能并不像以前那样是为了适应极地严寒环境。恰恰相反，让能量匮乏的身体维持高强度的生活方式，或许是他们面临的最大的生存挑战。

第四章　鲜活的身体

伴随着噼里啪啦的脚步

有人飞奔掠过那些或快或慢行走的人

奔跑的感觉真好!

肺部急速喘息, 脸颊在风中变得滚烫

是浆果! 手指灵动地将其采摘。

现在开始爬坡

短腿的人远远落后。

目的地终于到了, 巨石幽深的黑洞

犹如骷髅的眼睛守望着众人。

他们筋疲力尽, 饥肠辘辘,

高个子俯身随意闲聊。

众人围坐在火堆边, 用钳口一样的牙齿软化兽皮。

暮色初起, 吃饭时间到了:

小手仍在学习切割—咀嚼, 切割—咀嚼,

就像所有东西一样, 皮肤、珐琅质、骨头上都留下了痕迹。

然后

血缘

点燃的炉火照亮了双眼，

眼皮落下，头部低垂，进入沉沉的梦乡。

尼安德特人长期以来一直被称作"最强壮的人族成员"。他们虽然比我们矮，却比我们重15%，块头更大，骨骼更粗、更重。他们绝非狂热的健美运动员，但他们身体强壮，肌肉发达。传统观念认为这与冰河时代有关。自19世纪以来，生物学家就已经知道耐寒物种大都栖息在高纬度地区，它们通常体形更大，但肢体更短。这种粗短的身体比例能减少散热表面积，保暖性更好。但也和季节有关：体重与生长季节的长短有关，因为这决定了食物是否丰富和易于获取，而体形更大，意味着动物有更多的脂肪储备来应对食物匮乏的时节。

如今人类的体格似乎大致遵循这些与地理和季节性相关的模式：欧洲人通常比非洲人更粗壮，骨干也更粗。[1]表面看来，尼安德特人也符合这一趋势，而且由于他们的骸骨化石最初大都出现于冰川环境，所以这个理论有很大的影响。尼安德特人在寒冷环境下生活，身体长期承受巨大压力，由此引发了许多生化反应，包括分泌生长激素，正如我们对其鼻子的分析一样，长期以来我们对尼安德特人的大多数解剖学特性都是从这个角度来考察的。

但强壮结实的身体并非尼安德特人独一无二的特点，也并非

1　但是，大多数欧洲人的祖先在数千年的时间里并未在北纬地区生活：欧洲历史较悠久的狩猎采集种群很大程度上都被来自近东的新石器时代农民取代。

寒冷气候的必然产物。历史更为悠久的古人类，甚至早期智人，都比当代人更强壮，骨骼也更粗壮。而且最新的研究表明，矮壮的身体结构或许只能让尼安德特人比我们可耐受的寒冷温度低1℃，而他们更大的脑容量也不符合温度趋势。说实话，19世纪的一些学者，比如生物学家托马斯·赫胥黎（Thomas Huxley），认为尼安德特人强壮的身体并不是野蛮残暴的反映，而是流动性极强的生活方式所致。过去数十年来，解剖学研究的发展和生物力学模型的使用证实了他的先见之明，研究人员的看法也发生重要转变，开始寻求更加精确细致的解释。

看起来极端严苛的生活对尼安德特人产生了重要的影响。他们必须平衡自身的矛盾需求：身体越强壮，就越能适应高强度的生活方式，但这需要消耗大量体能；而要获得额外的热量，就需要将更多氧气转化成能量，所以呼吸效率变得至关重要。最佳例证就是大鼻子吸入大量空气，更大的胸部容纳更大的肺，这样他们每次都能吸入更多气体。此外实验表明，运动量增加不仅能使幼年动物的四肢更强壮，也能使其身体整体变得更结实，由此导致头骨更重，眉脊变大，肌肉附着物更多，而且身体比例也会发生变化：在高海拔地区生活的儿童，他们必须加速新陈代谢才能适应低氧环境，而这会导致双腿较短。这些和尼安德特人的特征非常相似。

尼安德特人从头到脚所有的骨骼都清楚地表明，他们具有更粗重的骨头和更大的肌肉，这使他们比身体同样粗壮的智人种群至少强壮10%。这肯定有遗传因素，因为在他们的婴儿身上就能

看到，不过即使青少年期他们体力负担也极为繁重。勒穆斯捷 1
号还未进入青少年时期，但双腿已经发育完全，就是因为粗重的
体力活动所致。

普通尼安德特人腿部与手臂的力量比甚至高于每周奔跑 160
公里的越野运动员，但这不一定只和距离有关：他们肢骨的相对
厚度更类似史前和最新的智人种群，而且他们都习惯了在崎岖的
地面艰难跋涉。他们不只双腿强壮有力，双臂的力量也足以媲美现
代的运动员。

所以他们强壮的身体能应对崎岖的乡野环境，但气候仍旧是
个重要因素。现在已经很明显，有些复杂的反馈过程对塑造尼安
德特人的身体发挥了重要作用：在严酷的自然环境下高度活跃的
生活方式，寒冷时期适应性微调产生独有的特征。冰期形成的适
应性特征很可能在更温暖的时期保留下来，有时大有助益，有时可
能构成严峻挑战。[1]

科学界一致认为尼安德特人过着四处迁移的生活，但对迁移
方式始终莫衷一是。19 世纪 80 年代以来，尽管斯庇骸骨的解剖
学证据表明尼安德特人和现代人一样直立行走，但这种有关巨手
猿人的老生常谈从一开始就处于主流边缘。除了 1907 年在勒穆斯
捷遗址出土的腿骨外，大约两年后佩罗尼和卡皮唐在该遗址以西
数公里外发现了费拉西 1 号男性骨骼。

费拉西 1 号男性骨骼仍旧是目前已知最完整的尼安德特人骸

---

1 出人意料的是，体温过高在气候最温暖宜人的时期成了一个真正的问题。

骨之一，只少了一块膝盖骨、小片手骨和脚骨。他的身高虽然只有1.6米，但身体强壮，体重大约有85千克，而且明显是完全直立行走的。但是，影响深远的要数1908年在法国圣沙拜尔遗址发现的骸骨。布勒亲自重建了该个体弯腰曲背、腿骨弯曲的形象。随后在1909年，一幅带插图的复原像呈现在数百万人面前。他从上到下，直到可卷曲的脚趾，都具有典型的类人猿特征。

如今毋庸置疑的是，尼安德特人能完全直立行走，但你和一名尼安德特人并肩行走，步调可能会有些不一致。细微的解剖学差异表明他们的步态和我们不同，腿短意味着他们的步速可能比我们慢4%到7%。但是最新的生物力学分析指出他们的运动效率并没有明显降低，尤其和大致同时期的早期人族动物相比。在此基础上，女性尼安德特人行走时仅仅多消耗4.182千焦的能量，考虑整体体重较大，她们的行走效率明显更高。虽然尼安德特人的迁徙者形象吻合骨骼证据，但奔跑似乎并非他们的强项。强化的足弓使他们能支撑更大的体重，而短距离冲刺，特别是耐力跑，效率会大大降低。

尼安德特人在5000米赛跑中或许会输给智人，但强劲的跟腱使他们能在崎岖不平的地面走得更加稳健。

生物社会生命（Biosocial Beings）

目前，尼安德特人的身体特征似乎介于登山者和短跑运动员之间：巨大的肺脏有利于急促喘息，粗壮的大腿和小腿肌肉可随着双脚触地而屈伸。但他们健壮的双臂有何作用呢? 他们有超级强大的腕扭力，可能会在掰手腕比赛中一举夺魁。可是他们的大部分力量来自上臂，这个模式不同于任何近代的智人。此外他们还有许多有趣的不对称特征: 我们从石器和牙齿的磨损模式了解到尼安德特人和我们一样习惯用右手，惯用手或优势手相对而言发达程度高 25% 到 60%。这接近于板球或网球运动员的水平，同时意味着他们经常从事繁重的体力活动，通常认为是投掷矛枪狩猎。许多骸骨化石，比如法国图维尔 - 拉里维耶尔遗址出土的距今 20 万年的孤立臂骨，证实有些尼安德特人经常做出类似投掷的举手和旋转动作，而且正如我们在后面章节提到的，确实有类似标枪的长矛得以保存下来。但他们的肩部构造整体来说并不像我们一样适合举手过肩运动，而且手臂肌肉发育不对称的模式也与此不符。

这里还存在另一种可能性: 电极监测实验表明更适于尼安德特人肌肉屈伸模式的并不是投掷长矛，而是单手刮擦活动。我们知道他们当时刮擦的原材料有很多种，包括木材，但加工动物毛皮可能是导致他们右臂不对称的主要原因。我们将在第十章详细探讨尼安德特人加工兽皮的细节，但这从根本上来说是高强度的体力活动。每种动物毛皮都需要超过 10 个小时的多阶段刮削，所以即使他们只加工所得兽皮的一半，每个尼安德特人每年刮擦兽皮的时间仍旧可能达到 100 个小时。[1]

---

1 这是基于北美不同的印第安文化估算的数据，其中休伦人（Huron）每年每家要使用大约 30 张兽皮。

但是电极实验提出了新的问题。事实证明在投掷长矛时，承受压力的并不是惯用手，而是非惯用手的肘关节，因为它用来引导长杆。尼安德特人的确存在这种左右肘不对称的模式，这是手臂伸直展开时的巨大张力造成的，所以他们的身体可能通过一种出人意料的方式记录下了狩猎行为。

要是你鼓起勇气与尼安德特人握手，你的手会被捏碎吗？除非他们成心这么做。手骨结构和显著的手部肌肉差异赋予了他们可怕的抓握力，但又不影响手的灵活性。最新的研究分析驳斥了他们手指不灵活的观点，但他们的双手似乎天生就强劲有力，并能将力量传递给手臂。他们将物体握在掌心时力量十足，巨大的肌肉和指肌腱强强联合形成了钢铁般的抓握力。他们外表怪异的宽指尖（可能体现得很明显）大概适应了紧紧抓握物体，在处理非常精细的任务时精准度只有些微损失。

生物力学测试表明，至少有些解剖学特征可能是由打磨石器的行为造成的。拇指根部能承受最大的压力，正好就是他们的解剖学结构承受强力的部位。当他们使用石器工具时，拇指外缘和其他手指必须要很用力，而这再次与他们手部的解剖结构相对应。

即使他们灵活运用指尖的能力稍逊于我们，考古学证据表明他们完全能制造并使用迷你版的人工制品。可能是更强的手指抓握力和拇指屈伸度弥补了这一缺陷，使他们能紧紧抓握小型物品。

但是尼安德特人表现出了个体差异性，这可能与他们从事不同工作的时间有关。生物社会考古学正是根据年龄和性别来研究骨骼，由此探寻不同人的工作模式。费拉西2号骸骨作为为数不多的相对完整的骸骨之一，经确认为女性——很可能是女性：性别鉴定依赖于骨盆等特定骨骼的形状和相对大小。最完整也最著名的女性骸骨化石之一是1932年在当时巴勒斯坦境内卡梅尔山的塔本洞穴（Tabun Cave）发现的。机缘巧合，三位女考古学家参与了这具骸骨的挖掘工作。第一个触摸到塔本1号骸骨并在阳光下举起一颗牙齿的是当地的野外考古工作者尤斯拉（Yusra），与她并肩工作的雅克塔·霍克斯（Jacquetta Hawkes）是一位刚毕业的考古学家，受塔本考古局局长、著名史前学家多萝西·加罗德[1]的邀请参加了这次发掘。未经DNA检测（近东的尼安德特人骸骨还从未进行DNA检测），性别鉴定无法做到百分百确定，但通过对不太结实的骸骨进行评估也有助于做出判断。费拉西2号骸骨距离费拉西1号只有50厘米，明显也是成年人，而且体格更加健壮。即便如此，尼安德特人两性的平均体形差异与当代男女非常相似：欧洲男性的体重为77到85千克，而女性为63到69千克。

同样就像我们现代人一样，尼安德特人男性与女性使用身体的方式截然不同。男性双腿整体都很强壮，但女性表现出一些不对称性，即大腿比小腿更丰满。步行量与跑步量的差异或许能解

---

1 多萝西·加罗德（Dorothy Garrod）在直布罗陀还发现了另一具尼安德特人的骸骨，并在发掘出塔本洞穴骸骨七年后成为牛津剑桥大学的第一位女教授。

释这点，这与他们行走的地形有关，但很难对具体情况建模。

上臂骨和下臂骨也存在性别差异。费拉西 2 号骸骨的肱二头肌可能不如普通的尼安德特人男性强壮，甚至可能出人意料地与智人女性水平相当，但她的下臂呈现出比其他任何对照组都更极端的力量强度。这绝对说明她们反复从事某种活动，但有趣的是，尼安德特人女性整体而言并不像男性那样存在左右手臂不对称的情况。不管她们用小臂从事何种活动，很可能都会用到双手。根据对狩猎采集社会一些女性的研究，研究人员认为她们极有可能在特定的鞣制阶段用双手处理兽皮。

费拉西 2 号的牙齿也讲述了一个引人入胜的故事。牙齿对测定年龄至关重要，同时也记录了牙齿除了用于啃咬或咀嚼外从事的其他活动。许多文化中都把刀子作为餐具。人们切下想吃的部位，直接用刀子送到嘴里。当刃缘，特别是石制工具的刃缘蹭过牙釉质时，会留下细微痕迹。尼安德特人牙齿上的这些微痕清晰可见，也为惯用手的说法提供了重要证据，[1]但这也存在社会差异。最近研究人员对不同性别的成年尼安德特人的骸骨，包括埃尔锡德隆的部分骸骨，进行对比分析后发现，女性牙齿上的刮擦痕迹更多、更长。

研究人员还发现了其他牙齿微痕。想想你的牙齿都有哪些用途：当双手被占用时，可用牙齿用力拉扯特别紧的绳结或咬住物体。人种学研究数据显示，牙齿除了咀嚼食物外，也是拿取或加

---

1 这些刮擦痕迹与刀切的方向一致，所以刮痕的角度能反映出用手习惯。

工处理物体的重要工具，这些物体可能是包括肌腱在内的动物产品或者植物材料。很显然，尼安德特人的门牙因为长期从事类似任务，磨损非常严重，甚至露出了牙本质。他们的生活模式与狩猎采集社会特别相似的一点，就是利用牙齿来处理兽皮：咬紧的牙齿就像老虎钳，能够拉扯兽皮使其软化，或者处理肌腱部分。这里也存在性别差异：有些女性的门牙似乎磨损得更加严重，最吻合这种情况的是历史上北极地区的狩猎采集社会，比如因纽特人、尤皮克人、楚科奇人或因纽特皮亚人。这些部族的女性大多数时间都在处理兽皮，但她们与尼安德特女性的工作模式存在差别：后者使用上门牙的频率更高，而且臼齿并没有因为咀嚼兽皮出现严重磨损。是采用了特殊方法，还是她们从事其他任务，目前还无法确定。

更令人印象深刻的是，有些任务存在明显的性别倾向。尼安德特人女性的下门牙出现缺口的频率更高，而男性通常是上门牙出现缺口。这些特殊的不对称性究竟因何产生，目前还没有任何人种学线索，但鉴于西欧各地的尼安德特人遗址都存在大致相似的模式，我们或许能看到活动安排中普遍存在的共性。

但由于尼安德特人女性的骸骨样本数量有限，加上我们对事物的解读方式可能存在性别偏见，这里需要特别注意。对有些人来说，他们比较容易认可尼安德特人女性处理兽皮，却很难想象尼安德特人男性两臂的左右不对称是因单手刮擦兽皮，而不是投掷长矛造成的。此外，我们对他们如何定义性别也一无所知，这已经远远超出了生物学性别差异的范围。他们的社会身份没必要呈二元性或者直接映射到解剖学结构上。

当然，生育者（child bearers，字面意思就是"背负孩子的人"）要额外承受终生的生物负荷，有些从骨头情况就很容易区分。女性的部分运动差异可能与养育孩子有关，处理兽皮会在她们的手臂和牙齿上留下痕迹，而这很可能是为了制作孩子的衣服和婴儿的包裹用品。

但是就像当代人一样，他们也都闪耀着个性的光芒。有些尼安德特人更喜欢或更擅长特定任务，所以可能愿意更频繁地从事此类事情，从而为专业的原始工匠的诞生创造了条件。极不寻常的牙齿损伤或许反映了这一点。法国奥都洞穴出土的男性骸骨有一颗门牙因为长期使用出现了异常严重的缺口。与此同时，埃尔锡德隆1号的男性骸骨存在严重的牙齿损伤，两颗门牙都受损了。目前还不清楚导致损伤的原因是什么，有一种可能是通过咬的方式来修理石器[1]。虽然听起来可能性不大，但在有些狩猎采集社会确实存在这种情况。

对任何尼安德特人群体来说，社会分类最多的或许是儿童。他们生来就比我们强壮，剧烈活动进一步强化他们稚嫩的身体。在乌兹别克斯坦切舍克塔施（Teshik-Tash）出土了一具儿童骸骨，骸骨的主人不足 10 岁，但双腿肯定已经走了很多路，而勒穆斯捷1号青少年的手臂肌肉几乎和成年人一样发达。这些尼安德特青少年的牙齿也显示他们在练习或参与成人任务。在骨坑遗址，年龄

---

[1] 二次打磨。

血缘

较大的儿童和青少年已经出现珐琅质磨损的情况，但是各处遗址发现的骸骨中年龄最小的也存在独特的夹持磨损，这说明他们很早就开始帮忙处理兽皮。

总体来说，尼安德特儿童的牙齿微痕会随着年龄增长而增多，但这不只是牙齿使用量增加造成的。埃尔锡德隆男孩的牙齿微痕不仅更少，而且呈对角线分布，并非垂直分布。这说明他已经学会像成年人一样用石制工具吃饭，但并未用牙齿从事其他任务。这也隐隐透露了他和其他儿童一直学习和模仿的社会情境，因为他们的牙齿整体损坏模式平均来说更像女性，而不是男性。

尼安德特儿童肯定是从实践中学习，从出生就近距离观察成年后要从事的大部分工作，包括切割肉上的脂肪，围着火塘进食或者徒步。有些特别复杂的任务可能需要成年人教学指导，但是西方社会对儿童安全的监护标准并不完全相同。在许多狩猎采集社会，儿童摆弄锋利工具，有时甚至在学会走路前就开始挥舞尖利工具，而且会独立觅食。忙碌的童年让有些最年幼的孩子付出了高昂代价。

骨骼的负担

17世纪的哲学家托马斯·霍布斯（Thomas Hobbes）曾对狩猎采集者做出著名的描述，称他们过着"贫困、肮脏、野蛮和短暂的生活，持续忍受暴力死亡的恐惧和威胁"。他如果知道尼安德特人，肯定也会如此描述。这种偏见经常被加诸尼安德特人和其他古人类，而他们的骸骨化石也为此提供了佐证。大多数完整的骨骼化石至少留有一种痛苦的印迹，不管是疾病还是受伤，有时甚至会遭遇真正的"连锁不幸事件"。但与此同时，现代研究日益表明尼安德特人虽然生活艰难，但换成其他人，在这种挑战性的环境下生活也不见得更好。

牙齿生长线中断在尼安德特人中司空见惯，而且长期以来一直被用来证明他们童年时期经历过饥饿。埃尔锡德隆遗址的所有个体骸骨——从蹒跚学步的幼儿到大约4岁的儿童，甚至是12岁的少年，都具有这个特征。就像勒穆斯捷1号一样，各处遗址的骸骨都存在这些阶段，但牙齿生长线中断的情况并不普遍，其他遗址的骸骨就没有此类情况。现在，更先进的生物医学研究指出，虽然这可能是营养不良造成的，但大都反映出个体承受着系统性的身体压力，比如严重的病毒性疾病或感染。

此外，与其他古人类群体相比，尼安德特人并未承受更大的痛苦折磨。史前因纽特人遗址的骸骨样本显示，他们在幼儿时期就开始出现更持久的生长线，而尼安德特人儿童似乎学步以后才受到影响。这可能与固体食物的引入有关，这个典型时期会接触到更多细菌。有趣的是，从早期智人的骸骨样本来看，他们的幼儿牙齿上有更多生长线，这或许表明他们比尼安德特人承受的健康压力更大。

就算没有生长线，我们也可以肯定地说大多数尼安德特人都需要去看牙医。就像许多史前社会一样，口腔状况差是普遍存在的现象，许多人因为牙齿极端磨损，肯定要承受不同程度的疼痛。

严重的牙结石导致牙龈萎缩，食物塞牙，最终某些个体会出现牙龈脓肿的情况。埃尔锡德隆遗址一具青年骸骨的牙齿微痕表明，在一段时间后他改变了进食时的偏爱手，这可能与牙龈脓肿有关。

其他尼安德特人在牙齿发育阶段存在问题：勒穆斯捷1号骸骨有颗尚未萌出的犬齿，克拉皮纳遗址出土的一具骸骨存在两颗臼齿错位的情况，其中有一颗是阻生牙，可能引起剧烈疼痛。然而和我们一样，尼安德特人也努力想自己治疗牙齿疾病。独特的凹槽表明有些人有剔牙的习惯，特别是对疼痛部位。[1]但在不同遗址比例有所不同，可能意味着身体状况甚至是社会传统的差异。考古学家真正发现牙签的可能性似乎微乎其微，但是在埃尔锡德隆遗址，有人发现一块针叶木的碎片嵌在一颗带有剔牙槽的牙齿旁的牙结石里。

21世纪的分析研究甚至能揭示出骸骨中看不出的情况。同样在埃尔锡德隆遗址，牙结石中的DNA来自一种会引发严重腹泻的肠道寄生虫[2]。总体而言，尼安德特人相较于其他狩猎采集者，虽然看着并不是特别虚弱，但他们确实承受着其他各种健康困扰。有些疾病在今天看来非常罕见：荷兰泽兰山脊（Zeeland Ridges）头骨碎片是目前发现的唯一真正"沉在海底"的尼安德特人骸骨，带有遗传疾病的印迹。这个头骨于2001年从距离荷兰近海大约15千米、30米深的水下打捞上来，从中能清晰地看

---

1 为了准确鉴定这种磨损，研究人员进行了大量实验，包括从马德里一个人骨教堂的18个颌骨中挑选牙齿。

2 这种特殊的毕氏肠微孢子虫常见于猪身上，可能因食用了被粪便污染的肉类而感染。

到由深部囊肿引起的大溃疡。溃疡肯定在死者活着时就能看到，虽然可能并未造成困扰，但也会引发平衡问题和头痛，更严重时会导致脑出血、抽搐和癫痫发作。

许多骸骨还表现出一些与现代不同的病症。有三个尼安德特人的骸骨，其中两个来自同一遗址，他们的脊柱和其他部位存在独特的骨质增生[1]。这类骨质增生可能没有痛感，也可能引起背痛或行动障碍，甚至全身关节僵硬。有趣的是，这种疾病是当代男性的常见病，从历史病例看，与饮食多肉、高脂肪有关，典型病例包括文艺复兴时期佛罗伦萨美第奇王朝的君主、埃及法老拉美西斯二世（Ramses Ⅱ）以及中世纪喜欢高热量食物的僧侣和商人。

其他遗址的尼安德特人头骨都存在不同程度的骨质增生[2]，这可能是雌激素水平较高引起的。头骨的骨质增生会引发头痛、甲状腺问题和体重剧增。年龄较大的女性长期存在雌激素大量分泌的情况，这或许能解释直布罗陀福布斯采石场一位40岁以上女性的头骨中出现的情况。但睾酮水平低的男性也存在患病风险，除了已知的两个男性尼安德特人外，18世纪的意大利阉伶法里内利（Farinelli）和现代前列腺癌患者也都存在此类问题。

虽然人们普遍认为尼安德特人最多能活20来岁，但福布斯遗址的这名女性只是众多中老年尼安德特人中的一员。他们儿时的生长速度的确稍快，但这几乎不影响他们的整体寿命，所以从生物

---

1 弥漫性特发性骨肥厚症。

2 额骨内板增生症。

血缘

学角度讲，围坐在火塘边的可能也有古稀之年的尼安德特人。不同时期的考古记录中，年龄超过 50 岁的尼安德特人确实很罕见，因为对于超过 50 岁的个体，要准确鉴定年龄难度很大，[1]而且老年人的骨骼往往比较脆弱。

那么，数十年的艰苦生活对尼安德特人有何影响呢？伊拉克库尔德地区的山尼达洞穴出土了一具尤其著名的老年尼安德特人骸骨。这处遗址于 1951 年至 1960 年之间动土挖掘，最近研究人员正在重新考察。这处蔚为壮观的遗址出土了 10 多具大体完整的骸骨。第一个出土的被称为山尼达 1 号，可能已经步入中年，而且遍体鳞伤。[2]他在成年之前右前臂出现严重的多发性骨折，伤口愈合不良导致肌肉萎缩。令人难以置信的是，他的右前臂好像被截肢了。虽然他死里逃生并承受住了伤处的折磨，但他初次受伤时可能也伤到了右肩胛骨，严重畸形的右肩胛骨导致两侧锁骨异常窄小，并引起了严重的细菌感染。

但问题还不止于此。他可能要忍受骨质增生带来的痛苦，而且听力极差，这意味着他可能很难和同伴交流。[3]更重要的是，他的头部也有多处受伤，其中一处恐怖的伤口挤压他的面部左上侧，导致眼睛和脸颊周围的骨头变形。这处伤口与臂骨骨折可能源于同

---

1 牙齿磨损是一种测量方法，但超过一定程度就不可靠了。

2 这个人在琼·奥尔（Jean Auel）的小说《洞熊部落》中被刻画成了术士一样的人，包括我在内，一代史前历史学家都从中吸取了灵感。

3 他的耳朵部分失聪是耳内的良性赘生物引起的；医学文献中将外耳道外生骨疣称为"冲浪者的耳朵"，因为人们相信这和在冷水中游泳有关，但其实这是由感染、受伤甚至长时间吹冷风引起的。

一起恐怖事件，但其他几次导致骨骼变形的重击绝对发生在这次事件之后。不管他在何时遭遇不幸，这次重伤不只造成大面积的软组织损伤，也可能导致一只眼睛失明，就算未失明也有部分视力受损。

山尼达1号虽然饱受慢性疼痛的折磨并面临众多挑战，但他逐渐适应了群体的日常生活。虽然少了一只手，但他仍旧继续使用优势手臂，甚至采用改良的技术来打磨石料。虽然他死前因为晚期关节炎明显有跛足的情况，但发达的腿骨表明他已经成年，而且像其他尼安德特人一样行动自如。在经历这么多苦难之后，他因为反应变慢而逐渐走向了末路——有证据显示他是被落石击中的。

山尼达1号是目前已知的尼安德特人中伤势最严重的，但他并不是唯一忍受多处身体伤痛的。比山尼达1号出土早数十年的另一具骸骨获得了"老人"的称号。1908年，就在勒穆斯捷1号头骨最终重见天日的四天前，三名沉迷史前历史的教士来到法国科雷兹省圣沙拜尔附近的洞穴勘察。在一座低矮的山丘上如人类眼窝般的幽深洞穴内，他们发现一具身体侧卧、膝盖向上拱起的骸骨。这个意料之外的惊人发现让三人狂喜不已，他们迅速挖掘并将骸骨打包，当晚就给许多著名学者写信征求意见。在布勒提出帮忙后，这具骸骨被送到他的实验室。圣沙拜尔骸骨作为第一具大部分完整的尼安德特人，重要性显而易见。

"老人"虽然比山尼达1号稍年轻，但其生活之艰难从骸骨情况可见一斑。他同样存在失聪的情况，牙齿严重磨损使他很容易出现剧痛性脓肿，而且他大约一半的牙齿都已脱落，这种情况即便在年老的狩猎采集者身上也很罕见。他全身都出现了骨退化，而这最终可能导致行走时痛苦不堪。虽然有些可能是因受伤所致，但大多数是因为日常劳累过度，很可能是搬运沉重的石块或猎物残骸造成的。另一方面，"老人"与山尼达1号和其他尼安德特人的骸骨不同，他唯一明显的骨伤就是愈合良久的肋骨骨折。

事实上，它很容易与当时同样躺在布勒实验室的费拉西1号骸骨形成对比。费拉西1号可能比圣沙拜尔的"老人"年轻，年龄在45到50岁之间，受伤部位虽然比山尼达1号少，但同样满身伤痕。其中锁骨骨折在现代较为常见，且伤势不太严重，但这可能会导致他出现高低肩，进而影响手臂活动。更严重的是，费拉西1号大腿骨顶部的髋关节存在骨折。这种损伤相当罕见，通常是高空坠落后腿部扭曲变形造成的。

费拉西1号狩猎时因为地面泥泞脚下打滑，结果引发了更严重的情况，甚至可能被追捕的猎物撞倒在地。不管怎样，我们知道他这次受伤后又活了数十年，受伤导致他走路的方式发生变化，最终导致脊柱弯曲。随后他又患上了严重的关节炎，由此引发的关节、指尖和脚趾肿胀更是让他疼痛难忍。[1]费拉西1号死前可能时刻都在忍受疼痛的折磨。

有些年长的尼安德特人能安然熬过病痛似乎也不足为奇，但更出人意料的是有些青少年的骸骨也有重伤痕迹。勒穆斯捷1号就是典型例子：他的颌骨严重骨折后愈合不良，因为长期进食困

1　肥大性肺性骨关节病，如今主要见于肺癌病例。

难，可能导致牙齿不对称磨损。这可能会影响语言交流，同时也能看出骨骼受损发生在他死前，大概在 11 岁到 15 岁的时候。

更小的儿童骸骨上甚至也有重伤痕迹。1925 年，年轻的多萝西·加罗德来到直布罗陀，在距离福布斯采石场不到 1 公里的魔鬼塔遗址进行考古研究，结果发现了一具不足 5 岁且存在骨折的男童骸骨，将近 10 年后她又发现了塔本 1 号骸骨。令人吃惊的是，那个男童的骸骨骨折至少是在他死前几年发生的，而且后来他再次遭受重创——可能是致命的头骨骨折。难道一个 5 岁幼童就要参与类似狩猎这种冒险活动吗？又或者他在无人看护时遇到了意外事故？两次重伤看起来特别倒霉，当然还有一种可能是他遭到其他人的殴打。

如果危险来自群体内部，那伤亡的风险可能会成倍增加。关于尼安德特人有暴力倾向的误解始终存在，但是确凿证据少之又少。他们头部受伤的比例相当高，但几乎所有案例都无法确定是人为造成伤害。医学研究表明，打斗攻击的部位通常是面部或者耳朵上部区域。而且鉴于攻击者有 90% 是右撇子，所以伤势几乎都在左边。骨坑遗址的众多骸骨有各种各样的头部损伤，其中有一个格外引人注目——他遭到了同一物体从不同角度造成的两次重击。这很难用意外来解释，但凶器可能是动物的蹄子，而不是手斧。山尼达 1 号伤处的大小说明他不是遭到巨型物体的重击，就是遭到多次击打。

同样，克拉皮纳骸骨右耳后侧的一块头骨碎片上也有巨大的凹陷型骨折。这是目前已知的所有古人类骸骨化石中最严重的颅骨损伤，但大多数攻击性骨折都不会出现如此大的伤口，这明显比手持武器造成的典型伤害要大得多。如此重要的骨折最终竟然愈合了，但头骨的主人可能出现了脑损伤及后遗症。克拉皮纳遗址的尼安德特人骸骨就整体来说，出现粉碎性头骨骨折的概率很高，有些有大量炎症迹象，但几乎没有骨折出现在"攻击区"。意外事故似乎能够解释大多数情况，这也确实吻合我们了解的一些狩猎采集种群的情况，那就是高空坠落通常会引起重伤。

尼安德特人的骸骨化石有成千上万，但是能确凿证明他们相互攻击的只有两个案例。一例是山尼达遗址的另一具成年人骸骨，他的胸部遭到严重刺伤，利器划伤两根肋骨并留在体内，随后伤口渐渐愈合，将残留在体内的利器包裹起来。缺口的形状表明这可能是石片或尖锐器物造成的；尽管如此，真实情况仍旧可能只是一起可怕事故，而不是蓄意伤害。也许在狩猎的最后几秒，一根长矛没有刺到野兽，反而误伤了共同狩猎的同伴。

然而，最后一个案例是确凿无疑的。20 世纪 60 年代末，考古人员在法国西南部圣塞赛尔附近的拉罗什阿皮耶罗（La Roche-à-Pierrot）遗址发掘出一个尼安德特人的部分骸骨（详细内容将在第十五章介绍）。这个人可能是女性，头骨的三维复原图显示，有个地方看着像是变形的骨头碎片边缘，其实是超过 7 厘米长的可怕伤口的一部分。它位于头顶位置，从法医学角度看，明显是由尖利、有直刃的物体造成的伤害。这个神秘物体从前方或后方击中圣塞赛尔女性的头部，巨大的力量导致头皮破裂、头骨粉碎性骨折，但是同样令人震惊的是，愈合痕迹显示她在遭受重创后照样活了下来。

由此至少能看出当时确实发生过暴力事件，但这是否说明尼安德特人经常蓄意行凶呢？恐怕不能。生病或受伤的尼安德特人更可能在岩棚和洞穴内死亡，所以骸骨最终得以保存下来，而生活在这些地方本身就存在危险。举例来说，矿工在施行安全改革引入防护帽之前，[1]头部受伤的概率很高。尼安德特人倒是不用炸药开掘隧道，但他们在石质洞顶下燃烧篝火，急速增加的热量确实会引起岩石崩塌。

大量的骸骨样本也表明，类似的严重损伤并不多见：克拉皮纳遗址出土的279块上肢遗骨中，只有3块臂骨和1块锁骨受损。170多块腿骨并未受到丝毫影响。当然，各处遗址的老年尼安德特人骸骨显示，健康状况会随着年龄增长而恶化，但这是所有生活艰难的人共有的特征。

与早期智人遗址的对比分析也揭示出大量有用信息。捷克共和国的姆拉代奇（Mladeč）溶洞遗址出土了至少9具智人骸骨。他们的年代距今大约有3.6万年，比我们所知的最后的尼安德特人仅仅晚几千年。他们的健康指标几乎都不尽如人意，主要表现有牙齿生长线中断、听力受损或耳聋、细菌感染、良性肿瘤、骨退化、牙龈疾病以及潜在的坏血病或脑膜炎。姆拉代奇1号是名男性，除了一处手臂骨折外，单纯头骨就有三处可能是人为攻击造成的伤

---

1 有些历史数据来自康沃尔的矿工。康沃尔是英国最后使用头部穿孔来治疗颅骨损伤的地区之一。

血缘

害。数千年后，在遥远的东方，俄罗斯境内的松希尔甚至出现了一个老生常谈的智人谋杀案故事。一具殉葬品丰富的成年人尸骨曾被残暴地割喉，这很可能就是致命的原因。

早期智人在发展初期，生活的艰难程度丝毫不亚于尼安德特人。松希尔遗址出土了另一处惊人的墓葬：两个孩子头碰头合葬在一起。这两个孩子的牙齿不只在一个阶段出现生长线的中断，其中一个孩子的大腿骨极短且呈罗圈状，可能患有遗传疾病。另一个孩子的面骨异常，可能存在进食困难。两个孩子的牙齿都不存在磨损，说明他们食用的是特殊的软性食物。我们甚至在葡萄牙的拉加维利霍（Lagar Velho）遗址发掘出一个与遭受重击的魔鬼塔男孩情况相似的四五岁早期智人儿童的骨骼。他在蹒跚学步时面部曾遭受一次沉重打击，手臂也在重伤后愈合。[1]

总的来说，尼安德特人可能远没有我们暴力，因为在所有尼安德特人遗址都没有找到他们杀害儿童的证据。在意大利西北部的巴兹罗斯（Balzi Rossi）早期智人遗址，情况却截然不同。在洞穴内，一名儿童背部被刺后命丧黄泉。一块石制工具的碎片仍旧插在他的椎骨中，虽然也可能是因为某种可怕的事故，但碎片插入的力度表明这是社会冲突造成的。在我们自己的人种内部，甚至是狩猎采集者之间，此类攻击行为确实有详细记载，而且在过去4万年来明显呈增长趋势。相反，我们在尼安德特人生活的数十万年里并未看到这种现象。

1　在他死前不久，他的牙齿生长线在数月内出现多次中断，表明他患有严重疾病。

处处皆生命

每个尼安德特人的骸骨都讲述了一个独一无二的故事。在跨地区或跨地质年代的宏观尺度上，不同个体间存在细微的解剖学差异。时间跨度超过 3 万年、地理距离超过数千公里的两个尼安德特婴儿——法国的勒穆斯捷 2 号和俄罗斯的梅兹迈斯卡娅 1 号，都具有典型的粗重骨骼，但是在其他方面，比如手臂比例上，却略有不同。即使生活在同一地区、年代大致相近的尼安德特人，也并非一模一样。

那些在特定时期和特定地点较为常见的体形变化，在成年人身上也清晰可见。比方说，北欧的尼安德特人面部稍微外突，导致臼齿后方的间隙更大。勒穆斯捷 1 号和克拉皮纳的尼安德特人在地理上相隔数百公里、时间跨度大约有 8 万到 9 万年，他们的牙齿只存在细微差别，但表现很明显。

我们在有些地方能看到高度本地化的生理结构缺陷。法国西南部拉奎纳遗址出土的三具成年人骸骨和一具青少年骸骨都具有相同的特殊头骨特征，而这种特征在其他地方极为罕见。这意味着在漫长的演化中，亚种群在基因隔离达到一定程度后会产生随机突变，就像现代人因为各种原因出现突变一样。拉奎纳的尼安德特人生活在深海氧同位素第 4 阶段冰期的末期，这可能导致种群规模缩小、地理隔绝和高度近亲繁殖。

区域性气候有时可能会直接影响人的生理结构。南欧的尼安德特人在一定程度上更抗寒，但通常无法忍受干旱。令人吃惊的是，近东的尼安德特人身体不是很壮硕，反而比较单薄。但是，如果尼安德特人的体格受到体力活动的影响，那这种生理结构的差异或许也能反映出当地生态环境对活动水平的影响。

最近有关尼安德特人四肢的研究也证实了这点。欧洲的白人男性拥有更发达的小腿，而近东地区的男性却大腿更为强壮，这说明他们的活动量或所处的地形不同。就女性骸骨而言，虽然样本量很小，但差异更大，不过近东地区的男性和女性都拥有更强壮的手臂。

牙齿本身的结构并没有显示清晰的地域特征，但磨损模式则不然。从威尔士的庞内韦德到伊拉克的山尼达，20多处遗址出土的40多具尼安德特人骸骨明确表明，环境不仅影响他们的饮食，也会影响他们将牙齿用作工具的方式。那些生活在大草原等地势开阔、植被丰富地区的人用牙齿夹持物体的概率更高。最显而易见的原因或许是，生活在较冷环境下的人需要更多衣物保暖，所以要花费更多时间来处理兽皮。

有些范围较小的牙齿使用模式很难梳理出来，但这可能标志着区域性的技术或工作传统：具体而言，意大利尼安德特人的牙齿比西欧人磨损得更严重。令人吃惊的是距今约6万年以后这段时期，近东地区的尼安德特人根本没有这类牙齿磨损情况。结合四肢的证据可见，生活在这片温暖干燥、植物丰饶地区的尼安德特人以独一无二的方式狩猎、搜寻并加工原材料。

但是凡事总有例外：有些生活在气候温暖、植被更丰富的环境中的个体，使用牙齿的方式与来自草原—苔原环境的人完全相同。也许温暖环境下生存压力较小，尼安德特人会更专注于特殊技能，从而在身体上留下专业工艺技能的印迹。

❀　　❀　　❀

尼安德特人留下的物质遗存为我们提供了有关他们生活的最非凡、最详细的信息。他们迎着黎明的曙光开始每日繁重的劳作，但他们的生活并不比典型的狩猎采集社会更艰苦。他们每个人都能感受到痛苦和快乐；他们是长途跋涉者，虽然步幅小，但仍在崎岖的山地中艰难行走；他们的双臂和双手强壮有力，但不乏灵巧精准。就像我们一样，尼安德特人的种类也多种多样。在尼安德特人的世界旅行，会遇到许多外貌和口音都截然不同的群体，这些群体对彼此的"正常生活"的理念，就像我们对他们的生活一样所知甚少。此外，他们在保持生物多样性的同时，也有自己独立的发展之路。

随着古代遗传学的进一步发展，我们对尼安德特人生物学特征背后的运作机制和适应性改变的认识，将会变得更加清晰。但最大的变革，或许是摒弃了他们独特的外貌特点和生活方式由冰期决定的观念。不管他们是否迎着寒风弓腰而行，高度严苛的生活方式确实让他们的身体经历了千锤百炼。极端寒冷的气候可能只是进一步打磨了他们已经运转得相当高效的动力机制。当我们全面研究尼安德特人经历的气候和环境变化时，他们的故事变得更加出人意料。

血缘

第五章　冰与火

　　秋日晨光乍泄，灰蒙蒙的光线穿过树干，与橡树温存纠缠时。猕猴妈妈温暖蓬松的毛发遮挡了严寒，它们舒展开黄褐色的身体，露出依偎在怀里躲避晨露的幼崽。炉火的余烬还在森林中闪烁，猕猴的晨间奏鸣曲陡然响起，打断了喜鹊和松鸦的欢歌与尖叫。树木茂盛的石灰岩崖壁是它们栖息的家园，但鸟类和猴子对岩棚充满了警惕。那里有丰富的采摘物，但暗处也隐藏着未知的危险。有些胆子稍大的朝着突出的阴影俯冲而下；它们知道这里没有黑豹，因为有人在，至少昨天在，现在人去洞空，烟灰已经冷却。

　　猕猴是机会主义者，它们贪婪地吮吸着富含软骨的残留物和骨髓碎片。雾气弥漫的山谷中传来一阵阵隆隆的低沉响声，那是象群正在穿越河流。微弱的鸦叫声从上方环绕的气旋中飘落。高山之上，一群冬季的鸫鸟向西飞行，穿越海洋寻找浆果累累的树林。经过数小时的飞行，它们抵达一座未来将以其南部白色悬崖闻名的岛屿，但此时此刻这里是猛兽们的乐园。

　　鸫鸟纷纷降落在这条最宽阔的河流两岸的树林中。棕黄色的河水缓慢流淌，许多挑衅的、窥视的眼睛在水流中虎视眈眈。一个犹如桶状潜艇的动物冲天而起，在它身侧，河水犹如瀑布般铺洒而下。这头河马在咀嚼食物时谨慎地观察水面，耳朵轻弹，聆听着风吹草动。在攻击距离之外，水牛在淤泥中闲荡，新月形的牛角上垂挂着几棵杂草，白鹭稳稳停在上面。它们对蹲伏在高高河岸上的狮子视若不见，等待旭日升起，驱散森林迷雾，与此同时黇鹿抓住机会呼吸着晨风。但是在这条河流及其早已干涸的支流河道，黎明的空气中没有木烟的气息。

在超乎想象的遥远未来，鹡鸟再次聚集，耀眼的晨光再次为蜿蜒的河流镀上一层金色，但大城市扩张使河道变窄，横跨河流的桥梁就像紧身胸衣。狮群纹丝不动，在巨大的基座上沉默无言。它们面前不是牧群，而是拥挤不堪、形形色色的人群。在狮子雕像和喧嚣的人潮之下，迷失的溪流穿过由电线、排水沟和隧道组成的城市之树的根茎。快看，这是伦敦建立前的一座石墓：一个斜倚在巨大碎石床上的城市，密密实实地布满了黑褐色的泥土。这是整个逝去世界的墓地：巨大的骸骨散落其中，四周是早已风华不再的鲜花，点缀着仍旧色彩斑斓的甲虫翅膀。

在21世纪的欧洲，狂野巨兽大都被禁锢在玻璃和铁条之后。泰晤士河两岸的"水坑"不再是野兽们的乐园，而是挤满了威斯敏斯特的政客，昔日肆意流淌的河流最后一次目睹巨型动物出现，是在2000多年前。如今伦敦的狮子由青铜塑成，那圈蓬松夸张的鬃毛是它们的祖先所没有的；河马们在混凝土水池里游泳，就连鹿群也成了皇家游乐的对象。但是在英吉利海峡对岸，野兽们正准备卷土重来：棕熊在比利牛斯山脉游荡，野猪在柏林郊区闲庭漫步，狼群很快将在北海海岸留下脚印。

我们通常站在安全距离外，惊叹那些存活至今的野生动物，所以很难想象这座大陆曾经充斥着各种更大的动物，要联想整个消失的自然背景更是难上加难。有关尼安德特人的记载大都呈现出冰蓝色的色调，他们的祖先也都被描绘成身穿兽皮、适应北极环境的生物。早期从洞穴或采石场发现的主要是像驯鹿这样的物种，或者是其他动物的长毛版，比如猛犸象和长毛犀。尼安德特人生活在冰冻世界的概念早已深入人心，但是要理解他们真实的经历，意味着解构一个简单非凡的"冰河时代"，探索他们生活的那个拥有不同动物种属的世界。

其他更罕见的 19 世纪遗址出土了各种奇怪的动物遗存组合：英国约克郡维多利亚洞穴[1]出土的动物遗存中除了鬣狗，还有河马和一头怪异的古菱齿象，其中既有曾栖息在遥远南方的极地物种，也有北上深入欧洲的热带物种。地质学家虽然在理论上理解那些消逝的远古环境，但其实这就如同雾里看花，需要慢慢走近才能真正理解地球的浩瀚历史。到 19 世纪 80 年代，有确凿证据表明，席卷北欧大部分地区的极冰扩张与如今温暖的"间冰期"相吻合。

---

1 与发现拉斯科洞穴的经过相似，维多利亚洞穴被发现是因为一条狗掉进了洞里。

古气候真正的复杂性直到 100 年后才为人所知。地球气候受地球绕日旋转的永恒华尔兹影响，呈现冷暖交替的循环模式。地球运行轨迹从椭圆形到近圆再到扁圆的变化以及旋转轴的倾斜摇摆，都会对地球气候产生影响，相关细节巧妙复杂，却又可以预测。说到底，日照面积在很大程度上决定了空气和海洋温度，这些是驱动极地和山地冰川膨胀与融化的主要因素，由此产生的效应会导致气候变化。

证据就隐藏在海底沉积物以及格陵兰和南极的冰层之中。从地下深处钻取的岩芯包含许多古老的古气候记录，以千年为尺度揭示了 10 多万年来的全球气温变化。通过对比其他记录较短的历史遗存，比如湖床中的花粉序列、古代冻土带吹来的灰尘堆积物、洞穴中的浮石或热带珊瑚礁，确定其年份，研究人员有可能在巨大的时间跨度内精确校准古气候。

这一模式表现出惊人的统一性：地球冷暖交替的气候循环在波动强度上表现不同，有时持续时间相对更长，但各种记录显示地球脉动与此保持同步。研究人员利用众所周知的深海氧同位素阶段（英文首字母缩写为 MIS，取自深海岩芯数据）对这些时间漫长的气候模式进行标记。我们现在处于深海氧同位素第 1 阶段，是距今大约 1.17 万年最后一个冷期结束后随之而来的暖期或间冰期。

深海氧同位素第 1 阶段标志着地质年代学中全新世的开始，全新世之前（将近百年周期）到距今将近 200 万年是更新世。回溯历史，你可以看到暖期的温度峰值对应深海氧同位素曲线的奇数阶段，比如第 3 阶段、第 5 阶段、第 7 阶段等，而冷期的温度谷值则对应深海氧同位素曲线的偶数阶段，比如第 2 阶段、第 4 阶段、第 6 阶段等。即使元素出现的时间较早，尼安德特人独特的身体和文化特点开始占据优势地位也并非是在冰期，而是在距今 35 万年之后的深海氧同位素第 9 阶段。此外纵观距今 40 万到 4.5 万年的整个时间跨度，尼安德特人经历的间冰期远远多于冰期，这与人们的普遍看法截然相反。

我们认知中的另一大进步在于：所有气候阶段都是独一无二的，而且都包含更小的、时间更短的温度波动，也就是寒冷的"冰段"和温暖的"间冰段"。这些次阶段通常用字母标记；接下来我们要深入分析深海氧同位素第 5 阶段的第一个温暖时期，也就是所谓的 5e[1]。5e 可能持续数千年，也可能只有数百年，而且气候突然急剧变化。剧烈的温度、环境甚至海平面变化有时能在人的短短一生中全部出现。

所有这些意味着我们能详细重建尼安德特人任何时间点的生活环境及其消失时的自然环境。这个时间点落在距今大约 4 万年的深海氧同位素第 3 阶段，因此我们要特别关注该阶段的气候和环境变化。它本身虽然被归为间冰期，但其实更像是距今 6.5 万到 3 万年之间一个延长的暖期，这段时期总体上较冷的气候延续时间更长，从深海氧同位素第 4 阶段初一直到第 2 阶段末。

1　这些字母都是反向标注，所以"e"代表的是深海氧同位素第 5 阶段 5 个间冰段和冰段中最早的一个。

与更古老的真正的间冰期相比，深海氧同位素第 3 阶段对大多数尼安德特人来说都谈不上温暖舒适。阿尔卑斯山以北地区的夏季与现代苏格兰高地的气候差不多，秋季则格外潮湿。说到尼安德特人，我们总会想到他们弯腰弓背、冒着暴风雪艰难前行的画面，但说是冒着瓢泼大雨也没错。不过冬季的气温肯定更低，连续数月都是冰封大地的场景。但是深海氧同位素第 3 阶段的欧亚大陆绝不是冰冻荒原，相反，这个气候循环的独特之处就在于它具有不稳定性，气温存在快速的起伏波动。

超越冰雪

如果说尼安德特人在暴雨中蹚过泥泞和在雪地中艰难跋涉一样出人意料，那么还有比这更让人惊奇的。最近一次真正的间冰期，也就是深海氧同位素第 5 阶段，比现在更加温暖。随着之前深海氧同位素第 6 阶段的冰期结束，全球气温快速升高，在距今大约 12.3 万年前达到峰值，而这正是深海氧同位素第 5 阶段的次阶段，也就是所谓的伊姆间冰期[1]。到目前为止，这仍旧是整个欧亚大陆人类经历的气候最温暖的时期。它持续了大概 1 万年[2]，从地质尺度看非常短暂，但相当于大约 500 代人的时间。

那么，这个温暖宜人的世界究竟是何模样呢？至少早期的阳

---

1 伊姆间冰期是欧洲西部基于一处古代花粉型遗址形成的古气候术语，其他地区的叫法不同，比如英国将其命名为伊普斯威间冰期。

2 南欧的植被适应性更快，所以持续生长的时间比北欧植物多数千年。

血缘

光比现在更加充足。那个时期，地球相对太阳的位置稍有不同，夏季的日照面更大，导致全球平均气温高出 2 到 4 摄氏度，效果显而易见。如今雪线上的高山洞穴在当时温暖潮湿，足以促进石笋生长，广阔的森林遍布整个大陆。最引人注目的是，极地冰盖和冰川融化促使海平面上升了大约 8 米。

随着气温逐渐升高，海平面越来越高，种类繁多的树种不断更迭。花粉记录显示，桦树和松树林逐渐被橡树密布的林地取代，其中零星点缀着榆树、榛树、紫杉树和椴树，最终发展壮大为茂密的欧洲鹅耳枥树林。这些树种后来被云杉、冷杉和松树取代，而后期出现的树种预示着气候更寒冷的冰期即将出现。在这片树种变换、跨越万年的林地中，生活在不同时期的尼安德特人听到了不同的黎明合唱。吵闹的交嘴雀和冠山雀逐渐销声匿迹，愚蠢的松鸦和美艳的歌鸲随即登场，最后在寒冷的清晨，只有咔嗒作响的松鸡在四处游荡。

伊姆间冰期的动物群也颠覆了人们对尼安德特人的传统认知。当时的动物除了将食谱从草延伸到绿叶植物的野牛和野马外，还有野猪、狍子及其浑身布满斑点的亲戚黇鹿[1]。河狸大量啃食小树，导致山谷河水泛滥，创造出大量可供龟类游弋的新栖息地。在一次奇怪的生态转移中，这些爬行动物沦为了獾的食物。

气候变暖带来了其他大型动物，比如水牛、古菱齿象和河马，但一种来自南方的移民特别有趣，那就是猴子，特别是巴巴

---

[1] 如今欧洲所有的"野生"黇鹿都是历史上多次物种引入的结果。

利猕猴。

如今，巴巴利猕猴仅栖息在北非人迹罕至的偏远地区，特别是山林地带。然而在更新世，它们的分布要广泛得多，偶尔也会出现在早期和晚期的尼安德特人遗址中。德国的胡纳斯洞穴遗址可能就来自伊姆间冰期，而在出土尼安德特人牙齿和石器制品的同一地层也发现了巴巴利猕猴的骸骨化石，同为灵长类动物家族的成员，相互碰到肯定是常有的事。巴巴利猕猴主要以植物为食，但是在食物匮乏时也会捕食昆虫，甚至是幼鸟和兔子一类动物。它们现在喜欢捡拾人类的垃圾，过去可能也捡拾尼安德特人的残羹冷炙。

伊姆间冰期的世界听着就像一片绿色天堂。尼安德特人虽然不用担心冻伤，但这里也并非热带俱乐部。对狩猎采集者来说，在落叶林生活可谓举步维艰，因为那些能吃的植物大多需要花费时间和精力才能吃到。类似坚果和浆果这种容易采集的食物通常都具有时令性。大型猎物就在附近，但是在森林里，要寻找它们难如登天。

由于很长一段时间一直没有发现伊姆间冰期遗址，研究人员开始怀疑尼安德特人是否真的适应了该时期的环境，但事实上，后来的侵蚀可能导致该时期的大部分沉积物消失了。如今已知的伊姆间冰期遗址大约有 30 处，但很少有洞穴或岩棚。它们大多保存于深埋的湖床或是富含碳酸盐的地表泉水中。在那个世界，靠近水源生活很有道理，因为所有猎物都离不开水。

较新的研究结果也显示，伊姆间冰期的原始丛林并非连绵不断的巨型绿色天幕。在德国东部的诺伊马克诺德，两个深层湖床保存的完好程度令人惊讶。研究人员每向下5厘米取一次样，从中寻找微小的植物、昆虫和软体动物碎片，结果发现湖岸周围生长着种类繁多的植物。除了自然林地外，这里还有矮小的榛树丛和草木葱茏的干燥区，脚下则长满了直立委陵菜、艾蒿和雏菊。这种五颜六色的环境吸引了各种动物，既有野猪和古菱齿象等森林动物，也有美洲野牛或原牛之类的食草动物。像野马这样的食草动物游走在不同的生态位之间，但骨骼化石甚至足迹，都显示湖泊吸引了所有的动物物种。

尼安德特人如何融入这个林地世界呢？诺伊马克诺德湖床的沉积层序包含伊姆间冰期初期炽热干燥的阶段。这个阶段还没有形成茂密的林地，动植物种类更加纷繁多样，我们发现的大多数考古遗址都来自这一时期。后来随着林地减少，湖泊缩小，猎物可能变得更加稀少，尼安德特人也被迫分散，但他们并没有完全消失：林地茂密时期的上层沉积物中包含超过12万块动物骨骼碎片。这是伊姆间冰期屠宰物格外丰富的记录，同时证明即使繁茂的叶片遮挡了阳光，猎物躲在粗壮的树干后面很难发现，尼安德特人照样能顽强生存。

尼安德特人在诺伊马克诺德遗址追踪鹿群，而向西穿过海峡，动物们似乎过着无人惊扰的生活。事实上，从深海氧同位素第7阶段末到第3阶段初的15万年里，英国似乎看不到古人类的身影。深海氧同位素第6阶段的严寒退却，或许为古人类的回归创造了机会，但一场巨大的自然灾难可能阻碍了这一进程。整个冰盖融化的冰川融水和欧洲大部分地区的洪泛河水在英国东部到法国之间的白垩山脊后面汇聚，形成了一座巨大的湖泊。松软的岩石因为不堪重负而崩塌，汹涌的洪流狂泻而出，席卷海峡底部。地震勘探结果揭示了洪水碾过巨大山谷时留下的斑驳痕迹，如今这些都已深埋于海底沉积物之下。这股洪流的汹涌强劲令人惊叹，要说能与之相提并论的，只有环绕火星一半的峡谷。尼安德特人可能在数公里外就听到了这种震耳欲聋的轰鸣，而距离更远的猛犸象群可能感受到了穿越地面的次声波。

多格兰原本地处英国和欧洲大陆之间，是一片空寂荒凉、人迹罕至的荒野，如今早已没入水下。当时，尼安德特人必须通过深邃的峡谷、危险的滑坡地带和广阔的岩石砾石区才能到达英国高地，这或许足以让他们望而却步。但是在深海氧同位素第5阶段的初期，海平面也开始快速上升。古人类还没来得及到达，英国就成了隔绝之地。所有能顺利抵达的喜温物种，比如大象和河马，都有一个共同点：它们能顺利穿越湿地、洪泛河流，甚至是短距离的海洋。6万年后，气候逐渐变冷，海平面充分下降，多格兰在深海氧同位素第4阶段的末期浮出水面。当猛犸象赖以栖息的草原环境再次从大西洋延伸至太平洋时，尼安德特人和野马群再次回归最西北的活动范围。古人类先驱之前可能渡海的唯一线索，就来自英国东南部出土的几件疑似石器，它们可能源于深海氧同位素第5阶段末的冷期。但是如果这些石器是真的，海平面当时并没有低到能让人类步行通过，那尼安德特人是如何到达英国的呢？这点至今仍旧不得而知。

血缘

气候危机

随着古气候和环境研究分辨率的提高，研究人员发现即使在伊姆间冰期也存在短时期、大幅度的气候变化。最高温度和最高海平面均出现在距今 12.6 万到 12.2 万年的 4000 年里，随后气温开始逐渐降低，但这只是暴风雨来临前的平静。接下来就是所谓的伊姆间冰期末期干旱事件（Late Eemian Aridity Pulse，缩写为 LEAP），一段危机时期。相关证据来自被古代洪水淹没的火山口内的湖泊沉积物。这些极细的沉积层（人称"纹泥"）只有 1 毫米厚，是日积月累的结果。这份距今大约 11.86 万年的纹泥档案揭示了某种奇特现象：整整 468 年，沙尘如雨点般落下。研究人员测算出 50 多次严重的沙尘事件，每次都证明当地突然变得寒冷，出现干旱。植被骤然减少导致水土大量流失，大规模的沙尘暴席卷大地。其他资料也记录了这次严重的气候冲击，从流石数量突然停止增长，到花粉核揭示的环境变迁——短短 100 年内，温暖的森林消失，取而代之的是广阔的苔原。显而易见的是木炭在多个沉积层中重复出现，这说明气候非常干燥，丛林经常燃起大火。

我们只能想象尼安德特人是如何在短短两三代人的时间里破坏他们熟悉的森林，导致气候难以预测并不断恶化。这次沙尘事件是典型的来也匆匆，去也匆匆。气温和湿度的短暂回升虽然给一些喜温树种提供了复苏的时间，但其他地区再也无法恢复生机。

不过针叶林的兴旺标志着降温的开始，而这种情况可能持续到了更新世晚期。真正的苔原在距今大约11.5万年覆盖整个欧洲北部，极地冰盖大幅扩展，大规模的冰山舰队开始南下，最南可达伊比利亚半岛。深海氧同位素第5阶段的间冰期接近尾声，随着它的影响日益减弱，冷热交替的振荡开始加快。即便如此，尼安德特人仍旧在逆境中顽强生存。在间冰期的最后时刻，尼安德特人遗址的数量大大增加，技术发明也在增加。

冰河世纪

尼安德特人成功躲过了森林、高温和沙尘的死亡威胁，但面对真正的冰河世纪又将如何呢？在冰河最盛的阶段，平均气温比现在大约低5摄氏度。这足以让数百米厚的巨大冰锋离开极地。不同的冰期，冰盖的范围也不尽相同，但是在深海氧同位素第6阶段温度达到峰值时，它们最远扩展到了英格兰中部地区，并穿越海峡到达德国的杜塞尔多夫。[1] 在深海氧同位素第2阶段的末次深冻期，就连法国西南部也成了永久冻土和极地荒漠，而如今这地方夏季的温度能达到40摄氏度。除了天气寒冷外，海洋结冻会导致全球海平面急剧下降，有时低于100米。这为冰川生命带来了屈指可数的好处之一：广阔的新陆地形成，四周是富饶的

---

1 最严峻的冰期发生在深海氧同位素第12阶段，早于尼安德特人生活的时代。当时，英国的冰锋直接延伸至伦敦北部，将泰晤士河一路推到现在的河道，并抹去了一条古老河流——拜萨姆河的痕迹。它就位于水系密布的英格兰中部地区。

河口。

　　但是即便冰盖范围没有扩大，形势依旧异常严峻。气候模式可能非常奇特，降雪和冰暴达到我们前所未见的规模。而且冰期除了天气寒冷，空气也异常干燥。在永久冻土带，干冷空气和冰冻地下水相结合，使脱水成为真正的威胁。

　　所有这些对环境造成了巨大影响。在欧亚大陆北部的大部分地区，松树林消失殆尽。冰缘冻土带延伸到了冰帽南部，形成一块由耐寒的苔藓、地衣和矮树组成的色彩斑斓的地毯，它们努力生长的话可能会超过人的脚踝高度。继续向南，土地的硬度开始软化，变成草原—苔原，类似今天西伯利亚的部分地区，但当时生存的动物种类如今早已找不到类似物。轻风拂过交错分布的香草、杂草和灌木丛；春季，这里犹如绿色的海洋，而秋季就像燃烧的火焰和鲜血一样光彩夺目。

　　植被比较茂盛的地方形成了许多微生境，花粉和木炭记录显示有些树木仍旧茁壮生长。星罗棋布的河流环绕在柔韧的桦树林周围，就连间冰期的漂流者——橡树和椴树也偷渡到了隐秘的峡谷中。继续向东前往亚洲，这片大草原开始零星出现针叶林：水分充足的针叶林备受驼鹿[1]青睐，但要在针叶林中穿行非常艰难。即使是在地中海附近更加人迹罕至的南部地区，气候干燥时植物群落也会随之改变。

　　尼安德特人大多避开了真正的北极环境。举例来说，深海氧

1　驼鹿在欧洲和北美有不同的称呼。不过，目前几乎没有证据表明尼安德特人猎杀驼鹿。

同位素第 5 阶段末期丰富的尼安德特人考古记录只有在第 4 阶段呈现持续严寒时才真正开始减少。有些人可能向南迁移，另一些走向灭绝，但是在深海氧同位素第 4 阶段，尼安德特人的遗址非常罕见，这可能和短暂的气温激升有关。披毛犀和猛犸象也纷纷离开最严酷的冻土带，将其留给驯鹿或北极狐这类北极特有物种。最耐寒的动物麝牛，适应了严寒和深深的积雪，只有在极端冰期才向南迁移。令人着迷的是，偶尔有遗址在出土石器的同时，也出土了麝牛的骸骨化石。研究人员证实尼安德特人足以应对冰河时期的终极环境挑战——至少是暂时应对。但是深海氧同位素第 3 阶段能证明，尼安德特人在草原—苔原地带生活得更开心，因为当时食草动物的种类之多几乎足以媲美今天的非洲大草原。如今，研究人员对更新世的气候和环境有了更细致的理解，用"超北极"理论来解释尼安德特人的解剖学特点，变得更加不确定了。

从海岸到山巅

地球气候犹如过山车，冷暖起伏跌宕不平，尼安德特人在数十万年繁衍生息的过程中不得不适应各种极端天气。更重要的是，研究人员对他们生活世界的研究已经从气温扩展到了自然环境。欧洲是最早发现尼安德特人遗迹的大陆，也被普遍认为是他们活动的中心区域，但其实他们的分布范围远远不止于欧洲。研究人员在探索尼安德特人活动的地理广度后发现，他们虽然适应了草原—苔原环境，但从生态学角度看，同样应该视其为地中海的森

血缘

林生物。像意大利南部这样的半岛即使在深海氧同位素第5阶段之后仍旧气候温暖，足以让河马存活下来，而且据我们所知，尼安德特人直到灭绝之前，始终在类似场景中繁衍生息。

我们首先从欧洲东南端的直布罗陀开始。在这里，高耸的直布罗陀巨岩直接伸向地中海，这是欧洲唯一仍能见到野生猕猴的地方。DNA证据显示它们并非古代猕猴的后裔，而是历史上从阿尔及利亚和摩洛哥多次引入的产物。透过茫茫海雾，从这里依稀能够看到北非，但更新世的灵长类动物却以尼安德特人的形式在这里扎根生活。[1]直布罗陀是个弹丸之地，长度仅6公里，却是一个多样化栖息地的缩影，即使在最恶劣的气候剧变时期，也得天独厚地受到稳定的自然环境滋养。橄榄树林、壁虎，甚至树蛙都已经存活了数万年，并未受到伊比利亚半岛偏远北部恶劣干旱环境的影响。这地方对尼安德特人来说绝对是黄金地产：自然资源丰富多样，栖身的洞穴还能沐浴到晨光。

直布罗陀巨岩从古至今吸引了众多人类纷至沓来。200多处洞穴中出土了新石器时代和罗马时代的人工制品，不过从18世纪开始，这块巍峨巨岩发挥了更加重要的作用。如今，昔日的军事防御工事、现代缆车与自然保护区展开地盘争夺战。自然保护区内，猕猴们不断骚扰游客获取零食。可是在巨岩下，神秘隧道系统比这块石灰岩的整个海角蜂窝状结构还要长10倍。军事挖掘

---

1 据说当时有一种迷信的说法：如果猕猴离开，英国可能会失去直布罗陀，因此英国时任首相温斯顿·丘吉尔在"二战"期间下令恢复其种群数量。

活动始于18世纪，福布斯头骨正是在这个过程中重见天日。稍晚些时候，多萝西·加罗德的导师——法国史前历史学家亨利·步日耶（Henri Breuil）"一战"期间以此作为据点，发现了魔鬼塔的孩子。[1]但是直到20世纪80年代，研究人员才对悬崖沿线的大型洞穴进行勘察，揭示了海岸尼安德特人的生活状况。

只有海平面像今天这么高时，地中海反射的晨光才会投射到巍峨险峻的先锋洞穴和戈勒姆洞穴，但海洋对生活于此的尼安德特人来说一直都很重要。当海岸较近时，他们收集海产品，充分利用那些比较罕见、个头更大的海产品，比如鱼类或海洋哺乳动物。在冰期，海岸后退了将近5千米，尼安德特人的洞穴前露出一大片干燥的沙丘平原，但即便在当时他们也要向东步行很远，才能从岩石密布的河口地带带回贝类，包括大型贻贝。

正如我们在第八章将要看到的，尼安德特人作为海岸觅食者，在大西洋和地中海沿岸留下的少数遗址或许只是冰山一角，还有数百处遗址因海平面上升而淹没于汪洋之下：海洋中肯定有淹没的洞穴，而螃蟹和可疑的海鳗作为洞穴中的现任住户，与深埋的海产品遗存完全吻合。如今，海底考古勘察工作开始在欧洲的岩石边缘展开，但是我们必须重新思考尼安德特人的行迹，他们不仅昂首阔步穿越大草原，也在沙质海岸留下了串串脚印。

如今，直布罗陀洞穴遗址前的海滩上混杂着挖掘军事隧道产生的爆破碎片，当时的军事工程也包括为"二战"驻军建造巨型

---

1 步日耶外出散步时在山坡上发现了石器，遂建议加罗德进行挖掘。

血缘

水箱。镇上的物资供应如今仍令人担忧。20世纪80年代，人们在悬崖上方大约250米高处修建基础设施时发现一处小洞穴。这是尼安德特人在这个小型山地环境狩猎时的临时落脚点，他们的主要猎物野山羊是山羊的亲戚，但块头要大得多。这座遗址因为发现野山羊的骸骨而被命名为野山羊洞穴，但是尼安德特人来到这里似乎并不是为了短暂歇脚，甚至不是宰杀猎物，因为洞穴内几乎没有发现石器。相反，最吸引人的可能是下面一览无遗的广阔平原。他们带着捕获的野山羊下山返回戈勒姆和先锋洞穴，可能是沿着沙子在悬崖堆积成的巨大沙丘滑行而下，这对背负沉重猎物的尼安德特人来说无疑是一条捷径。[1]

在其他数十个地势险要的尼安德特人遗址也发现了野山羊骸骨。面对敏捷傲慢而且极其强悍的野山羊，尼安德特人必须采用特殊的狩猎技巧，而且要特别小心地避开它们巨大的弯角。也许更难捕获的是臆羚，但我们也发现了臆羚骸骨，西班牙中西部海拔大约1400米的卡勒朱埃拉斯（Las Callejuelas）洞穴遗址就有一些。这里的气候即便今天仍旧寒冷干燥，那么海拔更高的地方呢？答案是没问题：生活在阿尔卑斯山脉、喀尔巴阡山脉和其他山区的尼安德特人都生活在海拔2000米以上。除了间冰期全盛期之外，这片巍峨山脉一年四季大多数时间都是冰川密布，雪漫山坡。

他们为何选择如此极端的地方呢？马鹿等物种会季节性迁徙

---

1 对19世纪驻守直布罗陀的军官来说，这座沙丘既是植物学爱好者的流连之地，也是部队逃兵的逃跑路线。

到高山牧场，这或许提供了一种解释。但山区本身可能就具有吸引力，这里随处可见各种优质石头，正是尼安德特人时刻关注的资源。他们甚至就像后来的史前部族一样，逆流而上追溯鹅卵石的源头。

他们的捕食对象可能包括其他山地特有物种，比如冬眠的熊，但是其他证据也表明，尼安德特人似乎在高海拔地区非常活跃，因为他们在那里表现得如鱼得水。法国比利牛斯山脉的榛子洞穴（Noisetier Cave）海拔超过 800 米，而在距今 10 万到 6 万年，那里并没有明显的山地资源吸引尼安德特人。他们狩猎的马鹿和盘羊在低海拔地区很常见，洞穴附近也没有特别优质的石料。但是就像世界各地的其他许多洞穴一样，这里常被他们作为停留之地，哪怕只是短暂停留。这些尼安德特人要么是永久的山区居民，要么是在前往其他地区的途中稍作停留。如果是后者，我们要考虑他们当时是要翻越比利牛斯山脉。这得到了石器溯源研究的支持，该研究证实尼安德特人经历长途跋涉，翻越了比利牛斯山脉、法国中央高原和其他山脉。

不管是云雾缭绕的高山之巅，还是海岸地带，几乎鲜有自然景观能让尼安德特人望而却步，他们的足迹甚至遍布浩瀚的沙漠，这与我们期望中他们是北极专家的情况截然相反。直布罗陀和土耳其之间温暖而又多岩石的地中海生态系统最终转变为更加干燥的中亚环境，这些地区都具有丰富的尼安德特人化石和考古遗址。从生态学角度看，他们能够适应各种自然环境下的事物，从海枣到橄榄，从乌龟到瞪羚，甚至是阿拉伯半岛边缘的巨型骆驼。

目前，欧亚大陆西部唯一缺乏尼安德特人遗址证据的就是湿地。他们要想在湿地长期停留，必须建设很多设施，比如船舶、高架结构、轨道和平台，但凡事都不能说得太绝对，也许在北部的泥炭地里，在铁器时代沉睡的、覆盖着青苔的棕褐色沼泽下，正有惊喜等待着我们去发现。

※　　※　　※

自尼安德特人被发现以来，我们脑海中总会浮现出他们在厚厚的积雪中艰难前行、在冰天雪地中哈气的画面。但是，冰河时期的发现蒙蔽了我们的眼睛，让我们忽略了他们与生俱来的非凡适应力。极地沙漠从来不是他们真正的家园，虽然在极端情况下他们也能生活一段时间，但通常他们会避开极寒之地。在气候较温和的地区，不管是绿草如茵的平原还是林间空地，他们似乎都能繁衍兴盛。

即使是适应寒冷环境的动物，比如猛犸象，从生态角度讲也具有可塑性。它们起源于深海氧同位素第 6 阶段的冰期，但后来也与喜温的古菱齿象同时出现。[1]正是我们坐井观天的思维模式将尼安德特人限制在冰川世界，现实中他们的生活环境更加丰富多样。他们具有其他生物没有的非凡技能，除了更新世最恶劣的情况外，其他自然环境都难不倒他们，而这完全归功于他们复杂的技术文化。

---

1 相反，这些动物在深海氧同位素第 5 阶段温暖的间冰期走向灭绝。

第六章　岩石仍在

8000 万年前，极地冰帽融化促使海平面上升，海水在阳光的照耀下泛着银光。现代世界的大陆板块已经有一半发展成形，比利牛斯山和阿尔卑斯山仍在长高，但是在现在欧洲的地方，随着海水的涨落，一块小岛密布的亚热带陆地浮出水面后又沉入海底。泰坦巨龙的脚步让坚实的陆地为之震颤，而在咸水海岸，翼龙扇动巨大的翅膀，在海洋上空翱翔，巨大的影子快速掠过蓝绿色的海浪，海面下一团黑色的物质在翻腾涌动。一头沧龙犹如鱼雷冲向菊石群，引起一片混乱，贝类碎片呈螺旋状缓缓飘落，悠悠闪烁着微光。当这些碎片洒落在海床时，松软的淤泥绽放出无数花朵，海绵、软体动物和腐烂的浮游生物碎片犹如绵绵细雨般不停洒落，给海床补充新的养分。

像拨弄大理石球一样旋转地球：陆地板块缓慢移动，泥浆变厚、压实，凝固形成石灰岩。这种新生的岩石渗出二氧化硅，填充了缝隙，有些进入古老的洞穴，有些则奇迹般地进入未破裂的贝壳。我们将手指放在大理石球上，减慢地球的旋转速度。海水干涸，参差不齐的山脉拔地而起，极地巨大的冰帽持

血缘

续脉动。随着时间的流逝，巨大的压力促使二氧化硅凝结并形成许多微小的晶格，这些晶格演化并改变状态，形成燧石。在相隔甚远的地面上，有蹄动物恣意狂奔，毛发在风中变得凌乱。石灰岩受到气候消长变化周期的侵蚀，并在地壳构造板块与河流的作用下变成了蜿蜒的梯田峡谷。

大约10万年前一个风雨交加的下午，狂风呼啸着从峡谷直冲而上，被雨水浸润的岩石渐渐松动后滑落，黑如乌云的瓦砾中出现了一颗石头珍珠。这块燧石溅落河底，与缓慢滚动的卵石会合。5万年来，它随波逐流，最终被禁锢在冰冻漩涡中，在砾石沙洲上停留了数百年。一个春季，早已磨去棱角的燧石沉落在小小的河岸边，在一次雷阵雨后闪烁光芒。在它上方，一处宽敞的石灰岩掩体内冒出袅袅炊烟。人们丁零当啷来到河边，像往常一样注视着这些石头。有人被鹅卵石的闪光吸引，举着它上下打量，用它敲击另一块石头，发出清脆的声响。几次击打后，滑如凝脂的内部显露出来，它很快就会在鲜血中游刃有余地滑动。

石制工具是尼安德特人生活中不可或缺的部分。它们连接着尼安德特人世界的各个方面，也是考古学家重建尼安德特人文化的基本单位。研究人员称其为"石器"，每件石器都讲述了一个独一无二的故事：从岩石形成到某一天尼安德特人捡起它，再到考古学家用铲子刮擦，重新发现它。它所处的地质遗迹，不管是海洋底下、山脚下，还是流动的熔岩，都决定了它的特征。这也是数万年前古人类被吸引的原因，但如今参观者在博物馆往往会忽略这些考古遗物。

这些石器存放于玻璃容器中，让人很难与之建立关联——如今几乎没人把它们握在手上，更不用说制造并以此维持日常生存。它们的质朴之美深受人类青睐，甚至作为艺术品在画廊展出，但是在大多数人看来，它们沉默不语。而事实上，从单个物体到整个组合，石器为我们了解尼安德特人的生活提供了极其丰富的资源。

对早期史前学家来说，最迫切的问题是分类。他们对制造或使用石器没有任何直接经验，只能专注于外观。这种根据外观的相似性和基本技术特征归纳物体的方法被称为"类型学"。德茹阿内是最早从事这项工作的人之一，他不仅很早就开始挖掘石器，而且试图理解它们。他认为，这些石器随着时间推移变得更加精巧。1834 年，他提出年代类型学，指出打制[1]石器的历史比磨制石器更加久远。

数十年后诞生了与现代采用的方法基本相同的文化分类法：1865 年，考古学家约翰·卢伯克（John Lubbock）提出用"旧石器时代"一词来指代最古老的史前历史，后来拉尔泰和克里斯蒂提出三分法。[2]他们发现，包括勒穆斯捷遗址在内，许多遗址的石器，在时间序列上都介于索姆遗址的砾石和马德莱纳遗址的石叶

---

1 英文为 knap，可以用来指小山，而在一些北欧语言中，克诺普（knopp）的意思是打击、切割或者咬；爱尔兰语和苏格兰盖尔语中也有类似的词汇。

2 克里斯蒂出资将他们的作品制作成了带插图的 17 卷丛书系列。

血缘

工具之间，砾石属于旧石器时代早期，石叶工具属于旧石器时代晚期。同时，法国史前学家加布里埃尔·德·莫尔蒂耶（Gabriel de Mortillet）将勒穆斯捷遗址出土的石器作为"标准遗址"，并将尼安德特人旧石器时代中期的第一个文化命名为莫斯特文化[1]。

但是，首批出土的尼安德特人骸骨化石中似乎并没有出现人工制品（菲尔德霍夫遗址的石器出土时并未引起注意，直到 20 世纪 90 年代才在采石场废料中被重新发现）。大约 30 年来，莫斯特文化由谁创造始终是个未解之谜，同样也无人知道尼安德特人是否存在物质文化。首次同时出现尼安德特人骸骨和旧石器时代中期人工制品的是斯庇遗址，史前学家花了更长时间才了解到尼安德特人利用石头的方式异常复杂。

毫无疑问，当时的类型学家与 21 世纪的石器专家相去甚远。包括细小的石屑和裂片在内的所有细节都不容忽视，检查一组石器可能意味着数百小时的工作。你如果觉得重复记录万分之一的人工制品显得乏味，那只需想想拿到这些东西是何等的荣幸。现在，考古挖掘和记录工作越来越趋向数字化和自动化，但分析过程仍旧必须全神贯注。研究人员要将每件物品都烙刻在记忆中，通过查看其表面的技术印痕在头脑中进行重建。

在这里，我们有必要了解一下打制石器的具体技巧。考古人员将加工石器所用的石料，比如鹅卵石，称为"石核"，然后采用更

---

1 英式的写法为 Mousterian，法文为 Moustérien，是莫尔蒂耶最初更加繁琐的名称 Moustierien 的简化版。

坚硬的工具进行击打。那些通过击打剥落的部分称为石片，实践操作中要做到这点需要综合考虑技术、地质学和物理学因素。击打的力道和位置会决定石片的形状。击打的动能从撞击点开始呈锥形分散，边缘形成石片的一侧。这一过程通常在石核表面的"片疤"和石片腹面的镜像上留下可见的波纹状印迹。研究人员有时只需一件石器制品，通过观察石核和石片上这些独特的打制特征，就能重建打制石器的方法，并在一定程度上重建制作工序。

尼安德特人作为穴居人在一起打制石器，这听起来非常离谱。石料在击打作用下的表现能反映出它们的结构：颗粒越均匀、越细腻，碎裂情况就越容易预判，石片边缘也就越锋利。[1]尼安德特人衡量这些特征主要是通过观察、触摸，甚至是听声：类似燧石这种优质石料在击打时经常发出清脆的响声。尼安德特人通过采用不同的打制方法和技巧，能够利用任何特定石核——哪怕是像石英岩这样劣质的石料——并控制成品的大小和形状。

尼安德特人不仅不笨手笨脚，反而更像能工巧匠，他们会采用适合的工具。选择用石锤击打石核非常关键。小的圆石必须有一定的质量才能用力击打成大的石片，至于比较精细的加工，采用鹅卵石更好。而且，使用软锤和硬锤产生的效果也不尽相同。像鹿角和骨头等富有弹性的有机材料，或者是像石灰岩这种密度较低的石头能有效分散动能，制作出更薄更长的石片。如果最终目的

1　最精细、最锋利的天然石头是黑曜石。这是一种因冷却太快无法形成晶体结构的火山玻璃，虽然易碎却能切割分子。

是修形和二次击打（加工），那这会非常关键。用来从事其他任务的石制品就是工具，这些经常需要加工，有时要制造出特别的刃缘，但经常是为了再修理：石片即使切肉也会很快变钝。

尼安德特人显然已经掌握了碎裂石块的基本技巧，但是在更广泛的石器技术演化过程中，他们到底处于哪个阶段呢？这要追溯到350万年前。南方古猿制造了目前已知最古老的人工制品，也就是通过击打岩块剥离出来的粗糙石片。他们很可能像早期智人一样满脸敬畏地看着尼安德特人打制石器。直到距今大约250万年，古人类才发展出几何学概念，进而真正掌控石块的碎裂。第一个"向心"循环剥片的石核出现，边缘的石片被小心有序地剥离，在石核上剩下轮辐状图案。

到距今180万年，两面器作为旧石器时代所有人工制品中最形象化的标志，反映了古人类切割石料的技术思维能力。这种又被称为"手斧"的双面工具能制作完成，完全要归功于软锤的大量使用，这样就能通过浅层剥片的方式对不同表面进行修形。

驯化石头

尼安德特人继承了这些古老的石器制造方法，也能制造两面器，在管理石料质量方面也前进了一步。更加程序化、更精准地从石核上剥离大石片的技术系统开始出现，这也成为旧石器时代中期的典型特征。剥片技术在距今大约50万年最早出现于非洲，可能源于智人的远古祖先，但在距今40万到35万年间，当尼安德特人的解剖学特征开始充分展现时，欧洲确实出现了石器技术的大爆发。旧石器时代中期剥片技术的独特之处在于，它将石核看作两个部分，进一步发展了石料的分割。通过底部修形以及对侧面击打区域进行预制处理，古人类或许可以计划如何使石片从上表面（剥片工作面）剥落，控制石片的形状和大小。

最早确认尼安德特人这项重要技术的是维克多·柯孟特（Victor Comment）。作为20世纪初期成果累累的业余史前学家，他注意到采石场有许多独特的大石片和石核。这项技术最早发现于法国郊区一个快速扩张的工业发展区域——勒瓦娄哇，因此得名勒瓦娄哇技术。[1]如今，这个区域已经成为欧洲人口最密集的地区。到佩罗尼和博尔德的时代，人们已经注意到莫斯特文化和其他尼安德特人文化中的勒瓦娄哇技术。有时被加工的石块很大，而且大多数史前史学家最初都注意到勒瓦娄哇技术的一种类型：在每个"主"石片剥离后，石核的剥片工作面和侧面需要修形。

这一事实导致人们一度认为勒瓦娄哇技术有些浪费，但数十年的仔细研究表明这种技术非常复杂灵活。尼安德特人在工作面各处剥离不同形状的小型预制石片，从而制造大致轮廓，引导动能完成后续的剥片工作。通过改变预制阶段，他们可以制造出大石片、长石叶，甚至是三角形的尖状器，有时连续制造多个石片后才需要对表面进行修形。他们有时会改变同一个石核的剥离模式。

---

1 巴黎近郊的勒瓦娄哇－佩雷（Levallois-Perret）是建造了巴黎著名的埃菲尔铁塔和美国自由女神像的埃菲尔公司总部所在地。

血缘

随着考古学家开始对打制石器进行拼合分析，我们才改变了对勒瓦娄哇技术和其他尼安德特人石器制造技术的看法。这种巨型的四维拼图技术是真正的"慢科学"，极为细致耗时，而且要求考古遗址保存完好。但这是值得的，由此我们可以真正回望尼安德特人的过去。有史以来第一次，我们有可能揭示每个石块的动态反应，重建尼安德特人个体的思维过程及其做出的选择。

从技术角度讲，勒瓦娄哇技术和其他"预制石核"方法的好处在于，尼安德特人现在掌握了可靠的方法来获得特定的石制产品，特别是又大又薄的石片。与两面器不同，这种技术用来处理真正结实的石块效果不佳，但就同等重量的石头来说，高度便携的勒瓦娄哇石片上的刃缘要多得多。尼安德特人能娴熟地对各个种类的石块采用石核预制，从坚硬的火山石到微小的鹅卵石无一例外。在英国或者法国北部出产优质燧石的地方，他们有时会制造10到15厘米长的超大石片和尖状器。

相对于两面器来说，不同种类的石片还有一大优点，就是更容易修理[1]。修理技术虽然能追溯到更久远的时期，但它确实是旧石器时代中期的典型特征。尼安德特人有时会修理石片，根据特定任务来调整石片刃缘，比如钝化用于刮擦，制造凹口或锯齿用于刮削和锯割，但是现在人们知道，所谓修理，主要是——甚至最多是——重新修整边缘。新的石片很快会丧失锋利度，但用软锤沿

---

1 为了不断修理两面器的刃缘，你也必须不断修薄石块，否则刃缘会变得太陡而无法击打，而石片本身已经很薄了。

着刃缘进行浅而薄地剥片就能保持锋利。系统化修整远不只是改变单个的人工制品，还扩大了尼安德特人的活动范围。他们携带更经久耐用的便携式石片，就能迁徙更远的距离。证据来自对勒瓦娄哇技术打制序列的重组，可以看到有些地方的石片消失了，被带到了其他地方，此外也有源于地质学的证据。一般来说，勒瓦娄哇技术产品是携带最远的工具。这些利用石器的新方式意味着尼安德特人的活动范围超过了之前的任何古人类。

虽然勒瓦娄哇技术通常被视为石器制作的黄金标准，但尼安德特人掌握的技术远不止于此。我们可能需要一整卷的篇幅来介绍他们发明的各种打制方法，也就是所谓的"技术体系"，不过单纯西欧发现的两种技术就足以说明他们的石器世界有多纷繁多样。它们分别是盘状石核技术（因为有些石核呈盘状）和基纳技术（以其标准遗址命名）。它们和勒瓦娄哇技术一样，都是带有计划性的系统制造，但目的是使石片的刃缘与钝边（背部）直接相对，提供内在的自然工效学。然而从其他方面说，两种技术截然不同。

最初在很长时间里，这两种技术都被看作处理劣质石料的适应性调整，但20世纪90年代以后，人们的看法开始发生转变，如今它们本身就被看作技术体系。首先来看看盘状石核技术，它是经济应用石料的典范。盘状石核只需几次初级预制的剥片处理就能产生理想的打制角度，而且每个石片都是"好东西"：有尖利的刃缘，易于修理，方便使用。此外，每次剥片的工作面都可以用作下一次打制的台面，无需重新转换台面。盘状石核技术既非简单剥片，也非复杂剥片，它为尼安德特人提供了一个零废料体系，生

血缘

产效率几乎可媲美生产线。[1]此外，它和勒瓦娄哇技术一样具有灵活性，能制造不同形状的产品，从长方形到尖形，每件石器都有类似小折叠刀一样的钝背。

研究人员借助三维拼合技术追踪到尼安德特人采用盘状石核技术的一个个案，年代确定为距今大约 4.6 万年前，地点在意大利阿尔卑斯山南部。沿着盘旋在悬崖峭壁间的狭窄小路向上，默默无闻的富马尼洞穴（Fumane Cave）就坐落在安全围栏后面。稍后我们会介绍这里不同寻常的其他考古学发现，但 A9 层的盘状石核技术石器组合包含一个特殊发现。挖掘人员发现了一串簇拥在一起的人工制品，直径只有几厘米，都由相同的独特灰石制成。研究人员通过手工拼接和数字拼合方法，重建出一个异常完整的盘状石核序列。

一名尼安德特人从附近的溪流中发现一颗燧石，然后分 10 个阶段打制出 60 多块石片，直到只剩一小块为止。重新组装的拼图中缺失的 14 块几乎是最好的，具有与钝背相对的细长刃缘。同一地层出土的其他 8000 多块石器都与之不匹配，所以它们肯定被带离了富马尼洞穴遗址。

灰色的燧石石核及其石片因为颜色而格外引人注目，但严格来说，A9 层的其他遗存都讲述了相同的故事。这里的尼安德特人致力于盘状石核技术，但又不乏创造性。随着打制石器技术的发展，石核的个头越来越小，他们也在调整技术，制造不同形状

---

1 虽然勒瓦娄哇石核在修形期间剥离的预制石片能够使用，但这显然不是主要目标。

的石片。

要弄清盘状石核技术的特定用途绝非易事。石器表面的微痕[1]显示，坚硬、短厚的石片通常适用于切割骨头和木头等坚硬材料，但尼安德特人也很乐意用它们来屠宰猎物。

相对勒瓦娄哇技术或基纳技术来说，盘状石核技术真正的独特之处在于它制造出的石片很少需要修理。这并非巧合，尼安德特人通常会利用遗址附近不超过15公里范围内的石头。相比之下，在勒瓦娄哇或基纳技术的石器组合中，通常有一些石器采用从远处采集来的石料。这说明了两点：首先，盘状石核技术非常特别，但制造的石制品有点像用后即抛型，石片的寿命短，而且能被带到其他地方；其次，这种技术体系可能只适合对石料资源非常熟悉、鲜少远距离迁移的尼安德特人。

西欧尼安德特人的第三大关键技术体系就是基纳技术。[2]史前学家最初关注的只是其修理程度较高的独特刮削器，直到近几十年才转而研究这样一套技术体系如何制造出适合修理的大石片。与勒瓦娄哇剥片技术不同，基纳技术是从石核剥片，而不是沿着石核长轴刮削。从这个意义说，它在概念上更接近盘状石核技术，而不是巨大的断块。基纳型石片就像切坏的面包片，一侧边缘相对另一边较厚。如果所用石料为圆柱形，看起来就更像香肠片。

---

1 石器如同牙齿，使用过程中会在表面留下磨损痕迹。研究人员通过将人工制品与实验藏品进行对比分析，就能确认制造加工所用的材料。

2 "基纳"的发音为"keen-ah"。典型的基纳遗址其实是分布在数百米长的河岸上的一系列考古地点，位于勒穆斯捷岩棚西北部的两座山谷中。

血缘

因此基纳技术与盘状石核技术的效率相差无几，且都无需初步修形或后续的石核维护。对采用基纳技术的尼安德特人来说，重要的不是石片的整体形状，而是其特征。基纳技术的关键在于尽可能制造出与厚钝的背部相对的最长、最薄的刃缘，这就需要一种特殊的、非常有力的击打方式。[1]

尖状器用于制造能经受强烈和反复修理的理想石片，甚至就连修理也是特定的，需要采用独特的动作进行剥片。值得一提的是，这种修理通常都是制造刮削器的刃缘，而不是锯齿状刃缘。有些遗址显示石灰石硬锤和骨质修理器深受青睐，但在所有的遗址，修理的强度都非常明显：有时能识别出四个或更多个修理面。每次修理后，刃缘都会变陡，向较厚的背部靠拢。

对尼安德特人来说，基纳技术在降低废品率的同时能制造出大量可直接使用的石片，而且石片形态利于长期使用和修理。它基本上是事先预想到了未来的工具维护，不管是在遗址内，还是在远距离迁移途中。

虽然尼安德特人能灵活巧妙地制造石片，但数十年来似乎无法制造石叶，而石叶是智人旧石器时代晚期文化的典型特征。不过现实情况更为微妙。尼安德特人其实早在距今大约 30 万年就形成了石叶技术，制造宽大的石叶正是勒瓦娄哇技术体系的一部分，后来他们也开始尝试真正的石叶或者层片技术：典型特征是石叶长度是宽度的两倍。他们采用有平直脊的预制石核，这能引导打制的

1　用力打击造成打制失误相当常见，有时会导致基纳石核碎裂。

动能，确保每次的剥片足够长。这是一个系统的、几乎连续的过程，每片石叶都会设定下一个打击点的位置。

但是这项技术仍旧具有尼安德特人的典型特色。他们与旧石器时代晚期的打制石器者不同，采用的打击工具不是骨头，而是石锤，另外预制石核一般较少，但这些石叶并非不合格产品，而且可能大得惊人。在尼安德特人早期遗址图维尔－拉里维耶尔，经过拼合分析后发现了超过10厘米长的石叶。

最引人注目的尼安德特人石叶文化出现在后深海氧同位素第5阶段，也就是后伊姆间冰期的欧洲西北部。大约两万多年里，石叶在西北欧部分遗址中相当常见，随同出土的还有勒瓦娄哇技术的石片产品，但是这种现象并未持续下去。石叶确实又出现在其他地方，但始终未占据主导地位，而且差别巨大，像伊比利亚有些地区几乎从未出现过石叶。

富马尼洞穴的尼安德特人在勒瓦娄哇打制技术的基础上制作石叶，但随着时间推移，确切的制造技术发生改变，有时他们会制造小型石叶。在法国西南部的康贝·格林纳尔遗址，距今8万到7万年的地层序列中有多达1/5的人工制品与石叶打制技术有关。有些石叶确实很小，长度不足3厘米，考古学家形象地称之为小石叶。

长期以来我们从现代人的视角考虑，认为石叶技术肯定更好，因为晚期智人采用更多的就是石叶技术。但它到底胜在何处呢？实验结果显示，石叶论经济性并不比石片强，论功能性也不比切片更好，而且石叶几乎无法修理，不利于长期使用。

　　　　　　　　　　　　　　　　　　　血缘

石叶不够结实耐用，但标准化的矩形形态弥补了这一不足。尼安德特人在制作复合工具时，可能至少会用到部分石叶，特别是小石叶（相关内容将在下一章详细阐述）。石叶就像工艺刀上的刀片一样，很容易嵌入和拉出凹槽，而且能提供不同类型的刃部。鉴于康贝·格林纳尔和其他许多遗址的不同石叶地层相隔数千年，这说明尼安德特人可能发明了能多次使用的石叶。

各种石片（在一定程度上还有石叶）的制造技术，从很多方面来说都在尼安德特人的技术体系中占据主导地位，但更古老的两面器传统也保留下来。两面器虽然在旧石器时代中期较早的阶段非常罕见，但是从距今大约 15 万年开始，随着技术多样性的发展，两面器技术复兴。这种情况并不是普遍的，尼安德特人制作的两面器在技术上也不同于旧石器时代晚期的两面器。就像更古老的类似器具一样，两面器是一种多用途工具，其刃缘能有效穿刺、切割或刮削材料。微痕分析显示，它们可用于处理从肉类到木头等各种材料，此外，这些痕迹来自不同的使用阶段，有时同一件人工制品有不止一种材料的痕迹。

这是因为尼安德特人要对两面器进行多次修理，就像修理某些种类的石片一样，但修理技术有所不同，通常沿着尖端或主工作面的边缘进行浅层剥片。这种做法也许能在保持角度相对陡直的同时，多次恢复钝背的功能。这意味着两面器几乎能像勒瓦娄哇石片或基纳刮削器那样长期使用和远距离运输。

一些两面器加工作坊遗址的发现从实践上证实了这一点，这些加工作坊通常靠近优质燧石的来源地。佩钦德阿泽洞穴 1 号岩棚的一个地层就出土了将近 2.5 万块独特的两面器形状的石片。碎石锤最初击打制作时平均能产生的石片不到 50 块，所以肯定有 500 个两面器在这里制造完成，但实际出土的数量很少。很显然，尼安德特人在制作出两面器后将它们带到了其他地方。

研究人员根据其他地方发现的两面器，就能了解它们的移动情况。2002 年，在英国东部的林弗尔德采石场数米厚的砾石下面，黑色的有机淤泥中显露出旧石器时代中期的人工制品。这些沉积物来自 6 万年前的一条小河。它原来位于大平原的边缘，如今早已淹没在英吉利海峡下面。这处遗址出土了数千件石器，包括大约 50 个两面器。有些是利用附近河流中的圆石快速制作而成的，但大多数是利用漂亮的黑色燧石在其他地方打制而成的，随后被带到林弗尔德遗址使用并丢弃。

尼安德特人为何会留下这么多大都仍能使用的两面器呢？事实上，对经验丰富的石器打制者来说，两面器制作起来非常快捷，比勒瓦娄哇石核要省心得多。尼安德特人在年轻时就掌握了石器打制技术，对优质石料的来源地也了如指掌，所以背着两面器迁移并非明智之举，相反，携带更多的肉、脂肪或其他材料要好得多。

但是在缺乏优质石料的地方，他们将两面器储藏起来，等到修理过度，无法继续使用时才会丢弃。我们甚至可以找到这些临时性的过渡地点，现场只有削下来的石片，证明尼安德特人曾在那里短暂停留一晚，修理工具，随后携带工具继续向更远的地方迁移。

石器传承

不管是制作两面器、石叶，还是石片，许多尼安德特人都有一个共同点，就是喜欢二手货。回收利用或许简单，但30年前的一项开创性拼合研究显示，回收石制工具在有些情况下非常复杂。类似于富马尼洞穴出土的独特盘状石核，法国中南部库斯塔尔洞穴出土了一串碧玉制品。这种不同寻常的石头并非当地出产。所有这些制品几乎都在一平方米的范围内，重新组装后却呈现出一种不同寻常的逆向转变过程。一名尼安德特人最初将一件可能使用过的长形锯齿状石片工具带到遗址，然后将其加工成石核，再经过8个阶段将其重新制作成工具。这件物品突出地体现，尼安德特人能毫不费力地将人工制品改造成不同种类，而且还能调整改变打制方法。但这并非孤例。康贝·格林纳尔遗址的拼合分析结果显示，一名尼安德特人只是在边缘做出一些锯齿，就把弄坏的石叶石核变成了有用的工具。

库斯塔尔洞穴内的遗存可能是工具的原主人留下的，但在其他场景下，可以看到这些石器在经历漫长的时间后才被回收利用。勒穆斯捷遗址的许多遗迹都能有力地证明这种重新利用古老人工制品的习惯。最近，研究人员对一处地层底部出土的两面器进行重新评估，发现存在明显色差，这说明该两面器并非制作质量差，而是古人类从更深层将其挖掘出来后再次利用，加工成了石核。研究人员关注的虽然只是盘状石核技术，但不可思议的是，晚期的尼安德特人居然没发现这些两面器本身就是工具，反而只把它们当成便利的优质燧石来源。

许多遗址都普遍存在再次利用人工制品的现象。考古学家像喜鹊一样，一见到闪亮的石器就眼睛放光，而尼安德特人只对洞穴内或暴露在露天里的人工制品感兴趣。[1]这样的"不期而遇"很可能就是旧物鉴赏的起源——这里旧物件不仅能揭示石器来源，也是时间、历史，甚至是"古人类"存在的象征。

尼安德特人循环利用石器的习惯早已为人所知，但研究人员直到最近才发现他们更不同寻常的习惯。现代的拼合分析结果显示，打制技术还存在许多隐秘的子体系，也就是所谓的"衍生物"。这有些类似河流的支流，尼安德特人把他们用原始方法制作的石片进一步修理缩小成"第二代"小型石片。

最容易操作的是那些厚厚的石制品，还有勒瓦娄哇或基纳技术制成的具有厚厚底部或理想边缘的大石片。有些情况下，这些衍生物极具系统性，可见尼安德特人明显不只是用石器制作技术来碎裂石块，还通过这种方式储备方便携带的石头材料，等之后再作为微型石核进行处理。

二代石器制作方法五花八门，有些旨在将原始石片制作成迷你版本。尼安德特人只需清除基纳型石片或工具上的锯齿，就能生产出小的二代石片，而且它们的特性与直接由石核打制的一代产品完全相同：都是一个刃缘对应一个天然的钝边。

1　鬣狗类动物挖掘洞穴，也会暴露出更古老的材料。

血缘

在离法国圣塞赛尔不远的容扎克遗址，研究人员对所有遗存进行拼合分析和微痕分析，结果显示，许多二代技术体系存在惊人的连贯性。容扎克遗址发现于19世纪的采石活动，挖掘人员在石灰岩峭壁上挖出很深的考古堆积层，其中一个地层内出土了大量被集中屠宰的动物骸骨，主要是驯鹿。基纳型石器用于切割猎物残骸并刮削兽皮上的血肉，通常要重新修理才能用于繁重的工作，比如砍削骨头。这会造成刃缘断裂，有些石器修理锯齿后可以再次使用，有些则转而用作锤子或砧子。

但那只是主序列，此外还有循环利用修理和修整工具时剥离的小石片制成的二代产品。尼安德特人所用的石器大约有一半是循环产品，有些经过了修理。但最令人着迷的是，二代石片的用途需要进一步选择。雕琢工具产生的那些石片主要用于屠宰和清理新鲜兽皮，作用就像最初的基纳型刮削器；而修理产生的石片仅用于切肉，有时自身也要修理；就连击打基纳型工具、制造锯齿凹槽时脱落的碎片也被征用，但同样只用于切肉。

这些特定模式对于在容扎克遗址停留的尼安德特人群体来说或许是独一无二的，但它们也说明，不同时间地点的尼安德特人对潜在的制作原料高度敏感。他们所秉持的"勤俭节约，吃穿不缺"的态度，几乎在所有技术体系中都得以体现。回到富马尼洞穴，一个沉积层内发现了尼安德特人从石片边缘刮下的小石叶，偶尔还存在三代石器。康贝·格林纳尔遗址的盘状石核石片被重新加工成细石核，用于制作微型尖状器，然后再剥离出细小的石叶和小石片。

某些情况下，尼安德特人似乎会利用衍生物解决优质石料匮乏的难题，这样能最大限度地从大量劣质石料中选用优质石料，也节省了时间。但引人注意的是，他们并不总是为了利用石材。相反，在容扎克遗址，专业化的活动揭示了尼安德特人制作小型石器的原因。有些石器可以手持使用，而另一些类似佩钦德阿泽洞穴遗址出土的仅 2 厘米长的勒瓦娄哇小石片，当初肯定装有手柄。而且值得一提的是，尼安德特人制造的所有小石片都源自二代技术体系。这有力地表明，小石片并非打制过程中产生的副产品，而是包含在技术体系内的，是他们一开始就打算制造的各种石制品的组成部分。

好东西多得难以选择

数十年来有一种观点逐渐形成压倒之势，那就是尼安德特人利用石材的方式比我们认为的更系统、复杂和精妙。但是，他们为何会创造如此多样化的石器制造技术呢？其中的原因仍旧不为人知。早期史前学家沉迷于类型学，最终极的体现就是，博尔德在 20 世纪 50、60 年代制作了一份关于尼安德特人石器工具的"权威"目录。其中共包含 60 多个类别，分别根据刃缘数量、分布区域和外部形态来划分。博尔德将勒穆斯捷遗址和康贝·格林纳尔遗址（该地层序列包含 50 层，深 13 米）的遗存进行对比分析，从大量工具类型中挑选出许多重复模式，并在此基础上提出，尼安德特人形成了5种主要的莫斯特亚文化，其中包括基纳文化。[1]

博尔德的类型学作为一种记录石器组合的启发式工具确实影响深远，但它并没有考虑到技术发展是个动态过程。研究人员结合人种学与新兴计算机分析技术，最终意识到石制工具的多样性只是其功能的反映，也就是说尼安德特人在不同地点从事不同工作。针对狩猎采集群体的观察结果显示，石片的修理通常是指再修刃，而不是着手打造一个特定的刃缘[2]。

这意味着，尼安德特人通过修理让刃缘重新恢复功能，这是一整个谱系，而博尔德的分类法只代表零散的几个点。此外，人们在分类时考虑的是石核剥片的方法，而不是加工工具的形状，这使情况变得更加混乱。以康贝·格林纳尔遗址为例，按照博尔德的分类法，从深海氧同位素第5阶段末到第4阶段初的连续10个地层看起来截然不同，但考虑到石片最初的制造方式，它们其实都属于勒瓦娄哇技术产品。

类型学还存在直到近代才认识到的两个问题。首先，博尔德分析的许多石器组合都来自相当深厚的地层。最近基于地质学的分析结果显示，任何地方的这类沉积层都包含许多独立的阶段。勒穆斯捷遗址就是典型范例：最初界定为4个地层，经确认却至

1　其他几种为费拉西莫斯特文化（Ferrassie，以大刮削器和勒瓦娄哇技术为代表）、锯齿型莫斯特文化（Denticulate，以锯齿形器和凹缺器为代表）、两面器传统以及其他"典型"莫斯特文化。

2　20世纪70年代的一项研究指出，从历史来看，原住民群体中的石器打制者关注刮削器的整体外观，就像西方人关注卷笔刀一样。

少包含 20 个沉积层，按照更精准的分辨率对这些石器组合进行检查后发现，它们存在明显的技术差异。博尔德认为单纯由两面器主导的时期，其实以勒瓦娄哇技术产品为主。这听着像是一个晦涩难懂的学术问题，但它之所以至关重要，是因为多年来史前学家将特定类型的莫斯特文化与气候或狩猎动物联系起来，建立了许多大规模的行为模型。

如今看来，虽然不同遗址和地层阶段出土的石制品确实存在技术和修理程度上的差异，但是很显然，这些模型仍旧经不起推敲，由此促成了人们对尼安德特人的第二次意识转变。早期的挖掘者通常只保留那些加工工具，将石核和几乎所有的小石片都随意丢弃。但是随着研究人员深入研究尼安德特人的石器制造技术，对其打制方法进行试验，再结合拼合分析技术，他们意识到随意丢弃石器组合中的废料石片甚至石核的做法，会造成有关尼安德特人制造技术信息的大量丢失。[1]勒穆斯捷遗址同样提供了例证：未挖掘的区域显示现场的考古地层非常丰富，沉积层有时比泥土还多，但考虑到豪泽和佩罗尼清理的大量沉积物，其古老收藏中的石器数量就显得微不足道了。[2]

当代研究人员并没有对此一笔带过，而是在 100 多年后重返故地，对"挖掘物进行挖掘"。他们的野外挖掘采用了许多 21 世纪的方法。数周后，挖掘深度可能增加了不到一拃，因为所有遗存物

1　大多数石核剥片的长度都不足 2 厘米，但是在技术上仍旧非常独特。

2　20 世纪 80 年代进行了更细致的挖掘，人工制品的出土密度比 20 世纪初高了大约 30 倍。

都保存下来了。他们利用激光对 2 厘米以上的碎片绘制精确的三维坐标，而更小的遗存则定位在 50 厘米的坐标方格内，此外还采用湿筛法回收那些真正微小的裂片。

这种现代"全收集"法加上对技术细节的细致检查，让研究人员从石器个体和组合层面对尼安德特人与石料复杂的互动产生了新的认知。这个被正式表述为"技术经济学"的理论，很大程度上解释了尼安德特人为什么选用特殊的打制方法并改变修理强度。几乎各处遗址都存在一致的模式，说明他们考虑到长期使用需要再修刃，因而会优先选择优质石料，出于同样原因，他们倾向于修理最大的石片。此外当尼安德特人在不同遗址间运输物品时，他们会把采用最佳石料制成的工具运到最远的地方，却懒得将劣质石料运到石头充足的地区。这说明他们不仅要不断地权衡并做出决定，而且相当了解广泛区域内的地质情况。

变化和时间

但是，故事到此还没有结束。虽然随着时间推移，可用的石料来源通常大致相同，但技术体系并非一成不变。博尔德类型学的一大永恒遗产就是，无数遗址的不同技术体系类型在进行地层对比分析时，似乎确实呈现出一种时间序列模式。在法国西南部，尼安德特人在深海氧同位素第 5 阶段制造了大量勒瓦娄哇技术的石器组合，但随着时间推移，这种石器组合日益减少。相反，基纳技术体系在深海氧同位素第 4 阶段开始出现，但随后它本身又被日益增多的盘状石核技术和无数两面器的石器组合取代。值得注意的是，近30年来的考古发现始终保持这个序列，不过中间也会增加一些细微差别：有些地方明显存在重叠现象。举例来说，基纳技术体系持续到了深海氧同位素第3阶段，而当时大量盘状石核技术体系已经出现。少量遗址还保留了年代最近的地层，它们通常位于后期的盘状石核技术之后。在这一地层，以大刮削器为代表的勒瓦娄哇技术再次出现。

这种始于距今大约15万年的石器制造技术百花齐放的盛况并未扩散到世界各地。其他地区的尼安德特人在不同时间做着不同的事情，但其中的原因错综复杂，很难解释。虽然从历史角度看，法国西南部的洞穴遗迹是尼安德特人研究的主要对象，但法国北部平原的石器扩散现象更加令人费解。数十年来，随着各种精确定年法揭示出截然不同的石器技术出现顺序，情况才发生改变。虽然确切原因仍旧存在巨大争论，但是与法国南部相比，石器在北部地区的广泛分布与这里更剧烈的气候和环境波动存在更加明确的关联。

当伊姆间冰期在距今12.3万年左右达到峰值后，气候开始逐渐变冷，这时尼安德特人喜欢更简单的剥片方法，而不是典型的勒瓦娄哇技术。随后在距今11万到10.9万年左右的冰期，前文提到的石叶大繁荣开始出现。在随后的两万年里，自然环境起伏跌宕，北方森林不断出现又消失，但气温总体呈降低的趋势。石叶仍然存在，但形式更加多样化，尼安德特人不仅探索出新的勒瓦娄哇技术，还发明了一种更高效地制造尖状器的方法。

深海氧同位素第 5 阶段的末期见证了气候从暖到冷的急速、剧烈和重复性的循环。当森林恢复草木葱茏时，尼安德特人无疑遍布各地，并制造出各种各样的石器。可是当气候越来越冷，严重干旱导致干草原取代森林时，两面器在数十万年里首次变得至关重要。在深海氧同位素第 4 阶段初期，在持续 10 代人的时间里，大地全面进入冰期。尼安德特人虽然在冰雪消融的短暂间歇制造出勒瓦娄哇技术的大石片，但他们最终似乎离开了法国北部地区。

在深海氧同位素第 4 阶段到第 3 阶段的过渡期，随着气候变暖，尼安德特人几乎立即重现，但是他们的文化看起来与法国西南部的尼安德特人文化非常相似。勒瓦娄哇技术的尖状器和真正的石叶彻底消失，作为深海氧同位素第 5 阶段森林—干草原环境下发展的结晶，它们此时消失是因为失去了用处吗？又或者它们是深海氧同位素第 4 阶段绝迹的尼安德特文化的独特产物？有意思的是，深海氧同位素第 5 阶段生活在法国北部的这些人群呈现出更加明显的技术排他性，这或许为技术文化论提供了支持。石叶、两面器和尖状器都存在于盘状石核和勒瓦娄哇技术体系中，但它们从未同时出现，这说明它们要么在特定地点发挥特定作用，要么反映了文化传统。

在法国北部地区以外，有关尼安德特人石器文化的最典型例证呈现出更大的规模。典型的"两面器分界线"将欧洲从中部一分为二。在西部的莫斯特文化中，两面器延续了古老的制造传统：外部形态大致对称，从上至下或多数地方切削出锋利的刃缘。相比之下，欧洲中东部地区的尼安德特人发展出一种不同的两面器制造方法，统称为"石制楔刀"（Keilmessergruppen），典型特征是外部形态不对称，一边是双面刃缘，另一边则是自然或人为制造的钝背。

采用莫斯特技术和石制楔刀技术的尼安德特人生活在同一时期，都采用勒瓦娄哇和盘状石核剥片技术，并狩猎相似的物种。尽管如此，无论是在制作方法还是修理方式上，他们对两面器的看法都截然不同。很显然，其中存在某种文化边界，但究竟是两个种群从未有过接触，还是另有隐情呢？要探寻真相仍旧是一项严峻的挑战。

许多主要的石器技术体系也存在难解之谜。很显然，盘状石核技术和勒瓦娄哇技术广为人知，但在我们发现盘状石核技术的地方，尼安德特人几乎一直只使用这种石器制造方法。[1]难道有些尼安德特人群体将此作为传统，仅学习这一种打制方式？又或者他们在其他地方采用其他技术？我们无法追踪尼安德特人群体在不同遗址间迁移的情况，所以我们只能寻找其他线索。有一种可能性很吸引人，那就是特定的技术体系是适应特定自然环境的结果。但不管是对盘状石核技术还是勒瓦娄哇技术而言，这种可能性都不成立。目前也没有微痕证据显示它们具有不同的功能。

有一种明显受到地域局限的技术体系显示出与气候变化的密切关联，而且**从未**与其他任何石核技术同时出现，那就是基纳技

1　所考察的是肯定没有混杂的石器组合。

血缘

术。这可能代表尼安德特人特殊的生活方式，我们将在第十章展开进一步讨论。但是考虑到石器技术的多样性与欧洲大陆不同文化的潜在关联，有一点值得注意：基纳技术在法国南部出现的时间，刚好与石叶技术在法国北部消失的时间吻合，后来它又随着两面器重要性的增加而渐渐消失。尼安德特人在其生存的最后 4 万年里，明显经历了剧烈的气候变化，很可能也经历了种群的分裂，但考古记录显示他们并没有被环境淘汰，相反还提供了大量有关他们创新发明和文化演化的证据。

综合

我们在 100 多年前就收集到了尼安德特人的石器，但实现系统化研究却只有数十年时间。多亏了思想和分析方法的进步，今天我们对他们制造石器的技术方法和原因有了前所未有的了解。小到单个拼合序列，大到整个大陆，研究人员进行了由点到面的细致研究，但是许多重要的现代认知却来自最不显眼的遗存，也就是被他们遗弃的吨量级石渣。这提供了一个重要教训：尼安德特人虽然有自己的文化传统，但他们也是创新的个体。不同个体不管是为了利用陌生的石料类型，还是在不同时间、地点创造石叶，都会发明和改进不同的技术。

长期以来，人们始终错误地认为尼安德特人陷入认知泥淖，无法产生创新思维。事实上，他们既非不谙世故，也并非一成不变。他们结合各种外部因素和自身的想法、选择和优劣势，像跳华尔兹一般依照不同的节奏与石头共舞。地质情况构成基本的界限，这自然会带来各种限制，但他们凭借专业技术和识别所需石料的能力，能够进行创造性适应。尼安德特人对石材的关注几乎成了本能。他们会挑选最上等的石材，转变理念和技术，采用各种新奇的方法进行分割。

尼安德特人的石器技术非常注重质量和效率。虽然勒瓦娄哇技术在旧石器时代中期掀起了一场革命，但其他技术体系和特定方法仍旧得以蓬勃发展。他们要么采用可持续的技术制造便于携带、能反复修理的石器，要么制造临时使用、用后即抛的石片，对石器的使用寿命和石材进行有效管理。此外，他们还发展出更复杂的制造方法来获得想要的工具。衍生物无疑是锦上添花的存在，因为这种二代技术能通过前所未见的更复杂、更专业的方法来分割石材。综上所述，尼安德特人的所作所为都绝非盲目之举，相反，他们遵循技术体系，又不乏灵活性，能实现不同类别的自由转换，比如从石片到石核，或者从废料到工具。

这些都为尼安德特人扩大活动范围奠定了基础。他们开始逐渐摆脱地质环境的束缚，探索更广阔的天地。随着石器制造、使用和修理的时间日益延长，地点日益分散，他们的活动和思想也开始突破时空的限制。活动和行为持续的时间更长，意味着他们的记忆和计划得到更大的扩展。在旧石器时代中期，我们看到的即使不是思想的诞生，也是思维日渐成熟的表现：他们开始具备预见未来并想象数天乃至数年后情况的能力。

　　　　❀　　　❀　　　❀

　　综上所述，你会发现尼安德特人是古人类中的佼佼者。他们利用石器制造技术，成功战胜了最严峻的气候和环境挑战，甚至顺势而为创造出许多新的发明。从距今15万年起，他们给人留下的深刻印象是，随着地理分布日益扩大，他们的解决方案越来越别出心裁。

　　把尼安德特人想象成不断突破界限的大胆创新者，听起来或许很陌生，但这种新的观点确实有考古学证据支持。令人兴奋的是，更多的证据出自比石材更罕见的原料，这也让人们感受到了近乎消失的尼安德特人有机技术世界的真实规模。

第七章　物质世界

骨头包裹在体内，

血液隐没在皮下，

毛发，覆盖在皮肤上，

手，穿过毛发，

篝火，从手上生起，

木料，在篝火之前，

焦油，从枝干中流出，

石头，保存在焦油中，

红色，由石头刮削出来，

贝壳，在红色下面，

秘密，在贝壳内部。

旧石器时代中期的人工制品有 99% 以上是石制品。石头与有机物的不同，就在于它不会腐烂。相比之下，采用生物原料的人工制品极其罕见，不管是动物还是植物原料。牙齿和骨头比木头更容易保存，不过事情总有例外。值得一提的是，这些物质构成了狩猎采集社会中大多数制造技术的原料，这使我们可能忽略了尼安德特人制品中的一个"幽灵"领域。我们偶尔能看到它们的影子：在许多遗址，石器上的微痕与某些木头或植物是匹配的。极偶然情况下，有些珍贵物品能够保留数千年，由此证明了大量遗失物品的存在。

长期以来相关线索不仅少得可怜，而且毫无价值，但过去30年来考古发现层出不穷。如今新的观点认为，尼安德特人作为技术工匠，最擅长使用的原材料是木材、骨头和贝壳，而不是石头。由此揭示出的尼安德特人行为，在很多方面都具有启发性。

我们首先从木头说起。尼安德特人鲜少生活在冰雪覆盖的荒野地带。树木虽然有时稀少零落，但仍旧是他们日常生活中不可或缺的部分。间冰期的尼安德特人行走在高大茂盛的山毛榉树下，注视着秋季落叶松绽放的金色花朵。他们的树木知识之丰富，丝毫不亚于他们对石头的了解。早在1911年，人潮涌动的英国度假胜地滨海克拉克顿的悬崖上出土了一根矛尖，史前学家由此怀疑，在智人之前就有古人类开始制造木制物品。但是直到后来，人们才意识到距今50万到45万年是木制品辉煌发展的时代。而在不久之后，德国的赖林根（Lehringen）出土了一根完整的长矛。它有将近2.5米长，而且相当厚，可能用于戳刺。更重要的是，它来自伊姆间冰期，所以是尼安德特人的作品。它就像猎人的一张名片，平躺在一具庞大的猛犸象骨骼下，裂成了碎片。但这次考古发现并未详细记录下来。直到1995年，尼安德特人的木材加工技术才出现真正轰动性的证据。

1995 年 11 月，一个天气潮湿的日子，来自欧洲各地的研究人员不断涌向德国舍宁根的褐煤开采区。他们如此热切，是因为有人声称在这里挖掘出一个他们梦寐以求的尼安德特人遗址，其中发现了火塘、大量被屠宰的动物骸骨和木制武器。其实早在 1992 年，古老的湖泊沉积物中就曾挖掘出石器和保存完好的动植物遗存，因此一片面积约 4000 平方米的矿区沉积层被保存下来。当巨大的挖掘机器赫然出现时，考古学家们在高耸荒凉的矿坑之间显得非常渺小，这幅末世后的荒凉景象，与即将重见天日的古老世界存在天壤之别。考古人员挖掘了 40 米深的沉积地层，从细密的沉积物中发现了许多神秘的小型木制品，其中一件将近 1 米长，具有切削打磨的尖端。这在当时是前所未见的独特发现，但事实上这还只是序幕。

　　几年后，当考古学家受邀而来时，原本的猜疑变成了好奇。舍宁根遗址即将揭开 20 世纪最重要的一次考古发现。在第 13 号区域Ⅱ-4 层位，黑灰色的黏稠淤泥中出土的遗物证明，说尼安德特人拥有武器确实不是信口雌黄：精美的细锥形木制长矛就静静地散落在数十匹被宰杀的野马骸骨旁边。

　　长矛层位的定年在距今 33.7 万到 30 万年之间，是一个大致斜向伸展的古老湖岸区域，占地面积大约 50 平方米。作为舍宁根遗址的众多考古层之一，单纯这个层位就出土了超过 1.5 万件遗存。其中大多是骸骨，但是也有无数的木制品，一个相对狭小的区域内就挖掘出 8 根断裂的长矛。最完整的长矛只有两处断裂，而且出土位置紧邻 50 具被屠宰的野马骸骨之一。

木制长矛的发掘推翻了有关早期尼安德特人木工能力的猜想，他们绝不只是简单地制造尖头木棒。这些长矛采用薄云杉木和苏格兰松木制成，矛尖采用最坚硬的树桩部分制造。[1]矛杆是精心雕琢下来的偏心材，以增强长矛的强度，大约20万年后的赖林根遗址也出现过这一技艺。它们的重心集中于矛尖，就像现代标枪一样，设计出来主要是用于投掷飞行。有一支2.5米的长矛因为矛体较长显得格外引人注目，暗示当时有一系列的武器装备。实验结果显示，较短的投掷长矛射程可达30米，而较长的长矛让狩猎者能精准地猎杀，同时避免与疯狂的猎物近距离接触。赖林根长矛同样很长，而且基部更粗。

令人惊叹的舍宁根矿床遗址自1995年发掘以来，共有20多个区域得到研究，长矛层位就是其中之一。研究人员可以沿着湖岸从空间和时间角度追踪尼安德特人的活动，因为长矛层位下方的地层和上覆层也都有考古发现。木制长矛的数量最终可能还会增加，因为在广泛分布的裂片中鉴定出了其他物品碎片。

但是目前已知尼安德特人制造的木制品不只是武器。2018年，欧洲南部的新考古发现证实了他们的技能范围。西班牙北部距今大约9万年的阿兰巴尔扎遗址和意大利距今约20万年的波杰蒂维奇遗址分别发掘出多个一端浑圆、一端削尖的木棒。它们比舍宁根长矛略短，长度、破坏形态和微痕情况明确显示它们是挖

---

1 美国阿拉斯加的尤皮克和阿萨巴斯卡原住民部落会从水上漂来的木材中寻找云杉，云杉的树桩部分因强度高、韧性强而成为主要的木材加工原料。

掘工具，不过可能也用于戳刺、插入和辅助行走。这些木制品虽然看着不像长矛那样令人兴奋，但工艺水平同样令人瞩目。

这延伸到了原材料，阿兰巴尔扎遗址的两根木棒之一采用的是紫杉木，这是一种经久耐用、韧性极强的木材。它最著名的用途是用于制作英国中世纪令人闻风丧胆的长弓，同时它也是滨海克拉克顿和赖林根长矛制造者首选的木材。与此同时在波杰蒂维奇遗址，40块加工过的木制碎片都来自黄杨木，根据手柄的数量来看，至少代表6种木制工具。黄杨木的树枝长直，木材的硬度和密度比紫杉木明显更胜一筹。采用如此坚硬的木材，意味着要花漫长的时间切削修整，但这是他们特意选择的。在许多传统社会中，最坚硬的木材经久耐用，因而最适合制造挖掘棒。相比之下，舍宁根长矛采用软木原料，可能是因为他们的生活区域周围没有合适的硬木。

尼安德特人的技术知识不只体现在木料的选择上。CT扫描结果显示，阿兰巴尔扎遗址的紫杉木工具与舍宁根木制长矛一样，都采用心材制成。阿兰巴尔扎遗址和波杰蒂维奇遗址出土的挖掘棒都经过仔细加工，尖端打磨得非常光滑，而细微的烧焦痕迹说明人们通过火烧方式处理树皮和木料外层。现场甚至还有循环利用的证据：阿兰巴尔扎的挖掘棒看着像是从较长的物体——比如长矛——上砍下来的，而波杰蒂维奇的挖掘棒可能是磨损的废弃工具。

波杰蒂维奇的挖掘棒是在修建游泳池的过程中偶然发现的，事实上这些物件与一堆动物骸骨混杂在一起，其中大部分是古菱齿象的骸骨。现场没有屠宰痕迹，因此无法证明它们之间的联系或确定木棒的功能——很明显，其中一根木棒有一个尖端和两个神秘的缺口——但要解释它们出现在这里的原因却很难。

目前提到的所有木制工具都用于外部空间，而且有时明显与狩猎有关。尼安德特人是否还制造了其他种类的木制工具呢？西班牙东北部巨大的罗曼尼岩棚遗址在过去 30 年里提供了大量有关尼安德特人的重要数据。这座岩棚于 1909 年开始挖掘时，几乎没人想到在那迷人而又普通的石灰华悬垂下隐藏着一份惊人的考古档案。事实上，正是塑造了石灰华悬垂的碳酸钙水流使这里变得特别：岩棚的地板上反复沉积着多层流石。每层都有尼安德特人居住时留下的碎石残渣，就连细节都保存完好。

单单一次就足以令人惊叹，而这种情况在 12 个沉积层中至少出现了 27 次，时间跨越 4 万年。[1] 成百上千的火塘，数以万计的石器、骸骨连同树叶、松果和碳化木等易腐烂物品，都得以保存至今。[2] 其他木制品虽然腐烂，却在流石表面留下了痕迹，它们就相当于旧石器时代中期的庞贝遗址。

罗曼尼岩棚遗址保留了独一无二的考古档案，其中有尼安德特人每次迁移留下的物品，包括横跨多个地层的大约 100 件木制品。大多数是烧火用的木柴，有些是加工过的木制工具。至少有一件与阿兰巴尔扎遗址的挖掘棒非常相似，但其他木制工具截然

---

1 钻孔数据显示，这些沉积物的深度远远超过 20 米，年代可追溯到距今 10 万年前。

2 在无氧环境下形成，就像木炭一样。

不同。距今5万到4.5万年的地层中出土了两个轻微弯曲的碳化物体。它们看着很像木制浅盘，直径介于主餐盘和侧餐盘之间。另一个呈扁平状，但一端有长的突出物，可能是一个手柄。

最惊人的发现出现于2011年，来自距今大约5.6万年前的地层。官方虽然没有正式公布，但媒体报道的信息显示，那是一个巨大的切肉刀形状的工具，具有扁平的刃片和手柄，就像你在厨房里可能看到的那种。据推测，它可能用于切割柔软的东西，由此证明木制工具制造技术在尼安德特人的日常生活中发挥着重要作用。

连接技术

尼安德特人是无可非议的木工高手，但他们也创新性地制造了复合工具。这项技术的典型特点就是将不同元素组合到一起，以获得更大的掌控力、更好的减震效果，同时节省时间和体力，因为它可以分开修理。复合工具通常都有一个石制的"功能"部分（也就是工作端）和一个手柄或把手。有些尼安德特人或许已经使用简单的楔形手柄，但其他情况下的微痕却显示出绑缚的痕迹，绑缚的材料很可能是肌腱和筋腱，甚至是植物纤维。令人惊奇的是，有些古老的黏合剂也保存了下来。研究人员在叙利亚的多处遗址发现，旧石器时代中期的人工制品上有可疑的黑色残留物，经研究证实是5万年前的沥青，一种现成的天然沥青。其他地区的尼安德特人也发现了沥青的用途，2012年罗马尼亚古拉谢伊－拉斯诺夫洞穴（Gura Cheii-Râşnov Cave）的遗存就提供了证明。这让埃尔锡德隆出土牙石上的沥青化学鉴定变得特别有趣；[1]此外这颗牙石的主人还有严重的牙齿崩裂问题，可能是用牙齿制造或修理有柄工具时造成的。

尼安德特人安装手柄的技术还有更复杂的体现。20世纪70年代，考古学家在德国柯尼希索伊（Königsaue）挖掘另一处褐煤矿时，从一处湖畔聚居区发现了两块黑色物件，定年确定为距今8.5万至7.4万年左右。其中一个黑块肯定是复合工具的构成部分：三面带有石制工具的印记，一个木制表面，还有确定无疑的螺纹，显示了尼安德特人的部分指纹痕迹。直到2001年，研究人员通过化学分析发现了桦树独有的生物标志物；确切地说，是在低氧条件下加热桦树皮后提取的焦油。

尼安德特人制造桦木焦油，目前已知还有两个例证，分布的时空十分广泛。其中一个源自北海海底，后来在荷兰的人工海滩被人捡起。这一大块桦木焦油仍旧覆盖在燧石石片的部分表面，年代可以直接确定为距今5万年前左右。令人瞠目的是，这块桦木焦油所在的海底区域还曾出土过泽兰山脊的尼安德特人头骨碎片。10多年前，在意大利坎皮泰洛河床的砾石中发现了一块几乎相同的黑色物体，一同出现的还有一块被桦木焦油沾染的石器。它们的年代更加久远，由此将尼安德特人发明桦木焦油制造技术的时间推向了距今30万到20万年的旧石器时代中早期。

---

1 天然沥青的来源在欧洲并不常见，可是在距离埃尔锡德隆遗址20千米以内就有一个油页岩矿床。

如今，许多遗址都有尚未确认的不明块状物和疑似手柄的物件，但最壮观也最令人吃惊的例证在 2019 年公之于众。意大利拉齐奥的福塞隆洞穴和圣阿戈斯蒂诺洞穴内的小石片表面覆盖有松树或针叶树树脂的残留物。两处遗址发现物的年代大致相同，都在距今 5.5 万到 4.5 万年左右，但是从技术角度看，其中一种残留物更复杂，因为它与蜂蜡混合在一起。松树脂的抗冲击性不如桦木焦油，但实验结果显示加入蜂蜡后，其效果足以媲美桦木焦油。

在气候温暖地区，松树脂从树皮滴落，气味在森林空气中弥漫，因此很容易引起注意，在松树上倚靠一下，就会沾上黏稠的松树脂。但蜂蜡是怎么回事呢？正如第八章要讨论的，尼安德特人可能喜欢吃蜂蜜，所以开始将蜂蜡作为原料研究。安装手柄技术需要用到黏合剂，其中一个配方成分就是蜂蜡，这说明尼安德特人很注重原料质量，并具有实验和创新能力。

不过，安装手柄技术在尼安德特人的生活中到底有多普遍呢？从修理过的工具到普通的石片，除武器尖端之外，许多人工制品都有安装手柄的抛光痕迹。令人印象深刻的是，法国北部比亚什圣瓦斯特露天遗址出土的人工制品中，有将近一半的样本具有安装手柄的抛光微痕，而叙利亚的部分沥青遗址显示大约 1/3 的遗存覆盖有沥青残留物。许多小石片和小石叶技术体系如果是作为装有手柄的工具，也就能说通了。随后在埃尔锡德隆至少一名尼安德特人的牙垢中也发现了针叶树树脂，很可能经过加热。虽然从考古证据来看复合工具很少见，但至少对有些尼安德特人来说很可能远比我们以为的普遍。

植物遗存的稀缺性导致我们长期以来无法真正了解尼安德特人利用植物的情况，直到最近，研究人员才开始认识到其他更坚韧的有机材料的功能，其中包括贝壳。贝壳的生物矿物特性在许多方面与石头非常相似。旧石器时代早期的贝壳制品非常罕见，但是从距今12万年开始，尼安德特人发展出了真正的贝壳加工技术。目前，希腊和意大利的13处遗址已经挖掘出数百件加工过的贝壳工具。在意大利南部的卡瓦洛洞穴，跨越1万年的多个地层都发现了部分碎片，但遗存最丰富的地层来自伊姆间冰期，共发掘出120多件修理过的贝壳部件。在同一地区和同一时期，莫塞里尼洞穴的尼安德特人也制作了贝壳工具。除了未修理的碎片外，非常狭小的挖掘区域内共出土了170件特定工具。[1]

贝壳工具的出土再次证明尼安德特人对原料非常挑剔。他们尤其青睐文蛤，文蛤一手可握，大小刚好，且表面具有迷人光泽。而相似的蛤类却鲜少用作原料，莫塞里尼遗址的贻贝可能是食物，但从未用于打制工具。文蛤虽然也是食物，但证据表明它们不都是食物垃圾。有些遗址的贝壳是尼安德特人从海滩采集而来，但是在莫塞里尼遗址，将近1/4的贝壳看着像是从沙滩新挖出来的。

---

1 这处遗址于1949年开始挖掘，如今深埋在罗马和那不勒斯之间的沿海公路建筑废墟下面。

为什么使用贝壳呢？它们填补了一个自然人体工程学上的空白，但鉴于边缘很钝，它们需要修理开刃。虽然贝壳工具比石制工具钝得更快，但它能自动更新。尼安德特人只需把贝壳工具放在坚硬材料上简单打磨，就能使刃缘焕然一新。有些种类的贝壳结实得令人吃惊，微痕分析证实它们除了用于刮削木材，还用于切肉和处理兽皮。

　　大多数贝壳工具都来自基纳技术体系，而且尼安德特人似乎注意到有些贝壳具有长而弯曲的边缘和较短的钝背，与基纳型石片非常相似，因此自然会采用相同的技术方法。基纳型工具在修理时需要异常强大的力量，这在打制贝壳工具时同样必不可少，就连姿势也很相似。所有贝壳工具遗址都存在一个共同点，那就是当地缺乏优质石料，尼安德特人只能使用较差的原料，包括海滩上的小鹅卵石。他们明显很注重利用率，将贝壳打碎以获得立即可用的小碎片，然后对每个碎片进行再修刃处理。但是在其他情况下，贝壳来自将近 15 千米之外，这看起来更像是一种优先选择。

　　在这里我们仍有一个疑问：为什么除了地中海中部，其他地区都没有发现打制贝壳工具的遗址呢？如今，文蛤在更往西的地区和大西洋海岸异常丰富，但是在冰河时期可能数量较少。不过，伊比利亚半岛缺少贝壳工具倒是很奇怪，毕竟尼安德特人肯定会在海岸搜寻食物，这个问题下章再讨论。也许有些沉没的遗址残留有贝壳工具组合。在那里，深海洞穴的居民们往来穿梭于远古亲属打制成的工具之上。

血缘

从石头到骨头

当然，尼安德特人还能获得第三种数量更丰富的有机原料。猎物残骸连接着尼安德特人生活中的两个主要方面——技术和生计，这体现在狩猎以及后续的原材料上。数十年来，人们普遍认为旧石器时代中期几乎不存在鹿角、象牙或骨器，这些工具是现代智人出现的重要标志。但是随着分析技术的进步和人们观念的转变，现代史前学家揭示了截然不同的景象。尼安德特人出现于旧石器时代早期，那时动物骸骨已经与石器混杂在一起，两者都强化并改变了这些早期传统。

尼安德特人的祖先们很清楚骨锤或鹿角锤对制造两面器的浅层剥片技术至关重要，可是在旧石器时代中期的开端，整块或大块骨头开始被更小的碎片，特别是肢骨取代。它们主要用于石制工具最终的修形、修理和再修刃。它们在有些遗址出土的数量众多，在有些遗址却不见踪影。这些工具被通称为"骨质修理器"，但也可能用于再修刃。研究人员进行深入研究后，揭开了有关尼安德特人技术能力及其传统的惊人细节。

舍宁根遗址木矛层位出土的大量骨器为此提供了重要证据，区区50平方米的挖掘区域内就出土了15个巨大的骨制锤子。有些明显损毁的遗存说明尼安德特人曾利用它们击碎其他骨头以获取骨髓，不过其中有许多原本是用于对石器进行再修刃处理。锤击和修理石器需要特定的力量，同时也要求打制者对锤击方式和打击点熟稔于心。所以虽然舍宁根遗址的早期尼安德特人明显在用大块骨头从事不同任务，但他们还不会用骨片来完成特定任务。

不过，他们对骨头的种类有明确的选择。舍宁根遗址到处可见野马的骸骨，它们的下肢骨，也就是所谓的掌跖骨，绝对是制作工具（特别是多用途工具）的首选。掌跖骨的肉质并不肥厚，但骨质厚实强壮，扁平的骨干很适合分散冲击力。

在早期尼安德特人生活的10万年里，骨器制造技术变得更加精细。掌跖骨仍旧深受青睐，但用作原料的几乎都是骨片，而不是整块骨头。法国普拉代莱遗址的研究结果显示，一处由坍塌洞穴形成的沉洞证明尼安德特人开始系统化制造骨器。研究人员对距今8万到5万年的富含基纳型石器的地层展开重新调查，到目前已经确认大约700个骨质修理器，其中2/3来自同一个技术体系，这说明尼安德特人日常使用的骨器比石器多一倍。

作为猎人，尼安德特人对骨头的物理特性以及不同物种的骨骼差异深有了解。在普拉代莱遗址，屠宰的大多数动物都是驯鹿，但当地的尼安德特人更偏爱用更大的动物骨头制作骨质修理器：利用野马和野牛骨头制成的骨器比我们预想的多出一倍。其他遗址也呈现出类似这种对大型动物骨头的偏好，比如在主要狩猎马鹿的区域，利用驼鹿或原牛骨头制作工具的情况就比较少见。

选择骨器原料除了考虑动物种类，还要考虑身体部位。动物的后肢骨相当于石料中的燧石。尼安德特人通常更偏爱后肢骨，但必要时也会做出灵活调整。我们还以普拉代莱遗址为例。"原则"

上是用掌跖骨制造修理器，但也有例外，偶尔会使用颌骨、肩胛骨、骨盆、肋骨，甚至是趾骨。在其他情况下，他们会选用大型肢骨的肢端而不是骨干，这让人回想到旧石器时代中期之初。而在其他遗址，利用的是截然不同的身体部位，比如角心、野马的牙齿，捷克共和国的库尔纳洞穴遗址甚至发现了用猛犸象象牙制作的骨器。他们对食肉动物的骨头同样来者不拒：舍宁根遗址除了发现零星散落的剑齿虎遗存，木矛层位还出现了用作锤子和修理器的前肢骨。[1]

尼安德特人对尺寸的挑剔甚至延伸到了骨片。长度要合适，必须正好便于"手腕快速轻打"，所以尼安德特人总是选择长度超过5厘米的碎片。普拉代莱遗址中所有骨制修理器的平均长度几乎是未经使用的骨头碎片的两倍。尼安德特人对要制作的工具有清晰的想法，不会拿任何旧的裂片将就。至少就一些遗址而言，他们会在屠宰中挑选优质骨头，而不是从随意堆放的垃圾中筛选。这么做有重要意义，因为新鲜骨头强度更大，也更有弹性。新的拼合分析结果从微观尺度提供了证明。在比利时的斯科拉迪亚洞穴遗址，一名尼安德特人击碎被屠宰的洞熊股骨，以摄食其中的骨髓，然后仅挑选了4块最长的碎片用于制作修理器。

虽然尼安德特人对骨头质量具有敏锐的判断力，但有时他们也会做出令人意外的选择。就像许多遗址一样，舍宁根遗址的长矛层位从多个层次反映了尼安德特人的生活，所以当大约75%的

---

1 已经风化，很可能是捡拾来而不是通过捕猎获得的。

骨器采用野马的左侧骸骨作为原料时，就很值得我们注意了。这可能与他们抓握和工作的姿势有关，因为尼安德特人都习惯用右手，所以倾向于选择猎物的左侧骸骨。但重要的是，这是他们有意做出的选择。

这甚至暗示出尼安德特人对这些骨制修理器的功能事先早有计划。研究人员对破损的位置、形状和类型进行细致分析后认为，较大较厚的修理器使用频率较高。当骨头表面从扁平状打制成凹形时，燧石匠会换用不同的区域，有时多达 5 次。修理器在使用前和使用期间，表面通常要刮削修整，而在法国北部的勒罗泽，刮削痕迹在反复使用的修理器表面更加常见，这说明尼安德特人会更在意预制处理，以便延长工具的使用寿命。

这里仍旧有一个疑问。虽然在某些技术体系，特别是基纳技术体系中，个别修理器得到更广泛的应用，但这仍旧无法明确解释为什么有些遗址的修理器数量众多，有些遗址却几乎没有。这似乎与当地石料的质量或可获取情况无关，与修理的石器数量、遗址年代、修理器的功能或猎物种类也无关。一种可能的情况是，这些修理器关系到考古学上难以捉摸的背景和动态关系，比如遗址在更广泛的居住圈内的位置，或者是群体成员的社会构成。

修理器是迄今为止最常见的有机工具，但对尼安德特人来说，骨头还有其他用途。有些肢骨骨干的末端出现持续的挤压磨损，说明它们可能间接用于打制石器，其中一块骨头充当石核和石锤之间的"媒介"，旨在集聚力量。其他表面光滑或抛光过的骨头明显被用来以不同方式刮擦材料。有时这在修理器上表现得很明显，但更多时候是简单的骨干碎片。舍宁根遗址的尼安德特人频繁使用骨器锋利的尖端处理中等硬度的材料，甚至可能将其用作"刀子"来切割坚硬的肌肉纤维。包括一块象牙在内的其他骨器，因为在相对较软的物体，比如兽皮表面反复摩擦，渐渐磨得非常光滑，甚至因摩擦形成了斜端面。

　　研究人员对其他遗址更大的技术体系进行详细分析，根据破损的类型和移动方向对不同的骨器进行分类。在康贝·格林纳尔遗址，有些骨器表面具有与长轴平行的刮痕，还有抛光的宽阔末端，而带有尖端的较短碎片则呈现出截然不同的侧向磨损图案。这些骨器的具体用途仍旧不得而知，但尼安德特人明显会根据不同任务来挑选不同的骨器。

　　就像贝壳一样，骨头偶尔也要打制修形。这种制造技术源于旧石器时代早期，但打制修形的具体频率很难判断，因为骨头经常会遭到食肉动物或其他自然过程的破坏。不过，采用猛犸象象牙打制的骨器非常惹眼。19 世纪，意大利和法国边境发现多个遗存丰富的海岸洞穴，其中巴默格兰德（Barme Grande）出土了一具被屠宰的幼年猛犸象的遗存，遗骸上的各部分依然相连，而象牙似乎被劈裂、剥片。在西班牙北部的阿克斯勒（Axlor），骨块看起来被修理成刮削器和"凿子"的刃缘，而表面微痕显示它们主要用于处理兽皮。在其他情况下，尼安德特人甚至会打造骨制修理器和其他工具以改变它们的轮廓，这充分证明他们对打制工具的形状和特性都有特定的要求。

尼安德特人也会用骨骼制造武器吗？有可能。德国的萨尔茨吉特遗址提供了一些最有可能是骨制武器的物品。这是一处露天驯鹿猎杀遗址，年代测定为距今至少 5.5 万到 4.5 万年间。挖掘区共出土 20 多个修理过的骨器，包括将猛犸象的肋骨压扁制成的大约 0.5 米长的尖状器。[1]最引人注目也最独特的是用驯鹿鹿角制成的楔形尖状器。它的锥形尖刃和刻槽的底部最容易让人想到带手柄的武器的工作端。这种尖状器只有 6 厘米长，用作轻型矛尖，可能也用作飞镖或箭头。普遍观点认为制作箭头是早期智人发明的技术，但在另一处尼安德特人遗址的石器遗存中也有此类线索，这一点留待第十五章深入探讨。就目前而言，萨尔茨吉特遗址仍旧是旧石器时代中期唯一发现骨制武器的地点。

从工具到思想

现在，我们知道尼安德特人制造工具所用的有机材料和石料范围不断扩大，但这说明什么呢？他们的专业技能水平远远超越了最复杂的灵长类动物、鸟类或其他能制造工具的动物，甚至可媲美更古老的人类祖先，这个认知令人震惊。虽然勒瓦娄哇技术长期以来一直被视为尼安德特人的认知巅峰，但其他石器技术体系也包含复杂程度相似的技术产品，即使它们有截然不同的用途。这些都要求他们熟练掌握打制技巧，并预先计划完成多阶段操作

1　萨尔茨吉特镇的原始遗址附近有一条名为"猛犸新月"的居民街。

血缘

程序，而这需要具备预见能力。

近 30 年来的考古研究呈现一个明显趋势，就是尼安德特人和早期智人之间的技术分界线变得日益模糊。许多像骨器这样本该属于现代的器物，在尼安德特人时期即便数量不是很多，也绝非没有。唯一可见于现代非洲人的中石器时代，而在尼安德特人的旧石器时代中期未曾出现的石器制造技术，就是通过控制加热来提高石器性能，还有制造武器锯齿形尖端的"压槽"技术。[1]事实上，这些技术远远没有普及，而且从认知角度来说与尼安德特人其他制作手段并无本质不同。

考虑到舍宁根长矛和其他木制品的制作工艺，我们对尼安德特人擅长木工早已深信不疑。这些人工制品所需投入的时间和精力远远超过任何两面器，甚至勒瓦娄哇石核。虽然骨器的制作通常比较简便，但是有证据显示，尼安德特人对所有原料都会精挑细选并严格把控质量。他们最早意识到动物不单单能提供肉食。他们日渐将动物残骸当成"骨头采石场"，而使用修理器的过程不仅有助于吸取经验，也能拓展他们的动物解剖学知识。骨制修理器为制造更精细专业的石制工具提供了可能，同时也大大提高了修理效率，从而延长了它们的使用寿命。

制造装柄材料使尼安德特人的技能更上一层。桦树皮经过篝火加热后能产生桦木焦油，但是要达到制造工具所需的用量，尼安德特人必须长时间地小心控制篝火温度。此外，北海桦木焦油

---

1 压制剥片技术涉及石器修理，打制者通过集中挤压而不是击打的方式有效剥离石片。

的化学纯度也证实，尼安德特人在距今 5 万年前已经充分完善了这项技术。除此之外，尼安德特人还通过添加蜂蜡的方式来增强松脂的自然属性。其中表现出的深层认知水平，与南非早期智人遗址的植物胶和矿物手柄技术不相上下。

制造复合工具本身就暗示尼安德特人具有惊人的智慧水平，包括对目标成品的计划、设计和预期，都有惊人的思考能力。他们在制造每个部分时，甚至在拼合前，都要经历搜寻原料和制造等多个阶段。翻新修理是复合工具不可或缺的本质特性：磨损的石器边缘可以替换，手柄的使用寿命可能更长，而且能实现远距离运输。黏合剂可能是他们随身携带的物品：柯尼希索伊遗址的另一件复合工具有小心卷曲和折叠的痕迹，但它可能是在其他地方制造的。

我们了解得越多，就越发现尼安德特人有很多人工制品存在远距离传输的情况。树木年轮的分析数据显示，舍宁根遗址的云杉木长矛绝非在湖边切削而成，原料是夏天从高海拔地区砍伐来的（很可能是附近哈尔茨山上的树木）。一根矛尖甚至有修理的痕迹，而破损可能是在另一次狩猎活动中留下的，可能是为了狩猎野马以外的野兽。目前还没有确凿数据证实骨器曾被运输，但是考虑到尼安德特人在迁移过程中可能需要修理石器，所以他们可能也会携带骨器。西班牙埃尔萨尔特岩棚暗示了一个有趣的信息，这里的骨制修理器在被使用时已经有一些年头了，一些不合常理的动物骸骨或许也反映了这点：法国东南部莫拉－古尔西洞穴发现的鹿骨修理器显然是将捕获的大角鹿骨头击碎后制成的，但这是所在沉积层大角鹿遗存的唯一代表。

如果尼安德特人迁移时要携带大量物品，那他们有私人物品吗？许多耗时耗力制成的工具，比如挖掘棒或者按使用者的身高量身定制的长矛，很可能被视为制造者的私人物品。如果是这样，那是否大多数尼安德特人都掌握处理各种物品和原料，特别是制造复合工具的技能呢？又或者这些代表不同知识等级的人工制品都属于公共项目？我们或许能看到至少在某些技术领域，比如打制石器、木料切削、黏合剂生产和其他类似狩猎或兽皮加工等活动中，涌现出了许多技术专家。

或许我们早已找到了一名技术工匠。埃尔锡德隆1号成年男子的化学分析结果显示，他的牙垢中有沥青的痕迹。鉴于牙齿上有大量碎屑和植物残留物，唯一合理的解释是他曾利用牙齿制造或修理复合工具。这也让人想到考古记录的空白，没有化学分析，我们根本不可能知道沥青的使用范围能从伊比利亚半岛一直延伸到东欧，最远到达近东。

看起来，尼安德特人在没有社会学习环境和复杂交流的情况下，根本不可能自行发展出复杂的制造技术。现代石器制造者有时可以自学，但就算没有视频教程，通常也需要某种教科书。灵长类动物主要通过观察和模仿来学习使用工具，但尼安德特人利用各种原料的娴熟技能和巨大成就，强烈暗示出他们能够学习，这与所有现存人类中常见的指导教学完全吻合。动作演示和知识讲述结合的教学方式最为高效，年轻的尼安德特人可能并不是通过正规途径学习，而是通过文化浸润和身体力行来学习。他们或许能听出结构良好的圆石击打时发出的脆响，能借助身体感受来确定击打石核的正确角度和力度。

年轻人共同击打石块时肯定在遗址附近形成巨大的回响，他们犹豫不决的节奏与长者更加自信的敲击相互交织。这种代际学习的情况对维持群体的文化传统至关重要，而对尼安德特人来说，这是除了显而易见的石器技术体系外仍旧依稀可辨的特征。其他例证还有地中海中部地区的贝壳打制传统或桦树焦油技术，它们跨越了数万年的时间鸿沟，在欧洲3个地区广泛传播。舍宁根遗址也从微观层面暗示了尼安德特人的文化传统。狩猎者们不断返回相同的湖岸地点，选择相同的树种制作近乎相同的长矛，并利用野马特定部位的骨头来制造工具。

智慧创造事物，物又以超越个体或者世代的方式创造智慧，并且能改变整个物种。新的经历或体验为尼安德特人开启了思考世界的新窗口。毫不夸张地说，他们的技术创新可能影响了生活的其他方面。复合工具就是一个典型例子：拼接过程肯定强化了联结与协作的概念，这对狩猎和社交网络至关重要。另外，复合工具是由不同时间和地点的原料制成的，它们具有一种独特的能力，能充当强效的记忆方法，扩展记忆和想象的视角。

桦木焦油本身也暗示了一些有趣的想法：要理解桦树皮会转变成黏稠刺鼻的黑色液体，从本质上意味着他们要掌握物质能变形的知识。与其说桦树皮被炉火烧毁了，不如说被彻底改造。炼金术这个术语包含的内容太多，但尼安德特人肯定有与之相近的概念。焦油受热、冷却凝固，接着再次受热、软化，他们目睹整个变化周期并理解这一过程。我们也看到了相似的根本性改变，看着矿石液化，最后固化，形成所谓的金属物质，而这直到数万年之后才被发明出来。

❋　❋　❋

从尼安德特人自身的情况来看，他们基本上既是专家，也是实验者。渊博的知识为他们选择不同原料和预先计划奠定了基础。尼安德特人是终日浸润在多样技艺中的行家，他们在传统技艺基础上灵活应变，做出适应性调整。他们创造出许多新的分离和组合材料的方法，由此产生的影响急剧扩大，使尼安德特人过上了日益复杂的生活，拓展了他们在大地上的活动范围。

这种思想意识上的灵活变通使他们能够适应各种情况，并创造出新的生产、使用和翻新方式，能以前所未见的、更多样的方式参与和探索周围世界及世间万物。但要做到这些，他们首先得填饱肚子。

第八章　衣食住行

　　寂静笼罩着整座湖泊，湖面上不见丝毫涟漪。黎明的曙光穿过秋日枯黄的芦苇丛，震耳欲聋的蛙声让人起初都没听到隆隆的马蹄声，但脚底的震动预示着马群即将奔腾而至。第一匹野马饮水之时就是最佳狩猎时机，所有人心知肚明。马群在靠近湖畔时放慢脚步，耳朵前倾，睁大双眼。它们学得很快，因为人类经常改变猎杀地点和狩猎方式：今天，他们就蹲在灌木丛里，在身上涂抹泥浆来掩盖气味。紧张的喷鼻声和浓郁的气息说明马群就在附近。野马翕动鼻孔，并未嗅到危险的气息，随即低头，须毛划破水面。随着清凉的水流吸入口中，它们躁动的头脑冷静下来，喉咙放松。就在这时，芦苇丛中一阵喧闹，危险从天而降：野马嘶鸣，狩猎的人群手握长矛蜂拥而出，冲入缓慢流动的河水。野马感到一阵刺痛，那是木制长矛插入颈部的刺痛……

　　一匹野马仰面倒地，黑色的眼珠停止转动，白云绿树在眼球上定格成一幅永恒的画面。当它庞大的身躯轰然倒入水中时，木制长矛随之折断。鲜血涌出，巨大的尸骸漂浮在水面，狩猎者几乎无法将它拖出浅水区域。无奈，他们只能在水中将其肢解，而且必须速战速决：太阳升起，很快会照射到尸骸上，森林深处的捕食者很快会闻到血肉的气味。他们将兽皮从野马身上剥离，蹄子和尾巴留在上面：兽皮的第一项用途就是用来携带肉食。他们找到肢解的位置，开始切割，先是四肢，然后是臀部、头部和颈部，最后是肋骨。当各个部位放在洁净的沙子上时，他们开始认真地切割和撕扯。温暖的粉色骨髓让他们垂涎欲滴，要带走的东西实在太多。燧石切割的屠宰之歌伴随着骨锤和修理工具的人时不时发出的刮擦声，野马的尸体变得支离破碎。人们将富含脂肪、鲜血淋淋的肉块扛在肩上，用兽皮包裹猎物的头部、内脏和肌腱，然后扬长而去。

温暖的阳光洒落湖岸，人群的倒影逐渐消失在疯狂的蹄印之中，只留下松散的绒毛和血染的沙滩。折断的芦苇根茎漂浮在湖面，大地归于宁静。折断的长矛渐渐沉入黑暗，并踏着时间的巨浪穿越而来。

今夜的情况就如同 35 万年前一样，有些人大饱口福，有些人却饥肠辘辘。吃饭糊口是维持生存的根本，而这始终是尼安德特人研究领域关注的重点。但是正像人类学家和美食家所说，食物不只是提供营养而已。吃什么和怎么吃，早已融入日常生活，从科技一直到文化。所以了解尼安德特人的饮食是探索他们生活的重要途径。一个古老人种能够适应各种环境和气候而繁衍生存，拥有多种膳食根本不足为怪。但我们能描绘出他们越来越丰富多彩的膳食图，自然也离不开更加先进高效的调查方法。如今，对那些声称尼安德特人不能吃某样食物因而灭绝的说法，人们早已不感兴趣，反而倾向于在我们和他们之间进行更细微的对比。

即使食物的作用不只是为身体提供能量，我们仍旧要基于生物学来研究尼安德特人的饮食。劳动密集型的生活方式赋予了尼安德特人更魁梧粗壮的体格和骨骼，那他们需要消耗多少能量呢？肌肉发达、又短又粗的双腿行动起来比较费力，但是许多无意识的身体功能，比如促使更大的心脏跳动，同样很辛苦。大脑是贪得无厌的器官，即使只是稍大一些也要消耗更多热量——这里说的是每天消耗高达 3500 千卡[1]到 5000 千卡的热量。这是现代成年人热量消耗基准的两倍多，甚至超过了世界级运动员的消耗极限。而在极端情况下，消耗量还会成倍增长：女性尼安德特人要提供更多乳汁，让婴儿长高长胖。断奶的婴儿要食用更多食物，而且需要人抱持；这意味着婴儿的父母，可能还有其他人，都要付出代价。

尼安德特人在艰苦寒冷的自然环境中生活，对能量的需求甚至更多。在北方森林厚厚的积雪中艰难前行尤其让人身心俱疲。历史记录显示，这些地区的狩猎采集者要食用大量猎物，每天的食肉量超过 3 千克，摄入的热量大约为 5500 千卡。尼安德特人平均消耗的能量很可能要多出 5% 到 10%，那些来自严酷环境、缺少有效御寒衣物的人，每天所需的能量肯定高达 7000 千卡。

这是什么概念呢？这些热量相当于圣诞节暴饮暴食：早上一

1　1 千卡约等于 4186 焦耳。

　　　　　　　　　　　　　　　　　　　　　血缘

份油炸食物，晚上是烧烤大餐加香槟、奶酪拼盘，还有剩菜和乳脂蛋糕。尼安德特人天天都是这种饮食。10 个尼安德特人组成的群体每周要从食物中摄取大约 30 万千卡的热量，要达到这个能量指标，每周需要吃掉 3 只驯鹿，这几乎比典型狼群需要的能量多出近 50%。考虑到人类的营养需求与狼或者鬣狗不同，主要食用瘦肉会让他们很快陷入饥饿。为了获得充足的微量营养素，比如脂肪、维生素和矿物质，他们需要食用脂肪、大脑、舌头、眼睛和骨髓。这意味着猎物的数量需要翻倍，所以 1 头巨型披毛犀虽然能提供 100 万千卡的热量，但还不足以确保营养均衡。

骨骼拼图

尼安德特人显然需要食用大量食物，但是要了解他们确切的食谱构成却非常复杂。研究人员长期以来停留在研究动物骨头和植物的阶段，可单纯计算频率很容易被误导。埋藏学研究也面临同样的麻烦。动物骸骨通过与古人类无关的自然过程，比如随机死亡、遭遇洪水或者沦为捕食者的猎物，最终沉积在考古层中。早期史前学家并未意识到这点，或者是忽略了，直到 20 世纪下半叶情况才有所变化。当时许多观点认为尼安德特人是彻头彻尾的食腐者。这与直到智人时期才真正出现狩猎行为的理论有关，可以预见到，由此引出了"尼安德特人太蠢，无法猎杀大型动物"的理论。

但是"偷肉贼"的说法根本站不住脚。许多狩猎采集者确实会"武力掠夺腐食"，但单纯依靠这种方式生存难度极大，因为保留大量血肉的骸骨非常罕见，而且属于被疯抢的资源。鬣狗是超级食腐者，无论白天黑夜，通常在 30 分钟内就能抵达有新鲜尸骸的现场，而且除了最坚韧的骨头，它们能咬开其他任何骨头，吸取其中的骨髓。所以只要是肉骨头，尼安德特人就不得不早早赶到并反复地驱赶它们。

尼安德特人依靠柔软的腐肉勉强度日的观点，遭到来自考古学的最后一击。20 世纪 80 年代末到 90 年代初，研究人员越来越发现根本没有直接证据表明尼安德特人有食腐行为，相反，狩猎的证据比比皆是。切割痕迹上面通常有食肉动物的咬痕，这种接触尸体残骸的原始模式很早就已经存在：尽管舍宁根遗址附近有狼群和剑齿虎出没，但它们必须耐心等待。真实情况是，食肉动物在争夺尼安德特人的食物垃圾，而不是尼安德特人抢夺它们的残羹冷炙。

现在，研究人员仔细检查每块骨头表面，寻找细微变化。裂痕、磨损或污渍能揭示它们是躺在陆地表面，还是被快速掩埋，而动物也会留下自己特有的线索，比如齿痕和喙痕，甚至是胃液造成的酸腐蚀。不管是鬣狗还是鹰，动物留下的痕迹通常可以确认。一旦排除遗存是自然累积的可能，研究人员就会寻找明确无误的古人类特征，比如烧痕、石器留下的切痕，或者新鲜骨头独特的敲击和骨折痕迹。19 世纪的史前学家看到如今常规使用的强大实验设备肯定会瞠目结舌。高性能的光学显微镜能分辨出切痕和砍痕，而电子束能从纳米尺度追踪划痕的横截面。[1]新兴的生化技术，比

---

1 U 形划痕是自然痕迹，而 V 形划痕则指向石器工具。

血缘

如 ZooMS[1]，也就是基于质谱的动物考古学，能识别碎骨的生物种属。

尼安德特人个体的骨骼虽然也至关重要，但群体层面的损伤率能证明食腐的说法是错误的。如果不到 10% 的动物骸骨有食肉动物啃咬的痕迹，那就可以肯定地说，遗址内的大部分骸骨来自尼安德特人的食物垃圾。研究人员利用这些方法进行细致研究，更深入地揭示他们的生活情况。

我们在意大利西北部的富马尼洞穴就能看清其运作模式。这处遗址从 19 世纪 80 年代开始为人所知，但直到 20 世纪 60 年代，当相邻的单轨车道插入封闭的滑坡沉积物时，它丰富的考古学遗存才得以重见天日。富马尼沉积物由无数尼安德特人的文化层构成，其中 A9 层形成于距今 4.75 万到 4.5 万年的 1000 多年间，挖掘面积相当于一间教室，但厚度只有 15 到 20 厘米。A9 层的出土物除了大约 50 个火塘和散落的石器外，还有超过 10 万块碎骨。研究人员进行细致分析后发现，只有 0.1% 的骨头有被食肉动物破坏的痕迹，而屠宰率至少达到 15%。[2]洞内遗存的骸骨来自 18 种动物，包括洞狮和土拨鼠，最常见的是食草动物，而类似马鹿和野牛这种较大型动物，骨头表面的屠宰痕迹最多。

虽然确认了尼安德特人狩猎大型猎物，但研究人员还必须对

1　ZooMS 又称基于质谱的动物考古学分析技术，是一种快速胶原肽识别技术，能根据微小的、尚未分类的碎骨鉴定动物的种属。

2　就像许多尼安德特人集中居住区的遗址一样，大多数骸骨遗存都很小，其中 92% 的碎骨不足 2 厘米长，而且只有 1200 多块碎骨能与一个物种匹配。

所有骸骨和牙齿进行系统分析，以免遗漏信息。就像制造石器产生的废料一样，挖掘期间曾定期倾倒碎骨，结果导致关乎工具类型和特定狩猎方式的行为模型变得不准确。最近对康贝·格林纳尔遗址的重新挖掘显示，博尔德在数十年前挖掘时曾丢弃大量较小的动物遗存，导致无法确认动物物种及其身体各部分的比例。[1] 重新挖掘也推翻了"食腐假说"，因为早先认为康贝·格林纳尔遗址出土的牙齿较多——这被视为尼安德特人只能弄到头部而无法得到猎物其他部位鲜肉的证据——而如今牙齿占据的比例从80%降到了仅2%。现在，研究人员必须谨慎对待之前挖掘的大多数遗址的数据，绝不能盲目地照单全收。但是除了重新分析外，过去30年来的考古新发现也彻底改变了我们对尼安德特人的认知。那么，他们的食谱到底是怎样的呢？这又暗示出他们哪些更广泛的行为呢？

探寻真相

我们直接从肉食说起。富马尼及其他数百个遗址出土了很多动物骸骨，尼安德特人究竟是如何杀死它们的呢？长矛无疑是狩猎武器之一，而且除了舍宁根和赖林根遗址的木制长矛外，源于伊姆间冰期的诺伊马克诺德2号遗址于2018年出土了尼安德特

---

1 新的野外挖掘工作采用了极细密的筛子，挖掘出的骨头和牙齿数量比原来多22倍还不止，保留的碎骨最小的只有1.6毫米长。

血缘

人使用长矛的确凿证据。在主要由壮年公鹿组成的100多只麀鹿中，两具大致完整的骨骼不仅提供了有力证据，还保留有明显的尼安德特人式的伤口：其中一具骨骼的髋骨和另一具骨骼的颈骨留有很深的锥形刺孔，只有长矛才能造成这种效果。而且两处伤口并非投掷伤，而是吻合实验中猛扑插入造成的伤痕。可以想象：在12万年前的秋天，诺伊马克诺德的尼安德特人一路追踪猎物，穿过茂密的鹅耳枥森林，来到湖边。这里巨大的树冠向空中伸展，麀鹿根本无路可逃。

这里的长矛与大约20万年前的舍宁根长矛形成鲜明对比，似乎驳斥了尼安德特人因为受制于肩关节结构而无法有效投掷的说法。[1]这些长矛太长，不可能用作短小精悍的戳刺矛或者杀戮矛，而且重量与标枪相当，只有用于投掷才说得通。但是我们无需用非此即彼的方式思考，这些工具很可能是"双持"武器。

目前所有遗址出土的都是木制长矛，但实验结果显示，带有石制矛尖的切割武器具有许多优点。它们造成的伤口会迅速流血，削弱猎物的体力进而减少其攻击行为。有证据显示尼安德特人确实用过这种武器，许多遗址都有勒瓦娄哇尖状器造成的戳刺损伤。而在叙利亚的乌姆埃特特勒遗址，一个石制尖状器的尖端仍旧嵌在一头野驴的脊骨中。

长矛虽然是过去使用的武器，却正好驳斥了食腐理论。不仅

---

1 虽然处于间冰期的地理环境，甚至与赖林根遗址的猛犸象骸骨直接相关，但解剖学理论对尼安德特人的长矛，包括雪层探测杆，给出了别出心裁的解释。

如此，尼安德特人还能轻松应对各种巨兽。舍宁根遗址早已灭绝的野马重达 500 千克，几乎是旧石器时代晚期艺术呈现的马匹重量的 2 倍。但真正的巨兽，比如大象和猛犸象又如何呢? 它们庞大的身躯和速度令人难以置信，但狩猎采集者确实能在不使用枪支的情况下成功猎杀大象。我们没有确凿证据证明尼安德特人也能制服这些庞然大物，但间接证据毋庸置疑。包含屠宰废料的动物骸骨遗址提供了现场证据，赖林根遗址甚至还有狩猎武器。值得注意的是，猛犸象和大象的骸骨遗存除了极罕见地出现在猎杀遗址外，在其他尼安德特人遗址并未占据突出地位，看来尼安德特人并未运走它们的整具残骸或沉重的四肢，相反运走的主要是柔软的部位。另外，研究人员很可能低估了尼安德特人对肉类的整体消耗量，因为大象厚厚的血肉能阻止武器在骨头上留下切痕。

这也许能解释为什么英国林弗尔德采石场至少有 11 头猛犸象骸骨上没有损伤的痕迹。来自其他动物，比如野马、驯鹿和犀牛的许多部位都有屠宰痕迹，但大约 50 个两面器和成千上万的打制碎片说明这里曾发生更密集的古人类活动，而最好的解释就是屠宰和狩猎猛犸象。

其他遗址的情况就明确多了。早在大约 10 万年前，这些猛犸象在林弗尔德海峡平原的边缘地带遭到猎杀和屠宰之前，尼安德特人就在更靠南的地方，也就是现在的泽西岛上生活。在圣布雷拉德牧区拉科特遗址的深层沉积物中，两个富含猛犸象骸骨的层位引人注目。与其他地层深度碎裂的动物遗存不同，这些所谓的"骨堆"包含许多大部分完整、有明显屠宰痕迹的骨头。这些骨头至少来自18头猛犸象，还有一些披毛犀。数十年来研究人员一直将这里视为大规模狩猎遗址，但在最近重新调查后，一个新的问题出现了：这里的悬崖地形适合驱赶象群通过吗？

相反，这些"骨堆"，可能源自深海氧同位素第6阶段冰期刚开始时尼安德特人放弃遗址，进而引发的不同寻常的埋藏保存现象。当时这些被屠宰的骸骨部位并未被踩踏成碎片，而是随着冰期的发展，被数百千米外吹来的碎石粉尘逐渐掩埋，深陷于滑石细黄土中。[1]

近年来拉科特遗址前方的海底测图显示，这里曾有大量的平行峡谷，所以这里并非猛犸象群跳崖的地点，相反它们被赶进了峡谷的死胡同。髋骨或肩胛骨并不是肉最厚的部位，尼安德特人不可能远距离运输这些部位，所以屠宰地点肯定就在附近或者峡谷里面。这里的情况也许不是屠宰整个象群，但即使只是一头被围困的猛犸象也极其危险，而且肯定需要团队合作才能杀死。拉科特遗址还有一个怪异之处：有些头骨靠着石墙堆放，肋骨则垂直放置。在一个独特的案例中，武器垂直插入猛犸象的头骨。一种可能性是，尼安德特人不仅狩猎动物获得肉食，还利用其骸骨来构建空间。

有些材料专门用于猎杀猛犸象，比利时的斯庞遗址提供了最佳证据。19世纪的考古收藏中包含大量的骸骨遗存，但最引人注

---

1 不同冰期曾多次出现黄土覆盖欧洲大部分地区的现象，这些黄土为早期制砖提供了原料。

目的是，有 3/4 是年轻猛犸象，甚至是幼崽。这些可能不是人类以外的捕食者造成的，因为虽然鬣狗偶尔捕食幼象，并且确实会利用洞穴，但骸骨表面并没有太多啃咬痕迹。另外不管鬣狗还是其他食肉动物，都无法带走像猛犸象头骨这样大的骨头。斯庇遗址出土的年轻猛犸象牙齿有力地表明那里曾经出现整个头骨，由此大大提高了尼安德特人参与狩猎的可能性。但是我们不难想象，猛犸象就跟现代大象一样，对幼崽的保护欲很强。其他捕食者要猎杀猛犸象幼崽难度很大，因为它们不可能离象群太近。斯庇遗址猛犸象骸骨大量堆积的现象确实令人震惊，也暗示着尼安德特人能针对性狩猎。这么做可能是因为猛犸象幼崽是丰富的食物来源：它们的大脑含有大约 1 千克的浓缩脂肪油，除了营养更加丰富，口感可能也更好。[1]

斯庇遗址因为出土大量年轻猛犸象的骸骨而显得与众不同，但针对尼安德特人遗存的生物地球化学分析提供了与其他遗址相吻合的肉类食用证据。研究人员根据古人类骸骨中的碳和氮同位素测量值，就能确定他们在当地生态系统中的生态位。从整体来看，尼安德特人的情况与狼或鬣狗相似[2]，骸骨中的氮同位素比例很高。同位素还有助于确认捕食者的饮食生态位及其食谱构成。出人意料的是，部分尼安德特人，包括斯庇遗址的那些，似乎有20% 到 50% 的动物蛋白来自猛犸象。这些都证明了一个观点，即

---

1 人类喜欢高脂肪食物。经测试后显示，冷冻的西伯利亚猛犸象幼崽因为吃母乳，肉中吸收了乳汁中的脂肪酸。

2 食肉动物处于食物链中较高的等级，所以累积的氮同位素水平更高。

血缘

我们发现的骨骼遗存只是象牙的尖端。大多数时候，尼安德特人可能只运走猎物的肉、脂肪和骨髓。值得关注的是，有一点很有意思：数十年的猛犸象研究在一定程度上忽略了一个事实，那就是尼安德特人绝对能狩猎其他体形庞大的危险动物，包括野马、各类犀牛、原牛（大多数牛的祖先令人望而生畏，肩高至少 1.8 米）、水牛和巨足驼[1]。但是目前还没有明确证据表明他们猎杀河马，而令人吃惊的是，河马甚至比大象更致命。[2]

作为猎人，尼安德特人的特征并不在于专门狩猎大型野兽，而是对 100 多万年前的生活方式做出了改进。他们追捕生活领域内几乎所有体形可观的猎物，擅长捕猎大型和中型猎物。羱羊、瞪羚、野驴、野猪或臆羚等动物多样化的栖息地和行为，意味着尼安德特人肯定掌握了许多专门的狩猎策略，但这并不代表他们会毫无选择地肆意猎杀。就像动物捕食者一样，他们能在多面手和狩猎特定物种的专家间灵活切换，但他们通常会选择肉最多或最肥美的动物。

舍宁根湖畔遗址发掘出的 50 多具野马骸骨，肯定是尼安德特人巧妙利用自然景观，再综合考虑动物行为才出现的结果。这些野马骸骨是在数十年到数百年里分多个阶段猎杀堆积而成的。尼安德特人反复回到这处遗址，可能是考虑到将小群猎物赶下水能有效减慢猎物的速度，要不然它们速度太快，会构成严重威胁。

---

1 叙利亚骆驼肩高 3 米，其骸骨出土于叙利亚的胡玛尔遗址，可追溯至旧石器时代中期。
2 河马攻击性极强，比大象的杀伤力更强；它们的骸骨遗存出现在间冰期的尼安德特人遗址，至于是否遭到猎杀还无从确定。

在其他地区，狩猎者会充分抓住牧群季节性迁徙或交配繁殖的大好时机。法国比利牛斯山脉边缘的莫朗遗址就格外引人注目，因为这里大概有数千头被猎杀的野牛骸骨。[1]其他动物的骸骨遗存寥寥无几，而野牛的骸骨也主要来自雌性和幼年个体。这说明尼安德特人很可能趁夏季野牛从平原向高地迁徙时狩猎。最有趣的是，尽管这种情况下他们可能会驱赶整个牛群，但莫朗遗址的屠宰行为本身还是有选择性的。

在其他地方，那些独居动物一再遭到猎杀。犀牛并非社群动物，要狩猎犀牛需要在预测的地点小心跟踪或发动伏击。在间冰期的森林地带，动物舔食岩盐的地方，甚至富含无机盐的水域，都是不错的选择。伊姆间冰期末段德国的陶巴赫遗址出土了大量屠宰的犀牛骸骨遗存，由此可见尼安德特人似乎确实利用湖泊和石灰华地点狩猎。[2]

他们在利用猎物时也同样会做出审慎的选择。他们对猎物的身体部位有不同的理解和评价，流行文化中描绘的穴居人吃烤腰腿肉的情景简直离谱。他们不喜欢瘦肉，相反更重视脂肪和骨髓最多的部位，以此平衡高蛋白摄入，获得更丰富的能量。这意味着他们肯定喜欢动物内脏，大脑含有大约 60% 的脂肪，灰质中也富含特殊脂质，也就是长链多不饱和脂肪酸，这对人体健康和胎

---

1 莫朗遗址的挖掘面积总共只有 25 平方米，却出土了将近 140 头野牛的骸骨；从整个遗址的范围（大约 1 公顷）来推断，野牛骸骨的总量肯定要大得多。

2 钙华是由富含碳酸钙的地下水在石灰岩基岩沉淀形成的石灰石，也称为石灰华，但后者通常与温泉有关。

血缘

儿发育至关重要。研究人员在研究骸骨表面的切痕模式后发现，尼安德特人通常喜欢猎物的大脑以及眼球、舌头和内脏等多汁的部位。[1]

舍宁根遗址揭示了他们的做法：一匹野马所含的能量远远超过20万千卡，但它们身体精瘦，所以尼安德特人会熟练地剥去兽皮，将残骸肢解，从肉质丰满的臀腿部和马肩隆切下肉块，但并不带走。他们更在意从下肢获取骨髓，同时获取舌头和内脏，但具体操作手法要根据不同物种来调整：小型猎物的尸体残骸会进行更深度的加工处理。这在其他许多遗址都有体现，特别是整个屠宰链上远离猎杀地点的位置。在类似富马尼洞穴这样的遗址，研究人员发现许多在其他地方猎获的富含骨髓的关节都被带回，几乎所有的肢骨都被有条不紊地切割成骨干碎片。

小猎物不足挂齿？

尼安德特人主要猎食大型动物的说法已是老生常谈，其实他们也经常捕食体形较小、覆盖毛皮或羽毛的动物，[2]频率之高超出许多人的想象。数十年来，人们始终认为智人是更高效、更具创造才能的猎手。因为捕食小型猎物通常需要不同的狩猎策略，以及类似陷阱或罗网等设备，而尼安德特人明显无法胜任这项任务，由

1　尼安德特人并非最早喜欢内脏的古人类。英国博克斯格罗夫遗址出土的遗存显示，距今大约50万年的古人类就会给动物的头部剥皮，并清除柔软的部分。

2　小型猎物通常的定义是体重不足10千克的动物。

此人们推断出了尼安德特人灭绝论——如果尼安德特人固守猎杀大型猎物的老路，那他们在既定的自然环境下获取蛋白质的来源将严重受限，大型猎物匮乏时也无法再依赖其他物种生存。但兔子真的是导致尼安德特人灭亡的真凶吗？或者正如许多头条所说，是因为缺少兔子才导致他们灭绝？

在对考古学本身进行更仔细的研究后，我们发现真实情况迥然不同。当舍宁根遗址的野马奄奄一息时，更早期的尼安德特人正在法国南部的特拉阿玛达捕食兔子。特拉阿玛达遗址是欧洲和西亚近50个明确确认尼安德特人捕食小型猎物的遗址之一。虽说兔子和野兔都很难捕捉，但在这里，近一半的遗址中发现了它们的骸骨，另外几乎同等数量的遗址中发现了鸟类骸骨。法国东南部拉尔扎克喀斯高原的卡纳莱特岩棚就提供了有趣的例证。研究人员在距今大约8万到7万年前的第4地层发现，大量骸骨遗存表面虽然几乎没有切割痕迹，但所有已确认的骸骨中有将近70%来自屠宰的兔子。这要归功于其独特的破损模式：尼安德特人在经过两三次切割后就能将兔皮剥下，特别是在烹饪后，只需撕开就行。非常罕见的是，这方面的直接证据来自东部阿尔代什峡谷的马拉斯岩棚。在某些情况下，石器表面的天然矿物膜会保留兔子或野兔的皮毛以及一些被屠宰的骨头。

在其他遗址，兔子，偶尔还有旱獭，都沦为尼安德特人的果腹之物，而那些屠宰起来稍微麻烦的较大型啮齿动物自然也是捕食目标。河狸肥胖的尾巴可能是鲜嫩的美味，它们的建筑杰作也是尼安德特人自然景观的一部分。在法国北部源自伊姆间冰期的

血缘

瓦济耶遗址,除了出土被屠宰的河狸骸骨,还发现了一处河狸巢穴的遗存。

多线分析(Multi-stranded analysis)的结果越来越明显地证明尼安德特人会捕捉小型猎物。罗讷河西岸佩勒岩棚遗址的考古发现证明,他们从深海氧同位素第6阶段就开始宰杀鸟类和鱼类,比如,一件用于切割肉类的工具上沾有细小的羽毛碎片,而其他工具上也发现了宰杀鱼类产生的"油腻"光泽、鱼肉残渣甚至是鱼鳞。事实上,易碎的鱼类残骸在考古遗址中极其罕见,这就难怪佩勒岩棚没发现鱼类遗存了,但是淡水捕鱼对佩勒地区的尼安德特人来说并非异常现象。马拉斯岩棚石器上的残留物经确认的确是鱼鳞,而且与佩勒岩棚不同,该遗址还出土了较大型鱼类鲈鱼和鲢鱼的大约150块骨头,进一步证实了这些鱼鳞的重要性。鱼骨表面并没有食肉动物的咬痕,应该是捕鱼的尼安德特人留下的。

这类特殊情况明显不同于其他只有鱼骨的遗址。比利时的瓦卢洞穴(Walou Cave)遗址经过挖掘过程中极其细致的筛分,共出土300多块淡水鱼骨和鱼鳞。所有这些遗存都没有捕食者毁损的痕迹,而且在考古发现最丰富的地层最为常见。这里的尼安德特人很可能就在洞穴前的河里捕鱼,但如何捕鱼呢?目前还无法确定他们使用了鱼钩或鱼叉,但使用长矛或石制陷阱还是很有可能的。熊捕鱼通常只是在鱼群可能出没的地点蓄势以待,挥掌将鱼击晕,不过也有其他更巧妙的捕鱼高招,比如栖息在背阴河岸地带的物种,会更青睐抓鱼或摸鱼。

除了陆地和水中的猎物,鸟类又如何呢?有证据显示古人类在 100 多万年前就开始捕食鸟类，而尼安德特人的多处遗址中都发现了鸟类遗存。捕食鸟类的情况在有些地方并不常见，只有个别情况会发现被宰杀的鸽子、天鹅或鸭子骨头，而在马拉斯岩棚遗址的矿物层下，也只有少许羽毛碎片，可能是猛禽的，也可能是鸭子的。其他尼安德特人遗址则显示他们在很长时间里经常捕食鸟类。直布罗陀有三处遗址的不同地层都出土了少量被屠宰的原鸽的骨头，而在富马尼洞穴遗址，典型的狩猎鸟——黑琴鸡的骨头非常常见，更令人惊讶的是还发现了大量红嘴山鸦的骨头，这是一种栖息于悬崖峭壁的小型鸦科鸟类。事实上，许多遗址的遗存都显示尼安德特人很喜欢捕食红嘴山鸦，西班牙的科瓦尼格拉洞穴就是一个例子。尼安德特人在距今 12 万年前的冷期曾在科瓦尼格拉洞穴短暂停留，主要捕食鹿、野山羊和生活在高山上的塔尔羊，也捕食一系列鸟类。洞穴的 5 个地层中不仅发现了兔子的骸骨，也发现了被屠宰的鸟类，遗存最丰富的是第 3b 层，包含来自 12 个物种的 100 多块骨头。但是与富马尼洞穴遗址不同，这些都是中小型鸟类，包括灰山鹑和原鸽，还有红隼、猫头鹰、红嘴山鸦、欧亚松鸦、喜鹊和羽色鲜艳的佛法僧。这些鸟类虽然瘦得皮包骨头，但仍旧被全面切割和啃食；奇怪的是有些鸦类只有翅膀部位保留下来。

捕鸟术长期以来被视为一种先进的狩猎技巧，那尼安德特人是如何捕鸟的呢？许多鸟类可能与他们共同生活，在洞穴外的悬崖上空飞翔，但科瓦尼格拉洞穴遗存中的丘鹬、欧亚松鸦和佛法僧肯定来自附近的林地。特殊的投掷棒在湿地环境下可能是有效的武器，舍宁根遗址或许就能提供证据。尼安德特人虽然收集了肌

　　　　　　　　　　　　　　　　　　　　　血缘

腱和腱，并且可能用到植物材料制作的绳索，但没有证据显示他们会使用捕网。同样，目前也未见飞镖或弓箭保存下来，但萨尔茨吉特遗址的小型骨制尖状器和小型勒瓦娄哇尖状器，甚至其他遗址的许多小型石叶，肯定都曾安装手柄，并可能用来拼装某种小型投射物。[1]捕鸟其实并不一定在鸟类飞行时进行。就像捉鱼一样，人们也可以利用鸟类的本能：有些鸟类在巢穴里一动不动，而如今高山滑雪胜地的红嘴山鸦对人类垃圾很感兴趣，这就为人类提供了伏击机会。所有黏稠的桦木焦油和沥青也可以用来制作捕捉鲈鱼的陷阱。鸟类除了提供肉食外，还能提供鸟蛋。这是可以打包带走的便利的蛋白质来源，是富含脂肪和维生素的零食。舍宁根遗址出现了鸟蛋，说明有时它们会被古人类狼吞虎咽地吞食。

我们不知道尼安德特人是否食用爬行动物的卵，但他们见到乌龟肯定会大快朵颐。科瓦尼格拉洞穴遗址就发现了被屠宰的龟类遗存。距此大约 7 个小时路程的博洛莫洞穴历史更加悠久，时间可追溯至距今 35 万到 12 万年前，其中出土了大量小型猎物。他们的食物包括兔子以及从天鹅、松鸡到多种鸦科成员，此外至少还有 20 只乌龟。博洛莫遗址的尼安德特人甚至有一套最爱的准备程序：将乌龟头尾倒置用火烘烤，以弱化龟壳并软化肉质，然后用锤子敲开龟壳，扯下四肢并切开内脏。事实上，乌龟是尼安德特人区域性饮食的最佳例证，因为在其原产地，即温暖的地中海和近东地区，许多遗址都有被屠宰的乌龟遗存。它们在有些地区几乎

---

1 事实上，旧石器时代晚期的初始阶段根本没有确定的捕鸟武器。

成了主食：葡萄牙奥利维拉洞穴的多个地层出土了至少来自80只乌龟的5700多块骨头，占可辨认骨头的一半以上。有趣的是，所有遗址的乌龟遗存都揭示出与博洛莫遗址类似的倒置烹饪方式，只有锤子敲击龟壳的做法随着时间推移发生了改变。令人吃惊的是，虽然欧洲北部遗址出土了伊姆间冰期的欧洲泽龟，[1]但目前并未发现它们被尼安德特人食用的证据。

尼安德特人狩猎小型猎物似乎也会进行选择。罗曼尼岩棚与博洛莫和科瓦尼格拉洞穴遗址一样，周围物种非常丰富，但是长序列基因测序显示，所有兔子和鸟类的遗存上都没有留下人的痕迹。在相隔不远的特谢内雷斯洞穴，出土的遗存暗示尼安德特人偶尔会捕食兔子，但不会捕鸟。同样值得注意的是在较冷时期，与旧石器时代晚期文化不同，尼安德特人似乎并不喜欢北极兔。也许大型哺乳动物群为他们提供了充足的食物，所以他们不会费力去捕食栖息在开阔地的野兔。

这种经济的思考方式也带来了另一种相对容易的食物来源：海鲜。直到不久前，人们都认为这是不可能的。想象一下尼安德特人坐在海滩上吸食贻贝的情景，那场面比他们下河捕鱼还要怪异。但海滩搜寻、赶海或者蹚水能够让他们付出极小的能量而获得丰富的回报。贝类和其他海洋生物虽然收集起来费时费力，但从营养角度看，它们富含重要的长链奥米伽-3脂肪酸，属于黄金食品。

---

1 捷克共和国哥的甘诺夫石灰华遗址不仅形成了一个欧洲泽龟的龟壳模型，还有尼安德特人的大脑模型，以及羽毛和犀牛皮留下的印记。

从利用爪子撬开贝壳的熊到砸碎甲壳类动物或螃蟹外壳的亚洲猕猴，[1]许多非海洋动物都会充分利用这类美食。而且最新研究结果证明，早在我们现代人的祖先出现前，尼安德特人就开始食用海鲜。

正如第五章所讨论的，随着海平面在上个冰期末期不断上升，尼安德特人曾经漫步的海滩早已淹没在汪洋之下。尽管如此，根据海底地形学的情况，现代海岸附近的部分遗址很可能靠近间冰期的海岸，即使海平面下降，相隔距离也不会超过数千米。西班牙南部城市托雷莫利诺斯的巴洪迪约岩棚就是一个例证。这处遗址距今17万到14万年前的多个地层中，出土了1000多个碎裂的贝类动物遗存，几乎都是贻贝。这些动物在直接受热后会被迫打开外壳，鉴于许多贝类只是表面烧焦，尼安德特人似乎深谙此道。最有趣的是，甚至随着气候日益变冷，食用贻贝的习惯依旧持续了数千年。贝类只有在海岸线退到8千米之外时才会消失，这说明即使其他狩猎活动发生变化，海鲜的重要性仍旧不容小觑。

事实上有相当数量的遗址都能找到尼安德特人食用海鲜的证据，单纯伊比利亚半岛和其他地中海岛屿就超过15处。在西班牙北部毗邻大西洋海岸的埃尔库克遗址，考古发现最丰富的地层出土了近800只帽贝和奇怪的海胆遗存，而如今海胆被许多沿海文化视为美味佳肴。同样，葡萄牙大西洋沿岸菲盖拉·布拉瓦洞穴的

1　19世纪确实有猕猴捕食螃蟹的记载，但直到2004年海啸后考古发掘才证实这种说法，并证明其历史相当长。

遗存证实，尼安德特人食用的海鲜种类表现出惊人的多样性。这里贝类总体数量较小，但这可能是因为它们受到了深度加工：同一层位可以看到明显由贝类及其碎片构成的次级层位，比沉积物更加丰富。除此之外，还有40多只螃蟹和各种从潮池或浅滩捕获的鱼类遗存。

大西洋更靠北的海岸沿线并没有已知的海鲜遗址。随着海平面下降，泽西岛圣布雷拉德牧区拉科特遗址按道理或许曾靠近海洋，但持续时间不长，而尼安德特人似乎主要捕食大型猎物。与此同时在法国北部海岸的勒罗泽，深海氧同位素第5阶段中晚期的一处沙丘遗址中出土了濑鱼、贻贝和美国海菊蛤的遗存，但它们明显都不在尼安德特人的食谱范围内。勒罗泽遗址确实发现了罕见的海象遗存，虽然骸骨表面没有屠宰痕迹，但这暗示着尼安德特人很可能在海峡见过更大的海洋生物。

其他遗址的尼安德特人有时确实会捕食海洋巨兽。伊比利亚半岛的许多遗址都曾出土过带有切割痕迹的海豚、海豹和大型鱼类骸骨。它们可能是被冲上岸的尸体残骸，也可能是在浅滩搁浅后被长矛刺穿的动物个体。我们感到好奇的是，这些动物的身体与尼安德特人常见的动物既相似又不同，他们是如何看待这些动物的呢？

说到尼安德特人的食谱，最重要也最容易被忽视的动物群体或许是昆虫。昆虫在西方以外的文化社会经常被视为常见的营养食物，可以用来制作传统的丛林美食或者都市街边小吃。巨大肥硕的蛴螬和幼虫在欧亚大陆并不多见，但是就像现代人一样，尼安德特人在夏季也会受到蜜蜂的困扰。众所周知，狩猎采集群体和黑猩猩为了获取高热量的蜂蜜大餐，即便被叮咬也在所不辞。尼安德特人能尝到甜味，如果有机会尝试，他们肯定很喜欢蜂蜜。正如上一章讨论的，用蜂蜡和松脂混合制成的手柄黏合剂强烈表明，至少意大利的尼安德特人已经意识到蜂巢中还有其他可利用的资源。

但是真正说到吃虫子，我们也不该排除那些触手可及的寄生虫。尼安德特人在梳理头发时可能会将蜱和虱子放入口中咀嚼。这些寄生虫既包括人身上的，也包括猎物身上的"乘客"。尼安德特人猎杀的许多大型哺乳动物皮毛下都藏有牛皮蝇幼虫。这些贪得无厌的幼虫被称为"饿狼"，体长超过 2 厘米。牛皮蝇将卵产在寄主腿上，幼虫孵化后顺着寄主的腿部肌肉向上，甚至能到达气管。所有掘进行为会在寄主的血肉中形成一种显而易见的果冻状物质，牛皮蝇在寄主皮下形成带有小孔的块状物。可是从好的方面来说，这些饥饿的幼虫本身可以作为食物。北美许多狩猎驯鹿的原住民群体，包括多格里布人、奇佩维安人和因纽特人，都将其视作足以和浆果媲美的美味。考古人员曾发现旧石器时代晚期牛皮蝇的雕刻，由此可以确定它们在更新世就已经存在。如果尼安德特人能充分适应环境，收集类似帽贝这样的食物，那他们自然也没有理由放弃这些优质的小吃。

尖牙猎物

不管猎物大小如何，尼安德特人都会照单全收，毫不浪费，很明显他们对食肉动物也不挑剔。有些人可能觉得出乎意料，但饮食其实是个视角问题。内脏不久前还是大多数西方文化中的日常食物，但现在基本上已经沦为无法识别的填充物或宠物食品。[1]有关食肉动物口感差的说法并不具有普遍性：有些文化会把猫狗当作可食用动物，有些文化却把熊——严格意义上属于杂食动物，而不是高效的捕食者——看作美味。北美洲散布着成百上千的原住民部落，他们都有狩猎掠食性动物的传统，比如美洲狮、狼、黑熊、棕熊和北极熊。这些经常用来熬过艰难时期的后备食物，在其他地方却是日常饮食的一部分。另外根据季节不同，许多文化还将熊看作肉和脂肪的主要来源。

大量尼安德特人遗址存在骸骨表面有奇特切割痕迹的食肉动物遗存，比如狼、狐狸或豺（现在大多指亚洲野犬），甚至还有更大、更危险的食肉动物。例如，距今35万到25万年的西班牙格兰多利纳遗址发现了洞狮的骸骨，距今大约12万年的马特维索洞穴发现了鬣狗的骸骨，距今10万年的托雷洪斯洞穴出土了花豹骸骨。这些都位于西班牙，可能是尼安德特人偶然遇到这些可提供食物和毛皮的动物。但是说到熊，情况似乎不一样。相比猎杀其他食肉动物，尼安德特人猎杀的熊要更多，主要包括三类：我们熟悉的欧洲棕熊和德宁格尔熊，之后可能又进化成洞熊（大约在距今13万年）。棕熊的个头虽说比现代棕熊更大，但洞熊堪称庞然大物，体重大约600千克，站立时甚至比尼安德特人还高。洞熊如名字所

---

1 也有例外：在波尔多郊外的一家比萨店就能找到搭配鸡胗和牛肚的"农夫"比萨。

血缘

示，比较喜欢利用地下洞穴，而不是挖坑。[1]

　　熊不管在何处冬眠，都是捕食者狩猎的大好时机。狮子和花豹自然也清楚这一点，因为地下深处出土的熊类骸骨旁经常也会发现洞狮和花豹的遗存，但是尼安德特人也是神出鬼没的隐秘猎手。在发现被屠宰熊类骸骨的 20 多处欧洲遗址中，有许多都是意大利阿尔卑斯山麓的洞穴，其中包括从 2002 年开始进行考古研究的里奥塞科遗址。在年代确定为距今大约 4.8 万到 4.3 万年的两个地层中，发现了至少 30 头冬眠时期被屠宰的熊的骸骨遗存。研究显示，尼安德特人在处理熊的尸骸时，特别注重富含脂肪的胸部、四肢以及骨髓和舌头。肋骨用于修理切割工具，上面还有火烧的痕迹，表明他们就在洞穴中烧火做饭。

　　其他遗址的分析结果显示，尼安德特人熟悉熊的习性，甚至一路追踪它们来到高海拔的洞穴，比如同样位于阿尔卑斯山麓的杰内罗萨洞穴；在海拔 1500 米左右，他们可能要等到春季才能伏击昏昏沉沉、虚弱无力的熊。里奥塞科洞穴出现幼崽的骸骨，或许也能说明春季洞穴狩猎行为。沿着阿尔卑斯山脉向西，在富马尼洞穴，我们看到了狩猎活动另一端的消费者。最新定年在距今 4.36 万到 4.32 万年的地层显示，尼安德特人在其他地方猎杀熊之后将精选的部位带回聚居地，骸骨表面的烧痕和齿痕，甚至趾骨上碎裂的骨髓都揭示出他们进食的热情。

---

1 "熊土"是有些洞穴中发现的沉淀物，揭示了冬眠巢穴显著的持久性。有些冬季死亡的熊不只留下了完整的骨骼，尸体腐烂后还会留下富含磷的土壤。

陶巴赫遗址也存在系统的狩猎行为。此处的尼安德特人不仅伏击犀牛，也伏击了至少 50 头熊。[1]就像食草动物一样，食肉动物和类似熊这种杂食动物可能也喜欢舔舐矿物质，所以在陶巴赫遗址，尼安德特人根据纵横交错的猎物小径，很容易发现流入伊尔姆河的那些富含碳酸盐的小水坑和水池，以此作为伏击熊类的理想地点。猎物无疑是集中屠宰，甚至割掉了剥去骨肉的爪子和舌头，同样，燃烧痕迹或许说明部分猎物就在附近烹煮。

我们从尼安德特人狩猎不同食肉动物和熊的活动中可以学到许多。他们的部分狩猎活动，特别是猎熊，并非是食腐行为，而是有针对性的，甚至是专门的猎杀。就狩猎者而言，他们有胆量，有合作，可能还有行动计划。洞穴狩猎行为显然确实存在，但我们应该打开思路思考其他可能，比如挖陷阱或者深坑。起初看来这似乎相当复杂，但是我们有大量证据证明尼安德特人会制订多阶段的狩猎计划，其中可能要用到木材。而且正像我们在后面章节将要看到的，他们还会建造复杂的结构。

从嫩芽到根茎

普遍的观点认为尼安德特人主要捕食大型猎物，这个说法虽然差强人意，但他们永远不会成为素食主义者的代表。不过，我

---

1 陶巴赫遗址是 19 世纪末工人开采石灰华时发现的；这只是一个样本，原始藏品的规模要大得多。

们对他们膳食状况的理解，正是因为植物才出现了最具戏剧性的逆转。保存下来的更新世植被超级罕见，再加上北极冻原的荒凉景象，就促成了许多假定，或称尼安德特人不吃植物，或称植物稀少，根本找不到。最初，稳定同位素分析似乎支持这类假设。首个分析样本来自法国西南部的普拉代莱遗址，看起来与狼或鬣狗的饮食习惯毫无区别。随着收集的样本越来越多，再结合其他积极狩猎的证据，尼安德特人的形象从蹲伏在猎物残骸周围的食腐者，变成了威猛强壮的猎手，他们的饮食中几乎没有植物。[1]

但即使研究人员也知道这根本不可能。肉食是重要的蛋白质来源，且富含脂肪酸和容易吸收的微量营养素，但不管是现代人还是尼安德特人，都无法单纯依靠肉食长期生存。事实上，纯肉食会导致蛋白质中毒，使身体处于饥饿状态，而这对于孕期或哺乳期的人（这可能意味着大多数女性尼安德特人）来说是致命的。尼安德特人的生存需要肉食和脂肪，但也离不开植物，所以稳定同位素分析并没有揭示全部情况。[2]问题在于提取的样本：用于分析的个体样本不足 25 个。由于保存问题，它们的年代距今都不足 10 万年，而且所处的气候环境比较寒冷，那些生活在气候较温暖、植物丰富时期和地区的尼安德特人的骸骨并未在采样之列。但是即使我们确实有这些样本，碳氮稳定同位素的比值也只能反映蛋白质，而不是碳水化合物。以这些方法来测算，肉类很容易超过植物蛋

---

1 研究人员更倾向于认为他们狩猎，而不是采集，部分原因在于采集被认为是家庭事务，可能与女性相关，所以缺乏趣味性。

2 植物是获取叶酸和维生素 C 的最佳来源。

白，也就是说就算尼安德特人获取的蛋白质有一半来自蔬菜，从稳定同位素来看，他们的饮食仍旧更像鬣狗而不是野马。

如果说尼安德特人的食谱中包含根茎嫩芽让人难以置信，别忘了还有一些考古证据显示他们是草本鉴赏家。如果他们熟悉不同植物的材料属性，清楚它们是适合制作工具、手柄黏合剂还是橡木鞣制，那他们说不定也清楚植物的营养特点。此外，挖掘棒本身就是有力的证明。现在的问题是，他们到底食用哪些植物呢？选择范围非常广泛。如今，欧洲有1000多种可食用的植物，但是大多数早已从现代文化的饮食中消失。北纬地区可供采摘的植物少得可怜，但生活在苔原地带的原住民部落早就知道至少20到40种可食用植物，其中有些在气候较寒冷时期生长在更远的南方，包括火草（又称柳兰）、酸模、浆果、真菌、根茎和块茎、海藻，甚至还有一些地衣。[1] 即便冰期尼安德特人的饮食中只有1%为植物材料，在一年内比例也有所增加。

在温暖的间冰期，尼安德特人的足迹遍布茂密的森林、草场或湿地，食物选择纷繁多样。近25年来针对近东遗址的考古研究已经证明这一点，最显而易见的就是对以色列基巴拉洞穴灰烬遗存的水过滤分析结果。该遗址出土了无数烧焦的植物遗存，涉及近50个物种，其中很多是可食用的植物。此外，研究人员还综合考虑了其他气候较温暖的遗址，比如阿木德和直布罗陀，结果发现尼安德特人火塘中植物废料的种类多得令人瞠目，其中包括坚果

1　除了大多数苔藓、苔纲和多头绒泡菌，每个植物类别基本上都有可食用的成员。

血缘

（栎子、开心果、核桃、榛子和松子）、果实（棕榈、无花果、海枣、野橄榄和葡萄）、块茎（野萝卜、球茎大麦和莎草）和种子（草、豌豆和兵豆）。即使是伊姆间冰期的北欧也充满各种植物选择：德国的诺伊马克诺德和拉布茨（Rabutz）遗址发现了烧焦的榛子、橡果、酸橙树种子，还有黑刺李与山茱萸的果核，由此说明它们很可能是食物。[1]

近 30 年来，研究人员通过研究尼安德特人的身体部位，发现有大量直接证据表明他们食用植物，堪称第一批阿特金斯饮食法爱好者。最初的发现源于对牙齿的深入研究。进食产生的牙齿磨损模式可能与食物的硬度有关，而长期磨损和微痕很容易分辨——所谓微痕是指过去几天或几周内留下的一层薄薄的划痕和凹坑。立体扫描、建模和统计分析将这些划痕和凹坑的类型及方向与实验样本进行对比，而与稳定同位素分析不同，分析样本囊括了各种生存环境下的尼安德特人。总体上可能正如你预想到的，在气候较寒冷、植被较少的环境下生活的个体确实表现出较多食用肉类引起的磨损。比利时斯庇遗址的尼安德特人甚至表现出与火地岛的狩猎采集者相似的牙齿磨损，而在后者的饮食中，据说肉类占比很高。至于那些生活在冰天雪地，甚至是寒冷环境中的尼安德特人，有力地驳斥了我们的刻板印象，因为他们的牙齿并未表现出像北极部落——比如萨德里尔米乌特人——那样

---

1 山茱萸如今是欧洲南部的特有物种。它们的果实与葡萄大小相似，而且有趣的是木材密度大且富有弹性，很适合制作长矛，所以在早期的希腊诗歌中，山茱萸就是长矛的代名词。

极端的牙齿磨损。这些部落的许多人食用干肉和冻肉，并用牙齿咬开骨头。

至于那些生活在气候较温暖、植被较丰富环境中的尼安德特人，他们的牙齿磨损很像是咀嚼疑似植物的坚硬粗糙物体造成的，典型代表是塔本1号女性。克拉皮纳遗址特别有趣的地方在于，它曾是伊姆间冰期急剧升温前尼安德特人的聚居点，这意味着当时还未形成完整的森林。但是值得注意的是，这些尼安德特人的牙齿微痕与后来食用大量纤维植物的史前农业部落最为接近，而且个体之间存在明显差异。这说明尼安德特人的牙齿磨损与受到气候影响的饮食状况相关，但同一遗址甚至同一地层的尼安德特人个体的牙齿磨损状况并不总是相同，这说明个体之间存在饮食差异。

你可以深入研究其他各种口腔证据，包括尼安德特人常见的牙结石。牙结石是由矿化唾液、压扁的食物碎屑和以碎屑为食的细菌残骸构成的一层生物膜，基本上是尼安德特人日常饮食的微观沉积物。严格的分析程序有可能排除污染因素，不管是来自古代的沉积物还是研究人员的三明治留下的淀粉。研究人员对牙结石和石器残留物进行综合分析后，揭开了尼安德特人令人瞠目的饮食新图景。

在目前获得的大约40个个体样本中，牙结石残留物种类最丰富的个体是山尼达3号，也就是前文提到的胸部遇刺的尼安德特人。这名个体死前曾食用过海枣、豌豆类的植物果实以及不明根茎或块茎。同一地层发掘的石器残留物样本中也包含这类块

血缘

茎，其他遗址的许多人工制品似乎与这些烧焦的植物证据大致吻合，其中包括种子、坚果、带叶片的植株或果实、豆科植物、不明根茎或块茎、禾本植物，甚至还有真菌。禾本植物的存在令人特别不解，因为采集和处理种子相当费时。有一两次或许是废弃不用的床铺垫草留下的副产品，但更多时候是作为粮食。[1] 山尼达 3 号牙结石样本中发现的大麦或小麦的野生同科植物的籽粒淀粉，对此提供了证据支持。

牙结石中存在多种植物残留的证据不只来自近东遗址，还一路向北直到欧洲西北部的斯庇遗址。距今约 10 万年前，斯庇遗址的气候肯定很凉爽，但是两个成年尼安德特人的牙结石中除了禾本植物残留外，居然还有睡莲藕鞭的淀粉。毫无疑问，这说明尼安德特人会主动寻找植物性食物，甚至能轻松地涉水而行。牙结石分析技术在 21 世纪真正的发展就是通过 DNA 测序来鉴别不同食物，但它作为一项技术仍旧处于起步阶段。研究人员对数十种细菌或病毒进行匹配后，得出了一些有趣的结果。斯庇遗址的一名女性尼安德特人牙齿上具有食肉造成的磨损，而牙结石 DNA 分析结果与犀牛和野山羊的 DNA 数据吻合；考虑到绵羊在当地动物群落中缺乏代表性，这是否是他们到达斯庇遗址前的食物呢？

或许最大的惊喜来自埃尔锡德隆遗址。相关样本的牙齿磨损指向植物和肉食相结合的饮食，但牙结石分析并未发现大型哺乳

---

1 有人认为尼安德特人可能吃过“食糜”——有些狩猎采集群体，比如克里人、因纽特人、奇佩维安人和库钦人食用的食草动物胃里半消化的植物糊状物——但其中大部分是草，这不吻合他们牙结石中的植物残留物。

动物的 DNA，[1]反而与松树、蘑菇和苔藓相匹配。有关"尼安德特人是素食主义者"的说法成了头条新闻，但现实情况非常复杂。各种蘑菇在欧洲和北美以外的地区得到广泛食用，但松树的情况就比较复杂。有些北方地区的狩猎采集部落确实把松树内皮作为早春食物，但 DNA 分析鉴定出的物种原产于东亚，这对于伊比利亚半岛的尼安德特人很难说得通。至于苔藓，它微不足道，在各地都缺乏食用历史，主要用于生物技术研究，也可能成为引起污染的因素。[2]另一方面，研究人员最近发现苔藓含有复杂的碳水化合物，所以可能具有某种营养价值。或许这正是尼安德特人了解而我们不清楚的地方。

西班牙埃尔萨尔特岩棚的遗存提供了有人食用植物的确凿证据，因为火塘沉积物中出现第一批尼安德特人粪便样本。许多媒体报道的标题令人忍俊不禁，比如"什么屎？""拾粪"等等，但是生化研究结果显示，粪便中除了动物性化合物外，还存在无可辩驳的植物性物质，可能来自植物的根茎或块茎。

这里提到的许多新型植物检测方法仍旧处于发展阶段，细节方面尚存在不确定性。但是面对大量数据，我们可以确信上述植物只是尼安德特人植物食谱的冰山一角。至于说到烹饪食物，我们所知更少，因为熟食分解得更快。兜了一大圈，一切又归结到同位素，研究范围也得到了扩展。最新的氨基酸研究仍旧显示动物

1　甚至沉积物的 DNA 分析也只能与人类匹配，并未发现其他动物的遗传物质。

2　小立碗藓的一些特性使它更易于进行基因研究和新的医学应用，比如生产基因工程抗癌药物。

蛋白占主导地位，但现在也发现了他们食用植物的证据。斯庇遗址的尼安德特人有将近 1/5 的蛋白质可能来自非动物性食物。考虑到当时植被并不丰富，这意味着有些尼安德特人确实专注于搜寻食物，并且可能发展出了烤、煮等食物处理方式。

人类烹饪法

所以在某些时间地点，"肉食与素食结合"才是对尼安德特人食性的合理描述。但他们是如何吃的呢？是长时间熬煮的炖菜搭配油脂横流的烤肉，还是以生食为主？有些食物当然可以生食，但不管是肉食还是素食，烹饪不仅能增强食物的可食性，也能提高营养价值并促进消化。我们将在下一章探讨有关尼安德特人使用火的争论，但证据证明他们确实会对肉食进行某种程度的烹饪。动物骸骨表面由不同温度造成的灼烧痕迹最有可能是在火上烧烤留下的，因为骨头比带肉的区域烧得更厉害。[1]有些烹饪形式很大程度上是看不见的，比如直接烧烤肉片或器官，而不是连带着骨头一起烤。

古老穴居人烧烤大型动物的传言已是老生常谈，但这种做法效率低且相当耗力。炖肉相对要好得多，在煮食肉的同时还能提供富含骨髓的肉汤，然后是油脂。越来越多的研究表明，尼安德特

---

1 严格来说，被当成垃圾处理的带肉关节扔进火里后也可能形成这种烧痕，却与烹饪无关。但是尼安德特人似乎不可能把沉重的关节带回洞穴，然后在表面还有肉的情况下扔掉。

人狩猎主要是为了获取骨髓和脂肪，并由此确定狩猎目标、屠宰程度和带回的部位。此外，长骨海绵状、富含油脂的两端几乎都不见踪影。食肉动物也喜欢这些，但是在拼凑起来的骸骨中并未发现这些部位，反而能让我们看到尼安德特人的加工方式。这些部位可能在煮沸后提供油脂，[1]或者碾成富含油脂的骨泥。所有这些与寒冷环境下同样执着于获取鲜美脂肪的狩猎采集者的食谱相吻合。

那植物需要烹饪吗？草籽需要浸泡，或者烧焦后磨粉。栎子的营养价值虽高，但是也需要浸泡以消除苦涩的单宁。[2]针对尼安德特人牙结石的研究也证实了这一点：埃尔锡德隆遗址的部分样本含有高温下溶胀、开裂的淀粉，而山尼达 3 号个体的淀粉残留物似乎有 40% 是煮熟的。一般来说，当植物类别能够确认时，种粒较硬的烹饪加工后更方便食用。由此可见尼安德特人的烹饪方法与狩猎采集者在现代农业基础上准备野生植物性食物的方式惊人地相似，但在没有陶器或金属容器的情况下，他们如何烹饪食物呢？他们可能把滚烫的圆石放入任何容器来煮沸液体，但尼安德特人遗址很少出现烧裂的石块。不过，炖猛犸象肉的方法不止一种。你只需将容器放在炉火上方，水的高度始终没过肉块即可。这个容器可能是大型头骨、自然中空的石头，甚至树皮做的盒子，但最显而易见的天然锅具，可能是刚猎杀的动物的胃或兽皮。

1　碎骨取髓后留下的骨干碎片甚至能用来煮肉汤。

2　在河岸沙地上挖小坑窖藏也是处理栎子的一种方法。

说到烹饪，人们自然会问厨房在哪儿。尼安德特人狩猎后有时会直接进食，特别是血液或器官等不易运输的食物，都会现场食用。有些大型猎杀遗址，比如莫朗遗址出土的燃烧遗存或许反映了他们在屠宰多头野牛时的饮食情况。但正像我们将在第十章所探讨的，有大量证据显示尼安德特人会将猎物的绝大部分转移到其他地方，进一步屠宰和食用。即便我们假定他们要和等候在目的地的人群共享食物，在像舍宁根遗址那样一下出现上万吨肉食的情况下，食物似乎也太多，不等吃完就会变质。考虑到处理大型动物和运输沉重关节的风险与能量消耗，除非尼安德特人有办法储存过剩的肉食，否则这么做毫无意义。

不管采用何种方法，他们必须掌握特定的技能、知识，而且要事先计划，这正是人们鲜少提到食物储藏的部分原因，不过目前也缺乏直接的考古证据。尼安德特人遗址不同于后来的史前人类遗址，并没有留下大型窖坑，所以我们没有任何线索来研究尼安德特人保存食物的方法。有一种可能性是冷冻：像因纽特人这样的北极原住民就食用冻鱼，把它们当冰棍吃。这在冰期可能是顺理成章的做法，而且确实有助于保存维生素 C。可是尼安德特人生活的环境通常没有那么严酷，所以食物肯定是通过其他方式储存的。

另一种食物储存方法是烟熏。埃尔锡德隆遗址的两个尼安德特人个体，牙结石中都含有柴烟的化学标志物，说明有些尼安德特人就生活在焖烧的火塘旁，但是也可能有其他解释。而且，烟熏处理更可能在洞外进行：莫朗遗址的燃烧遗存也可以以新的视角来看，可能就是为了保存肉和骨髓。不过储存肉食最简单的方法（在考古学上也是最难发现的方法），就是制作肉干——只需要将肉食烘干，这样既能保存肉食，也可以把它与脂肪和骨髓混合，捣碎后进一步加工成类似干肉饼之类的食物。第九章将提到，在有些保存较好的遗址，火塘周围碎骨和烤肉的细微痕迹，或许能反映出这个加工过程。

植物性食物和动物性产品的储存方式可能非常相似。秋天的浆果可以制成干果，而叶片、籽粒或根茎可以烘干或研磨成粉。这些加工活动更可能在居住营地发生，而不是外出采集食物时进行。有些遗址确实出土过表面磨损的神秘石块，在拉奎纳遗址，有些石器表面还带有砸碎的禾本植物淀粉，这可能与碾磨或干热处理有关。

发酵是另一种食物储存方式。肉类、脂肪、鱼或植物储存在低氧环境下会出现某种程度的腐烂，但仍旧可以食用。这在某种程度上就像是预消化食物，而且对类似动物大脑这种易变质食物尤其有用。与烹饪食物不同，它也能保存一些重要营养素，特别是维生素 C。[1]

发酵的方法多种多样，有些简单，有些复杂。早期的做法只是挂晒猎物，但是有时猎物会发霉。基维亚克（Kiviaq，也就是腌海雀）的做法比较复杂，它是格陵兰因纽特人的做法，需要将数百只侏海雀缝入用油脂密封的海豹皮内保存数月，直到海豹皮变软、

---

1 蛋白质分解成氨基酸和脂肪酸时更容易被人体吸收。

变绿。另外不管是德国酸菜、泡菜还是腐乳，素食发酵的情况也很常见。

许多人种志资料都称发酵食品并非为应急储备的食品或风味食品，而是日常饮食的组成部分。我们能相信尼安德特人制作发酵食品吗？这种做法早在9000年前就出现在斯堪的纳维亚后冰川时代的渔猎采集生活系统中，而且只需要按照特定的方法，并不需要弄清内在的原理；但一旦出错就可能引发致命后果。经常有人因食用保存不当的海豹肉，或者腌海雀时选错鸟类而死于肉毒杆菌中毒。

尼安德特人已经形成多工序的猎物加工体系，所以额外增加一个延置期或许不算太难。将食物储存在水下是一个简单的方法，这为一些遗址沉在水下的动物骸骨提供了多种复杂的可能性。其中包括舍宁根遗址的野马和林弗尔德的猛犸象遗存。任何形式的发酵都需要很长时间。尼安德特人如果采用这类方法，很可能在迁移时将食物留在原地，以后再回来拿。未来稳定同位素分析技术或许会提供食物发酵的证据，因为此类食物往往富含氮元素。

发酵食物的另一个特点是口感。传统发酵食品的味道和气味浓郁，有时从名字就可见一斑，比如臭鱼。尽管如此，人们仍旧吃得津津有味。即使没有在海洋哺乳动物体内经历数周的发酵，海鸟本身的味道也需要慢慢适应，但是从概念上说它们跟罗克福奶酪或斯提尔顿奶酪的味道相差不大，而且明显也有相似的、令人欲罢不能的效果。尼安德特人在猫腰紧盯野牛群时，是否一想到"骨髓奶酪"就直流口水呢？又或者一边嚼着轻微腐烂的驯鹿肉一边咂嘴舔舌？现代人类至少有甜、酸、苦、辣、咸五种味觉，此外可能还有一种似乎能探测到钙和脂肪的味道，耐人寻味。

但是味觉不只意味着好的口感。苦味尤其预示着危险，基因证据证实，尼安德特人能探测到一种苦味化合物——PTC（苯硫脲）。苯硫脲存在于部分植物中且只有少量食用才安全。有趣的是，尼安德特人的这种基因突变与现代人的突变不同，而且伴有另一种能部分阻拦苯硫脲信号的突变。这或许意味着尼安德特人对这些味道的耐受度更高，加上基因证据显示他们能更广泛地感知苦味和酸味，所以品尝陌生植物或发酵肉类对他们来说可能相对比较安全。味觉和嗅觉相结合，形成了我们体验到的味道，所以尼安德特人可能生活在一个比我们更丰富的烹饪世界。

为食而生存，为生存而食

我们吃什么和怎么吃，都有很深的文化底蕴。即使猿类也并非简单地四处觅食，而是寻找它们成长过程中接触过的食物。我们通过石器对尼安德特人进行文化分类，但饮食传统或许也体现出了他们的文化多样性。他们狩猎大型猎物肯定需要团队协作，但是跟狼群或鬣狗群不同，他们共同狩猎后会分享猎物。在黑猩猩社群中，除了哺育幼崽的雌性外，其他成员都无法做到大公无私，相反，它们用吃剩的食物换取社会资源，包括性。尼安德特人之间的合作不存在勉强的成分，他们会集体完成各种活动，从狩猎到系统化屠宰，再到将营养最丰富的部位运走，有时需要等三四道程序结束后才能集体享用美餐。

萨尔茨吉特遗址的遗存就提供了证明。在这里，44只，也可能是80多只驯鹿在秋季遭到狩猎。它们可能是从哈尔茨山的夏季牧场迁徙下山时在不同时间被猎杀的。不同年龄段的驯鹿都被剥皮切块，但只有脂肪最多、准备繁殖后代的成年雄鹿受到更全面的屠宰。对于这些精心挑选的猎物，尼安德特人想要的不是瘦肉，而是营养最丰富的部位，比如骨髓、脂肪和内脏。如此明显的选择模式，不可能出现在自私自利、混乱无序的群体中，只可能出现在目标一致的群体中。同样的情况在其他尼安德特人遗址出现过数百次。

屠宰模式本身就反映出一套系统化的方法，绝非毫无规则的争夺。处理每只猎物的，或许只是少数——甚至一个——熟练的切割者，他清楚何处下刀能肢解关节，敲击何处能使骨头碎裂。技艺娴熟的尼安德特人就像现代屠夫一样留下更整齐、更浅和更少的切痕，所以评估切割的数量和位置，甚至能看出切割者的技能水平。有趣的是，佩钦德阿泽4号岩棚的驯鹿肢骨表面能看到更多的切割痕迹，比例远远超过了容扎克遗址。鉴于这两处遗址的遗存都采用基纳技术且年代相似，研究人员对这一差异的解释是，容扎克遗址有经验丰富的猎人，可能还有其他技艺精湛的成年人。佩钦德阿泽4号岩棚这种较凌乱的屠宰模式，可能说明切割者的技艺不太熟练，其中包括学习切割的年轻人。

尼安德特人在维持生计方面会有专门分工吗？即使多数个体都

是多面手，共享资源也会促成劳动分工。这从空间格局可见一斑，比如舍宁根遗址碎骨取髓的地方，就远离屠宰马匹的区域。

关于任务分区将在第十章深入讨论，现在的问题是：真正狩猎的是谁？总体来说，女性在受孕和照顾脆弱的婴儿期间更容易受到伤害，从演化角度讲，拿难得的后代冒险绝非上策。当然，在许多狩猎采集群体中，通常是男性处理大型猎物，有时还要离开数天。

但这并非普遍现象。虽然像狮群那样以雌性为主要狩猎者的情况日益罕见，但女性确实经常参与狩猎、猎杀并主导初步的屠宰活动。不管在哪里，妇女和儿童经常结伴狩猎小型猎物。[1]也许最令人惊讶的是，在有些狩猎采集群体，包括妇女和儿童在内的小型家庭群体会开展季节性狩猎活动，每次狩猎足以维持数周的生活。

从根本上说，狩猎何种猎物或采集何种果实都要受到社会背景的制约。尼安德特人可能会分享找到的食物，儿童通过观察来学习需要切割并运回哪些部位。年轻尼安德特人的牙齿磨损显示，随着双手成长和掌控能力的提高，他们开始使用进食工具，逐渐做出更加成人化的动作。事实上，儿童作为采集者可能提供了不少食物，而捕捉小型动物可能为他们提供了练习屠宰技术的机会。

这或许能解释，为什么像兔子这种烹饪后能直接撕开的小型

---

1 追踪技术最有名的有时是女性。

猎物，比如科瓦尼格拉洞穴的小鸟，骸骨表面仍有切割痕迹。尼安德特人食用鸣禽本身不足为怪，现在许多鸣禽仍被视为传统食物或烹饪美食，其中最著名的是法国的圃鹀。[1]在有些狩猎采集文化中，鸣禽只是应急食物，但也有一些文化把它们当作日常食物，而且捕鸟的通常是儿童。在科瓦尼格拉洞穴遗址，燕子或乌鸫等鸟类都被细心切块、烹煮后食用，屠宰方法与食用较大型鸟类的方式相同。尼安德特人会切开它们纤细的腿部，啃咬油脂最多的骨头并刺穿骨头吸食骨髓。在猎物富足的遗址，小型猎物骸骨上的切痕与其说是饥饿的标志，不如说是孩子们在练习切割肉、膜状物和肌腱。

在尼安德特人的群体内部，特殊的社会集群或许有其他生活方式，但普遍来说是否存在专业化的狩猎呢？许多遗址就像科瓦尼格拉洞穴一样，屠宰的鸟类总体数量很大，而且与后来智人遗址专业化的鸟类狩猎情况非常相似。当然在其他地方，比如容扎克或莫朗遗址，人们很长时间会集中狩猎一个物种，但这只是他们充分利用当地生态系统的表现。单个物种聚集所反映的是天时、地利、人和的绝佳条件，人们更容易捕捉到它们。考虑到跨越百年甚至千年的时间尺度，我们很难确定是否有持续的传统在发挥作用，但专业化知识可能至少会延续数代人。

专业化是尼安德特人狩猎行为的一大特点。长期以来，人们

---

1 有些厨师声称把圃鹀活活泡在阿马尼亚克酒中腌制后整个吃掉是一种很刺激——虽然也很难受——的经历。这种吃法在 20 世纪 90 年代被禁止。

始终认为尼安德特人缺乏生产力或谋求生存的能力不足，明显不如早期智人。但在近 20 年的研究中，这种观念被推翻了。举例来说，南非的早期智人种群会收集大量海洋贝类动物，数量多达数百万，而贝壳尺寸日益缩小，意味着他们在当地居住的时间较长，而且过度利用这种资源。相反，尼安德特人整体上似乎只是泛泛地吃点贝类。虽然在葡萄牙的巴洪迪约、埃尔库克和菲盖拉·布拉瓦等地海鲜占据主导，但在更广泛的跨越多种环境的遗址网络中，这些地方只是一些节点。

这种广泛的适应性引发了有关尼安德特人生存能力差的争论，因为他们没能全面利用可用资源。但最新的研究结果显示，在有些情况下，他们对贝类这种易捕捉的动物确实存在过度利用的情况。奥利维拉洞穴多个地层的考古遗存显示，乌龟的骸骨明显越来越小，很可能反映了过度捕杀的情况，[1]这甚至可能导致它们在伊比利亚半岛灭绝。这种大规模的资源利用在早期智人中可能被视为人口激增的证据，对当时当地的尼安德特人来说，情况或许也是如此：新生儿越多，就意味着要养活更多的人。

随着对早期智人的理解加深，我们逐渐发现，许多有关"成功"的重要理论并不是十分可靠。2019 年研究人员对比利时部分遗址的遗存进行稳定同位素分析，结果发现尼安德特人和旧石器时代晚期早段的古人类群体同样严重依赖肉食，可能是猛犸象和

---

1 雌性乌龟在 10 岁后达到性成熟，所以就像 21 世纪的过度捕捞一样，成年乌龟来不及繁殖就已经被猎杀。

血缘

驯鹿肉。即使技术上存在差异，尼安德特人在狩猎上似乎也并不逊色。

舍宁根遗址木制长矛的出土，彻底戳破了尼安德特人食腐论的核心。此后 20 年，我们对尼安德特人狩猎活动的观点早已发生改变。除了这些制作精巧的罕见遗存，来自众多遗址的数百万块动物骸骨也提供了确凿证据，证明他们具备非凡的狩猎技巧，甚至能捕食体形最大的动物。随着各种分析技术发展成熟，我们已经证实，许多小型动物，甚至植物，都是尼安德特人上千年饮食中无可非议的组成部分。

所有这些反过来又影响了更广泛的有关尼安德特人身体、认知和社会生活的理论。从微观到宏观尺度使用工具分离毛皮血肉的方式，到选择最优质的部位来运输和食用的精明，他们拥有庖丁解牛般的自信，就好像蒙着眼都能完成。

但是尼安德特人的饮食有时仍然遭到诟病，被拿来与智人相对照。虽然考古学证据动摇了现代人至高无上的地位，有关尼安德特人灭绝的各种假想仍旧层出不穷，始终认为他们出现了根本性的错误才走向灭绝。目前虽然不是所有遗址都能提供证据支持，也不存在这种程度的证据，但是作为一个人种，他们比我们过去认为的更接近所谓的"广谱"饮食，而据说这恰恰是早期智人取得成功的基础。我们与其费力在尼安德特人的食谱上寻找漏洞，还不如看看早期智人如何变得更加专业化——尽管专业化的风险更大。如果早期智人在争夺最优质食物即大型哺乳动物这方面败给了尼安德特人，那过度依赖贝类或小型猎物或许并不是理想之选。

　　尼安德特人食谱中**没有**的食物或许也能揭示其他内容。有些狩猎采集部落喜欢的动植物种类，其他部落可能不屑一顾，甚至避之千里。味觉就像嗅觉一样，是人类大脑古老核心的一部分，与记忆和身份紧密交织在一起。特定食物的气味，可能会让尼安德特人产生季节的概念或联想到特定地点。生活在威尔士的尼安德特人，也许会对巴勒斯坦的同类大快朵颐的食物表示惊讶，甚至嗤之以鼻。

✽　　✽　　✽

　　现在最大的问题是，所有这些是如何紧密相连的？尼安德特人在饮食方面并没有陷入演化的覆辙。就像石器技术一样，随着时间的推移，我们将会看到更多样、更丰富的食物证据：尼安德特人的食谱范围会成倍扩展，动物骸骨会得到更仔细、更全面的分解。接下来两章，从单独的火塘到自然场景，我们将展开由点及面的调查，从这些模式中解读尼安德特人：他们在前所未有的广阔尺度内搬运东西，在自身与周围环境之间建立了许多新的联系。

第九章　尼安德特人之家

　　微风轻声低语"快走"。鹿群低吼"是时候了"，喷吐的气息在冷空气中飘散。晨霜说"马上离开"，消息如燎原之火在草地间传递。人们侧耳倾听。岩棚内的阴影处日益寒冷，水坑表面形成一层薄冰。狩猎范围日益缩小，他们只能到附近寻找猎物，内心却明白离开已经迫在眉睫。随着最后一只鹿放弃挣扎，他们将猎物拖到火堆旁分解。鹤在他们头顶拍打翅膀，就像追逐太阳的夏日碎片；鹿被吃掉了一半。顶部边缘滴落的水珠很快会变成坚硬的冰棱。这是一个令人激动的早晨：一只毛茸茸的猎物悬吊在那里，尾巴卷曲，像石子击打水面荡起的涟漪。他们将猎物宽大的爪垫翻过来，用拇指钩住它的牙尖并轻抚它长长的胡须：那是一只猫科动物。一种更像是梦中存在的动物，这是最后的信息，最后的美餐。他们围坐在最后的火堆旁，狼吞虎咽着油腻的肥肉，卷折起毛发浓密的兽皮。随后，所有人站起来上路，喧闹声渐渐消失，空留一缕烟雾冒出岩棚。

　　时间飞逝，所有画面变得模糊。鸹昂首挺胸，在灰烬中抓挠。兔子们忽隐忽现，竭力躲避俯冲而下的隼。隼会在突出的崖壁下一直待到冬季。在它刀锋般锐利的目光下，一只野猫趴在地面。膈和肠道随着身下蛆虫的舞蹈而起伏。地面上铺着前一年落下的枯叶，只有那些毛茸茸的食腐动物才对干透了的骸骨感兴趣。当树叶从绿色变成黄色，再到橙色时，人们将去而复返。但是就像老人们预言的，这里的地面太过潮湿，无法点燃篝火，而岩棚也不再欢迎定居者。他们扬长而去，身后的骨堆旁散落着许多植物根茎和苔藓。时光荏苒，被石灰石过滤的水从野猫的骸骨、鹿骨、木头、灰烬和石头周围渗出并上升。沉睡的时间已经来临。

遗址是切实存在的，但时间就如同考古学家指间的一缕光，在你试图抓住它时却倏忽不见。现在，有关尼安德特人的惊人细节大量涌现，甚至超出了先锋史前学家的想象——这些细节处于科幻的边缘。但是要全面重建他们的多彩生活，我们不仅要看到贯穿始终的主线，还要看到其中错综复杂的联系，这无疑很难。类似石器技术体系这种现象在地质时间尺度清晰可见，但需要从人的角度做出解释。长期以来，研究人员身陷时间的流沙中，无法确定考古遗存的年代，无疑也无法了解物件之间的相互联系。直接定年法的出现让考古研究峰回路转，但同样重要的是，它能让我们更好地理解时间是如何创造这些遗址的。

要想理解特定遗址对尼安德特人行为的意义，必须掌握一个重要基准，那就是他们在遗址所在地的活动和停留时间。但是，

血缘

即便现在发展出适用于微小样本的超精准定年法，在大多数遗址内也不可能区分不足千年的居住期，更别说是一百年。这是因为一个考古地层能跨越惊人的时间：将不同人工制品遗存分隔开来的沉积层会侵蚀或滑落，导致不同层位的文化遗物相互混杂。从这个角度说，一掌厚的地层很可能是千年时光的缩影。

如今在某些情况下，测算特定地层内古人类居住类型的真实数量已经成为可能。法国东南部的曼德林洞穴在进行考古发掘时就开创性地采用了一种巧妙方法，也就是烟灰年代分析法[1]。它为我们了解特定时间内汇聚的尼安德特人遗址开启了一扇窗户。研究人员仔细研究了碳酸盐块内奇特的黑色污迹，也就是洞壁和洞顶形成的矿物质沉积物，从中发现了纳米尺度的纹路。

这基本上就是用烟灰书写的微缩地层。居住在洞穴中的尼安德特人点燃火堆，在洞顶和洞壁留下烟熏痕迹，形成薄薄的烟灰膜。如果无人居住，烟灰膜会被碳酸盐密封，然后循环重复，沉积层不断堆积。它们像条形码一样独一无二，由此，我们可以对同一地层和不同地层间的不同块状物进行模式比对。

要弄清尼安德特人在深厚的考古地层形成期间至少停留过多少次，烟灰档案是目前已知唯一的计算方法，而计算结果令人震惊。曼德林洞穴遗址一个 50 厘米厚的地层，就至少包含 8 个居住期，数值相当高了。可是在它下面厚度大体相同的地层内，却发

---

1 fuliginochronology，这个单词是表示"烟灰"的拉丁语和表示"年代学"的希腊语组成的合成词。

现了将近 80 个居住期。这有力地警示，地层外观具有欺骗性，同时提醒我们，考古学家研究的所有组合中有 99% 以上并非来自单一居住期，而是代表至少一代甚至好几代人的行为模式。像这种"时间平均"（Time-averaged）的组合绝非一无用处，但是我们需要了解尼安德特人生活的各种细节才能更好地理解它们。

要打造理想的考古遗址，你需要高分辨率的环境条件，以免不同居住期的石器和骸骨遗存混杂在一起。快速且平稳堆积的细致沉积物和未受侵蚀的遗存非常完美。这些遗址非常宝贵，不只因为它们代表的时间段较短，也因为如果未受外在干扰的话，它们所保存的空间格局能揭示出尼安德特人遗址内不同区域的功能。

用来解读尼安德特人更广泛考古记录的"罗塞塔石碑"始终在寻找有关行为或存在的单一篇章，理想情况下这仅持续数天，甚至几分钟。当然，个别石器组代表的是很短的时间尺度，但以同样的时间分辨率来测定，要找到一个完整的地层几乎闻所未闻。然而多亏了 21 世纪的挖掘方法，我们知道这样的地层确实存在。

研究这些遗址除了借助现代科技，还要有极大的耐心。激光扫描会记录考古遗存的三维坐标，为数字重建人工制品的垂直或水平分布提供相关数据，而且许多细节内容，比如火塘周围的石器堆或挖掘过程中看不到的微层，也会出现在屏幕上。这里有个关键方法，就是寻找"特殊"遗物，比如不同寻常的石头或珍稀的动物物种，它们混杂在其他碎片间，就如同紫外线一样耀眼。再加上拼合分析和微观沉积物分析，我们如今或许已经能近距离地"观察"尼安德特人的日常生活。

第七章探讨了罗曼尼岩棚遗址的木制品，但当地特殊的保存条件也揭示了在岩棚过于潮湿无法居住期间，尼安德特人巧妙利用空间的惊人细节。在他们离开后，新的石灰华流掩埋了整个废弃的生活面，将一切都原封不动地保存下来。每个考古地层的时间尺度肯定不止几天，但很可能代表数十年，而不是数百年。现在考古挖掘已经到达 R 层，定年距今大约 6 万年，研究该层的遗存需要数年时间才能完成。[1]但是研究人员对将近 10 年前挖掘的年代较近的 M 到 P 地层进行分析，已经取得惊人发现。

O 层的定年在距今大约 5.5 万到 5.4 万年之间，包含世界上分辨率极高的尼安德特人生活记录。它的挖掘面积大约有 270 平方米，厚度不足 1 米，共出土了大约 4 万件遗存。针对遗存位置的数字分析明确揭示出至少 3 个主要阶段，但是每个阶段可能由多个居住期构成。火塘沉积物的磁位场数据（Magnetic data）表明，所有这些是在数百年内形成的，所以每个阶段可能最多代表几代尼安德特人的活动。

中间阶段，也就是 Ob 层的考古遗存最为丰富，且包含一项与众不同的发现：一只被屠宰的完整的野猫骸骨。在罗曼尼岩棚遗址的每个地层，通常都是完全粉碎的骨片，要从中确认独立个体几乎不可能。找到基本完整的骨骼遗存更是非同小可——这指向一个短暂的时间点，正好就在遗址被废弃而尚未被新的石灰华层覆盖

---

1 考虑到未挖掘沉积物的深度，这下面应该还有 4 万年的尼安德特人考古沉积，需要世世代代的研究人员继续研究 100 年。

之前。在这里生活了数百年的最后一批尼安德特人捕获野猫后将其剥皮，可能就在附近的火塘区进行烹饪。他们在填饱肚子后开始计划下一步：缺失的趾尖和尾骨，说明他们随身带走了野猫厚厚的、带条纹的毛皮。

火塘在哪儿

这只野猫骸骨是一项惊人发现，时间可追溯至5万多年前的一个上午或下午。即使在罗曼尼岩棚这样高分辨率的遗址，普通地层分析起来依旧很复杂。他们如何通过四处散落的人工制品和碎骨区分相互重叠的活动痕迹呢？答案是从遗址的中心开始，然后螺旋形向外扩展：一个黑色的碳分子，一块未燃尽的木头，一个布满灰尘的环状物和树枝格栅。一群人的眼睛在黑暗中闪耀着光芒。火塘是考古学上的试金石。它们处于中心位置，是时间经线和空间纬线的交接点，就如同穿过千年雾霭和令人费解的数据迷宫不断闪烁的信标，为后来的考古研究提供精准的锚定点，因为它们也是尼安德特人生活的核心。

火是人类恢宏壮丽的演化故事中最有力的象征之一。它提供了光和热，但更重要的是能驱赶捕食者，能烹饪食物并改变其他物质的形态。它甚至通过驱散黑暗，延长了社会生活。纵观历史，我们现代人的祖先习惯围绕火炉建造房屋，同样，尼安德特人的建筑结构也以火塘作为中心：它明显处于空间结构的中心。我们没必要想象他们对面而坐的情景，从散落在灰烬和木炭四周的人工

血缘

制品分布模式，就能看得清清楚楚。

　　数百处遗址都发现了木炭残余、烧焦的人工制品和加热沉积物，但是探索它们的意义极具挑战性。火塘属于转瞬即逝的人工制品，它们的结构就像燃烧的灰烬一样脆弱。它们很容易因为上覆层的侵蚀、踩踏或挤压变形受到污染或破坏。实验研究显示，有些地方有加热的沉积物留存，却看不到其他用火证据，而来自不同燃烧阶段的微层遗存，尤其明显地揭示出人类活动的迹象。

　　西班牙阿利坎特的埃尔萨尔特岩棚作为关键的发掘地点，加深了我们对尼安德特人用火技术的了解。这处岩棚位于罗曼尼遗址以南大约350公里处，因为定年基本上较近，它也是一个持续数十年的相似研究项目的核心。随着一个个酷似火塘的黑色圆圈出土，研究人员希望能更好地了解它们的特征。他们在石灰岩悬崖边建造实验性火塘，严格还原埃尔萨尔特尼安德特人所处的自然环境。

　　他们发现新的火塘残留物通常呈现出三层结构：底部是加热发红的土壤，然后是黑色物质层，顶部是木柴燃烧留下的灰烬。许多考古遗址的灰烬层已经在自然进程中消失，埃尔萨尔特遗址的情况就是这样。他们挖掘的黑色物质层是烧焦的残留物，显微镜分析证实，燃烧物基本上是杂草和落叶，所以黑色物质层的人工制品更可能是更早以前的居住者留下的。

　　研究人员在鉴定火塘方面取得了很大进步，但对尼安德特人的用火技术却存在激烈争论。尼安德特人使用火早已是不争的事实（古人类用火已有 100 多万年的历史），而且毫无疑问，火塘在整个旧石器时代中期都比较普遍。火塘从距今大约 12 万年前开始就成为人们日常生活的组成部分，但是尼安德特人只是利用野火，还是会自己生火呢？不可思议的是，这个问题至今仍旧存在争议。

问题在于，有些考古遗存相对丰富的遗址几乎看不到用火的痕迹。此外，最常提到的例子就是法国西南部的马尔萨尔岩棚和佩钦德阿泽 4 号岩棚，它们所处的年代更加久远，但其基纳技术层缺乏火塘，甚至没有太多木炭，因而显得格外引人注目。考虑到这些沉积层可以追溯到深海氧同位素第 4 阶段的冰期，气候最寒冷的时期却没有火塘，确实令人费解。

那有没有可能尼安德特人在发现火后确实开始用火，但是却忘了，或者说从来没学会如何生火呢？许多理论认为他们只是通过加厚衣服和食用生食来熬过寒冷时期，但这些听起来都不太可能，也遭到了考古证据的有力反驳，因为研究人员也发掘出了木炭、灼烧过的石器和骨头，只是出土量远远低于相同遗址其他地层的情况。尼安德特人会不会只是从自然界偶然获得野火呢？但是在高纬度的苔原地带，比如马尔萨尔岩棚和佩钦德阿泽 4 号岩棚那些缺少火塘的地层，雷击非常罕见。如果野火缺乏连续性，尼安德特人可能需要特别擅长保存余火，然后就可以很轻松地将火焰从一个火塘转移到另一个火塘。

这个问题还有另一种解释：尼安德特人也许已经能够随心所欲地生火，只是会依照不同的生活方式来调整生火方式和生火地点。如果在基纳技术阶段，他们倾向于在洞外建造火塘，那样洞穴内除了少量木炭和燃烧遗存，自然不会留下用火痕迹，而这正好完全吻合考古发现的情况。

古代用火技术

不管在尼安德特人群体中按需生火是不是普遍现象，桦木焦油技术都有力地表明，在距今至少 30 万年前，许多古人类种群开始用火。他们的生火技术具体包含哪些，目前还无法确定，但考虑到他们好奇和喜欢创新的特点，再加上打制石器技术相当普遍，可以肯定至少有些尼安德特人注意到燧石在击打时温度升高并产生火花的现象。考古学家长期以来并未发现特殊的"打火"工具，但现在看来它们只是取材很经济。有些遗址出土的将近 75% 的两面器在一面或两面的中心位置存在击打痕迹。微观研究和实验结果显示，这些痕迹可能是另一块燧石或者黄铁矿（两种材料据说都能产生火花）以一定角度敲击，然后沿着两面器的长轴拖动产生的。

他们肯定还使用过更复杂的生火方法。就像你在烧烤时利用化学引火品加速燃烧一样，新的研究结果暗示尼安德特人可能做过类似事情。二氧化锰是一种深黑色的矿物质，在许多遗址中含量甚微，但在有些发掘地点的含量大得反常，比如佩钦德阿泽 1 号岩棚的多个地层发现了将近 1 千克的二氧化锰。

研究人员在仔细检查后发现，该遗址和其他遗址的数百个微小遗存都有摩擦痕迹，另外偶然发现的带有黑色粉末残留的石灰石岩块表明，尼安德特人有时会碾磨锰矿石。这种矿物具有颜料的属性，因此似乎还有另一种解释，这一点我们将在后面探讨。不过它也是良好的助燃剂，特别是研磨成粉末后，能使木柴更快点燃，而且燃烧效率更高。目前还没有直接证据表明尼安德特人将二氧化锰用在这个方面，但这种可能性很有意思。

一旦点燃，尼安德特人会热衷于管理他们的火苗。大多数看起来只是简单的篝火：由焦化材料和灰烬组成的扁平圆形沉积物，周围不用堆砌石块就能有效发挥作用。但有时尼安德特人会不辞辛苦地建造火塘。罗曼尼遗址及其附近的布斯岩棚显示，他们会选择在天然空洞内点火以增强保温效果。有时他们会先加深空洞，令人印象最深刻的是在罗曼尼岩棚遗址的 O 层，尼安德特人通过挖掘小的沟槽来控制进入坑洞火塘的气流。这种情况出现在保存完好的遗址或许并非巧合，另外还有更多证据显示他们会在火堆周围放置石块或圆石，这可能是为了避免穿堂风或直接受到热量炙烤。

考虑到尼安德特人制造人工制品时对原料的选择，他们重视燃烧的选材也就不足为奇了。木柴是迄今为止最常见的原料，而且与狩猎方式相似，主要取材自周围的自然环境。松树很繁茂，所以是最常用的木柴，但有时即便有其他树种可用，它们仍旧是首选。例如，在罗曼尼岩棚遗址的 J 层鉴定出了 100 多万块木炭碎片，除了一个碎片属于桦木，其他都是松木。

埃尔萨尔特遗址呈现出更多样化的选择模式，这可能与当地更温和的气候和更多样的环境有关。这里除了松树和杜松子树外，还有枫树、常绿的栎树，甚至是紫杉树，但有趣的是不同火塘使用的木柴种类截然不同，这点在 10 号探方[1]尤其明显，而这个发掘区域内的大多数火塘都以松木作为木柴，枫木比较少见或者不太普遍，栎木和黄杨木甚至更罕见，只在两三处火堆留有遗存。这样的密度或许反映出尼安德特人只是短暂停留，但不同的木柴种类到底是不是他们有意识的选择，却很难确定。

尼安德特人在遗址停留的时间长短可能会影响他们使用木柴的方式。伊比利亚东南部帕斯特岩棚位于海拔 800 多米的高山上，松树不像干燥凉爽气候下那么多见。火塘的大多数遗存都来自杜松子树和笃香树（或乳香木[2]），但它们并非理想的木柴。杜松子树生长缓慢，树枝细长坚韧，鲜少形成枯木，这意味着收集杜松子木非常困难。笃香木也不如松木合适，而且燃烧形成的浓烟令人头晕。尼安德特人可能只有在耗尽当地有限的松木后才开始使用其他种类的木材，这暗示着他们在帕斯特岩棚有时至少会居住几个晚上。

尼安德特人对木柴的种类似乎非常挑剔。研究人员发现的众多微观特征以及嫩枝和树枝的大小都说明，最常见的燃烧材料是自然掉落的树枝或枯木，而不是砍伐的新鲜木头。[3]这些木柴收

---

1 探方（Unit），指考古工作者在对某处遗址进行发掘时，为控制层位关系及保留来往通道而布设的若干相等的正方格。

2 有趣的是笃香树可以食用，而且能够产生黏性树脂。

3 在罗曼尼岩棚遗址的地层序列中，M 层出土的木柴平均直径在 1 到 3 厘米，长度大都不到 25 厘米。

集起来比较容易，燃烧效率也更高，尤其是类似松木这种富含树脂的木柴，更适合用来烧火做饭。自然环境下，森林通常会产生大量枯木，尼安德特人在方圆 1000 米内就能找到充足的木柴，足够多个小型火塘燃烧 6 个月。

这意味着除非他们打算停留相当长时间，否则砍伐新鲜木头毫无意义，每天捡拾的柴火就足够使用；那些不囤积木柴的狩猎采集者就采用这种做法。另一方面，有些生活在高纬度地区的原住民群体，包括美国阿拉斯加州的阿萨巴斯卡人和尤皮克人以及俄罗斯堪察加半岛的伊捷尔缅人，在外出活动时如果遇到整棵直立的死树或者最近倒下的枯树，都会拖回聚居区。[1]在罗曼尼岩棚遗址，尼安德特人确实会带回一些较大的树枝用来烧火，岩棚前方的地层序列甚至提供了证据：M 层出土了各种木柴构成的柴火堆。我们将在下一章看到，N 层和 Oa 层出土了整棵树干，但它们被拖回来是用作燃料还是另有用途，目前尚不清楚。

尼安德特人火塘中出现的最出人意料的燃料就是煤。第八章已经提到，卡纳莱特岩棚有确凿证据显示尼安德特人狩猎兔子，除此以外还有一点不同寻常，那就是当地尼安德特人使用的燃料是褐煤。这并不属于冰期木材匮乏的情况，因为火塘中燃煤遗存极多，这个时期也正好是许多喜温树种——比如榆树、枫树和核桃树——在当地兴旺生长的阶段。还有另一种可能性，就是尼安

---

1 阿拉斯加有些群落采集木柴的做法是将树木剥皮，然后等数年后树木枯死干燥，再返回采集。

　　　　　　　　　　　　　　　　　　血缘

德特人有意尝试使用化石燃料。褐煤不容易点燃，但是一旦点燃，它的火苗低，热量高且热度均匀，木炭余火中加入500克褐煤就能显著延长火塘的燃烧时间。

那他们最初是如何发现煤的呢？也许他们只是在河岸寻找石料时，注意到了冲上河岸的物体。卡纳莱特岩棚最近的褐煤矿床就位于遗址以北大约10到15公里外的两条深邃河谷的交会处，尼安德特人极可能在这里偶然发现了侵蚀的石料。[1]褐煤归根结底来源于木头，所以它既有尼安德特人熟悉的特性，也有陌生的特性，这激发了他们的好奇心，促使他们开始探索其用途。最令人着迷的是在卡纳莱特岩棚，持续多个居住期采用褐煤燃料，时间跨度即便没有上千年，至少也有数百年。这说明尼安德特人不是多次发现褐煤，就是在遵循长期的传统。不管何种情况，煤烟的泥炭味儿已经成为他们居住的标志。

另一种数量充足且具有助燃效果的材料就是骨头。骨头虽然难以点燃，燃烧速度快，但在采用木柴做燃料时加入骨头，会使燃烧时间翻倍，这在开阔的冻土地带可能是一大优势。当然，许多遗址和火塘确实存在烧骨遗存，但是要确认它是否用作燃料就复杂多了。有时外表看似烧骨火堆，但详细分析却显示其中含有大量木柴，骨质只是作为细微残留物或化学痕迹得以保存。

另一方面，尼安德特人在生活中或许始终在关注火塘，而且由

---

1 这里的矿藏从中世纪时期就开始开采。

于他们有时会焚烧屠宰废料（这个留待后文讨论），所以很可能注意到骨头能够延长燃烧时间。

点火需要技巧，但尼安德特人也必须保证火不熄灭，特别是火的种类不止一种。在许多狩猎采集社会，火的用途多种多样：起保护作用的露天大篝火、烧烤用的坑洞火、烹饪用的小火、烟熏兽皮用火、取暖用的火炕，甚至还有烟熏防虫的火堆。许多尼安德特人遗址与民族志数据呈现的多样性惊人地匹配。最小的火堆直径只有 20 到 30 厘米，而且通常都是暂时用火，可能只燃烧一天，甚至只是完成一项任务。许多遗址，比如罗曼尼岩棚，能看到一个个清晰的由木炭和灰烬围成的圆圈，但是在保存不够完整的遗址中，它们长期遭受烟熏后变成厚厚的木炭和灰烬层，四周布满细小的烧骨和石器。

尼安德特人也建造了更大、更永久的火塘。罗曼尼遗址挖掘出直径至少一米的"燃烧区"，四周散落着大量石器和动物残骸。这些区域明显是连续数日或者数周的活动中心。

这不只是大小的问题。研究人员检查火塘内微小的碎骨遗存，发现不同的烧骨颜色和状态反映出燃烧强度的不同。有些火塘的燃烧温度不足 300 摄氏度，只是闷烧，有些火塘的燃烧温度超过了 750 摄氏度。有些温度较低的火塘样本看着很像民族志中的睡炕：占地小且靠近后墙，热量从石块反射出来，能让熟睡的尼安德特人感到温暖。

我们甚至能看出，个别火堆有时可以有多种用途。显微镜分析显示，罗曼尼遗址的一处浅坑火塘有时可以不受限制地燃烧，而另一些时候人们会压制火苗使氧气浓度更低。[1]

有些遗址偶尔也会留下特定火塘不同用途的线索。回头来看埃尔萨尔特遗址的 10 号探方，许多燃烧所用的枫木都已经腐烂。完全腐朽的木材，除枯木之外都不适合做燃料，除非你本身就想要浓烟。尼安德特人可能是特意选择枫木，依据就是火塘中发现了 200 多枚枫树种子的碎片，极有可能来自新鲜的树枝。严格说，枫树种子确实可以食用，但燃烧枝叶肯定会产生大量浓烟，倒是很适合加工贮藏兽皮。

到目前为止，我们只是想到尼安德特人在特定地点用火，但还有另一种可能性。许多狩猎采集者在自然景观中会将火当作一种特殊工具，有时用于交流，有时大规模使用。通过模拟野火，他们可以驱赶野兽，甚至管理环境，因为焚烧草木能促进植被生长，吸引食草动物到来。

伊姆间冰期居住在森林里的尼安德特人或许能提供线索，这也正是我们期望看到此类行为的时期。在诺伊马克诺德遗址，当各种石器在沉积物中变得明显时，10 倍于背景值的木炭颗粒中出现了一个尖状物。花粉遗存也揭示出当地生长着许多喜欢阳光的物种，比如黑刺李和榛树；这意味着森林通过某种方式变成了开阔地。是野火创造了吸引尼安德特人的自然景观，还是他们先引燃火堆呢？具体如何很难判断，但是两者之间明显存在关联，因为这种模式持续了两三千年。当他们的考古遗迹消失后，森林又开始

---

1 这个火塘除了这一点不同寻常，还包含不吻合当地岩石特点的沉积物颗粒。

卷土重来。

燃烧时间

火塘揭示的信息不止于此。史前史学家希望获得清晰度最高的组合，而这通常会碰到地层包含大量火塘的问题，比如罗曼尼遗址的 O 层就出土了 60 个火塘。尼安德特人每次不只点燃一个火塘吗？又或者它们反映了不同阶段的融合？这并非抽象思维，因为在我们对尼安德特人的认知中，最大的不确定因素之一就是他们的群体规模，而同时出现多个火塘意味着群体规模较大。

地层学是探寻答案的关键：如果这些火塘是垂直叠压的，那就明显是在不同时期使用。但是，如果它们看着大致处于相同水平，只不过呈水平展开，那问题就比较麻烦了。解决办法是分析周围遗存的分布，寻找不同火塘之间的联系，特别是双向联系。如果有许多物件前后移动，那就能充分证明这些火塘在同一时期发挥作用。

近 10 年来研究人员一直在细致研究，并设法剖析原本极难辨认的多重历史信息叠压的情况。埃尔萨尔特遗址 10 号探方的面积只有 35 平方米，深度只有 50 厘米，却包含 80 多个火塘。[1] 研究人员对叠压的火塘遗存进行了对比和拼合分析，从中分割出 8 个不同的阶段，每个阶段的沉积物厚度只有 1.5 厘米左右。研究人

1　挖掘区域的面积不到整个遗址的 15%，所以这可能是火塘的最小数量。

　　　　　　　　　　　　　　　　　血缘

员在综合考虑沉积速率后，能在惊人的程度上重建这一地层的历史循环。尼安德特人在埃尔萨尔特遗址至多生活了几代，完全放弃数百年后，又返回这里。这些火塘以数字化形式悬浮在遗址上方，忽明忽暗，犹如缓慢的心跳，一千多年间随着尼安德特人的来去而脉动。

火塘分布间隔较大的区域要确定层序就更加困难。但通过拼合分析技术将人工制品还原到单个石料，也就是所谓的原料最小单元（raw material units），仍然有可能确认单个石器的打制时期。通过绘制火塘的空间分布图，研究人员可以看到，许多原料最小单元聚拢在特定的火塘周围，而且似乎并未将火塘联系起来。每个火塘看着确实出自不同的居住期。

这种拆解分析甚至还能更加深入。所有原料最小单元和其他孤立的人工制品（在其他地方制造并遗弃在这里的工具，或者是显示某件人工制品曾被运输过来、修理然后丢弃的小石片）相结合，就能推断出每个火塘可能发生的最大"事件"数。研究人员出于谨慎考虑，会把每个打制程序和单个工具算作单独事件，但这肯定过高估计了数量。事实上，一个尼安德特人很可能打制的不只是一个石块（形成多个原料最小单元），而且可能会留下一两件磨钝的工具。此外他们不可能是单独迁移，所以综合来说，这意味着就算每个火塘的平均事件数超过100，这仍旧有可能只是少数尼安德特人数天的活动量。

在埃尔萨尔特遗址的10号探方，有些火塘的事件数极低，可能代表单次短暂停留的遗存。举例来说，一处火塘除了33块动物骸骨，还涉及 43 件人工制品，其中包括 8 个原料最小单元打制套件、2 件从外地引入的工具和 11 块随身携带的石核剥片。目前分辨率最高的尼安德特人遗址是埃尔萨尔特遗址西南不足 5 公里的另一处岩棚。帕斯特岩棚遗址于 2005 年开始挖掘，目前 60 平方米已经全部挖掘完毕，研究人员可以确定没有遗漏任何火塘。第四层只有 70 厘米深，至少包含四个亚层，不只涉及一个居住阶段。最关键的是，有些阶段的细微组合聚集在单个火塘周围：4c-1 层出土的动物骸骨碎片（95 块）甚至比石器数量（22 个）还多，石器只构成 6 个原料最小单元。这个特定阶段看起来就像几个尼安德特人在遗址短暂停留一晚，打制石器、进食，然后继续赶路后留下的痕迹。

我们最终不可能超越这个分辨率水平，可是针对帕斯特遗址的全面分析将完美重现尼安德特人在 9 万多年前的一个晚上所从事的活动，同时解开一个令人迷惑的难题，也就是多个火塘到底代表一次还是多次停留。研究人员利用原料最小单元和立体绘图技术，对帕斯特遗址包含多个火塘的地层进行详细分析，结果发现这些地层由许多独立的居住阶段构成，每个居住阶段有一个火塘。这强烈暗示，只有极少数尼安德特人群体曾在这里短暂停留。

但是这里有一个例外。帕斯特遗址最下面的地层 4d-1 层包含四个居住阶段，每个阶段有一个火塘。有个阶段包含更多人工制品、原料最小单元和拼合层序。从理论上说，这可能是一次时间超长的居住期造成的，但是不计其数的石器与更多的动物骸骨或屠

214

宰痕迹并不匹配，所以更可能的情况是许多尼安德特人围坐在火塘周围，但是只停留了一个晚上左右。

房屋设计

无论从时间还是空间来看，火塘都是我们理解尼安德特人利用遗址方式的重要基点。它们是尼安德特人日常活动的中心，而日常活动主要表现为制造人工制品。从演化角度讲，火塘象征着一个重要起点，标志着统一空间管理模式的出现。

毫无疑问，有些是出于实际情况的考虑：狭小不便的空间会限制可选择的模式，而埃尔锡德隆尼安德特人牙垢中的木烟提醒我们，吸入浓烟的危险普遍存在。任何人即便对呼吸系统疾病一无所知，只要有过在篝火周围眼泪横流的经历，就明白应该避免吸入浓烟。其他遗址的气流模型暗示了他们利用更宽敞居住空间的方式。罗曼尼遗址 N 层的分析结果显示，有些火塘散烟的位置很可能在尼安德特人睡觉的后方区域，所以这些火塘可能只是白天使用。

但是除此之外，尼安德特人真的存在我们理解的"用火区"吗？他们会因为文化传统而在相同位置重建火塘吗？要确认这点非常复杂。在曼德林洞穴，有些洞壁沉积的烟灰"档案"来自同一位置建造的一系列火塘，火塘通常位于住所的前部和中部，但具体可能还要视通风情况而定。在类似罗曼尼的其他遗址，尼安德特人会在用火间隙清理火塘，但这似乎发生在单个居住期。同样，火塘中石块的燃烧强度有变化——表现为颜色的差异，如果火塘有不同用途，这可能仍旧是在一次短暂停留期间形成的。

更确切的证据显示，多阶段的火塘来自薄薄的中间层，这标志着用火行为的中断，而且中断时间长到自然沉积物覆盖了旧的灰烬。这或许反映出尼安德特人在离开一段时间（可能不止一个季节）后重新回到罗曼尼遗址，并选择在熟悉的火塘区域重新生火。回到帕斯特岩棚遗址，中断时间或许更久。4b 层出土的 3 个火塘中，有一个火塘直接覆盖了数十年前古人类在上一居住阶段留下的红烧圆石。不管尼安德特人或者他们的祖先是否来过这里，这些烧石清晰可见，很明显这里还有旧的灰烬和木炭遗存。

尼安德特人围坐在有数代人历史的火塘边，这样的画面令人惊叹，也让人想到惯常行为是如何在特定"位置"上固定下来。许多保存格外完好的遗址内，也有一些极易破坏的痕迹能表明他们划分生活空间的方式。这意味着从个人和群体层面说，[1]他们早就形成了在"正确"区域完成特定活动的概念。大型遗址从理论上说能容纳较大的群体，而居住的时间越长，他们就越可能对生活空间进行划分。但是探索尼安德特人的空间利用方式再次面临一个问题，那就是要证明遗址内的不同区域同时在发挥功能。

一个最佳的研究案例就是罗曼尼遗址，但即便使用原料最小单元方法，研究人员也只能确定时间较短的居住阶段，而同一阶段并存的火塘根本无法有效区分。此外，拼合分析显示不同火塘和

---

1 个人可以做出选择，但是出现大规模空间模式，则需要很多人。

活动区域之间只是单向联系，而且通常集中在地层顶部。这意味着它们可能是后期尼安德特人循环利用旧人工制品和使用石器时移动过的物品，举例来说，整个 J 层出土的 60 个火塘，未必不是60 次短暂停留期间建造的。但是，循环利用又旧又枯干的动物碎骨几乎毫无意义，而且相对其他人工制品，这些碎骨的移动显得截然不同。拼合分析结果显示，石器通常被带到洞内靠近后墙的火塘附近，而动物的骸骨碎片几乎全都扔在侧面或者扔到外面超过屋顶线的区域。很明显，尼安德特人会根据材料划分不同区域，用于完成特定任务。

研究人员对年代更久远的 Ob 层进行了全方位的拼合分析，将干巴巴的科学描述翻译过来，研究结果就像一张地图铺展开来，能让你想象 5.5 万年前尼安德特人刚离开遗址时，曙光洒落在他们住所的情景。你背靠山洞的后壁向下俯视，双脚周围散落着许多牙齿、颌骨和疑似头骨的碎片。用来加工处理鹿、马和原牛的石锤与石砧仍旧搁在地上。就在你的正前方，大型营火燃起股股浓烟，带着远古的意味：篝火的燃料是深度燃烧的屠宰废料，明显是多次利用。

当太阳在你的右侧升起，一个由数千件石器和碎骨组成的圆形沉积物赫然在目：这是屠宰最后阶段留下的废料碎片，再加上更多的石锤。油腻味说明这里曾被用来烹饪食物，地面的踩踏痕迹说明有很多人从这里走过，他们疲惫不堪地盘腿而坐；在孩子们用木棍戳地的地方，许多小片碎骨被压入下面的沉积物中。再看一下岩棚的边缘：地面相对比较干净，但这里仍旧有不少事情发生。

岩棚西侧有一只猫科动物鲜血淋漓的尸骨，它是前一晚被人从树上拖下来的。

如此详细地呈现尼安德特人分割空间的方式，感觉不可思议，但这只是开始。Ob 层的拼合分析结果也揭示了不同区域之间的复杂联系，不过其意义仍旧耐人寻味。新鲜骨头和石器的打制整修从岩棚后部转移到紧密相邻的区域，还有人曾带着一颗刚敲下来的原牛牙齿穿过遗址。即便保守估计，沉积物的堆积模式也表明这里至少有两个区域在同时发挥作用。

基于动物种属的跟踪研究尤其具有启发性。原牛和野马的骸骨似乎仅出现在洞穴的内部区域，但是所处位置稍有不同，另外它们牙齿上的微痕表明它们不是在一年中同一个时期被猎杀的。原牛看来整个季节连续数周或数月都是猎杀对象，而对野马的猎杀只持续了很短的时间，也许只有一周左右。鉴于 Ob 层至少有两个阶段肯定有尼安德特人停留，这两种狩猎模式是否交叉，或者如何进行都不太清楚。但是如果狩猎者一下子带回一堆野马，也许就能解释野马的骸骨为何没有和原牛的骸骨均匀混杂在一起了。

最大的可能性是狩猎原牛和野马的策略不同。原牛习惯以小型群体形式生活，而且不会迁徙，而野马可能会季节性地大规模成群出现。狩猎这些动物的会不会是同一群尼安德特人，只不过他们是在狩猎季的不同时期来到罗曼尼遗址？确实存在这种可能性，线索就来自遗址后方公用的粉碎猎物头骨的角落和烧骨用的火塘。虽然这些遗存明显是长期堆积的结果，但所有动物骸骨都要在这里加工的事实令人吃惊；而且，野马的头骨碎片与原牛的头骨碎片并未出现在同一位置，反而与马鹿的头骨碎片混在一起。岩棚内部看来确实有用于特定屠宰阶段的区域，甚至可以预料到有专门从事这项工作的人。

在罗曼尼遗址，最常见的猎物骸骨不是野马或原牛，而是鹿，它们讲述的是另一个故事。鹿的骸骨随处可见，有时小片区域内甚至没有其他动物的骸骨，而且来自各个季节的都有。虽然尼安德特人为了获取骨髓几乎粉碎了所有动物的骸骨，但研究人员仍旧能够确定出自动物的哪些部位。他们辨认出，在岩棚外东侧的骨堆中有一头成年雄鹿的部分骸骨。但是与同样引人注目的野猫不同，这头雄鹿左右不对称的现象十分奇怪，除了鹿角和部分头骨外就只有右半身的骨头。

这是怎么回事？罗曼尼遗址的猎物总体来说都遵循尼安德特人典型的狩猎模式，带回营地的只是营养最丰富的部位，主要是四肢和头部。只剩一半的雄鹿明显有些不同寻常，其他部位还在，更别说还紧挨在一起。有一种可能是狩猎者在住所附近侥幸猎杀了一头雄鹿，随即将骸骨一分为二，另一半要么丢弃了，要么带去了其他地方。又或者雄鹿的尸骸被完整带回屠宰，并且可能在洞外烹煮，然后左半部分被带到洞内火塘的碎骨"工厂"。在考古学上，这是不会留下遗存的。那他们为何留下雄鹿的右半部分呢？这就像野猫的骸骨一样，可能是放弃遗址前的最后一次狩猎，他们只是不需要那些肉了。

不管真相如何，这只雄鹿的骸骨都很特别，表明生活在这里的尼安德特人拥有屠宰体系。这套体系分为连续的多个阶段，而且不仅发生在自然环境的不同地方，也发生在遗址内部。这种复杂的实践活动也暗示他们会分工协作并共享食物。值得注意的是，有迹象显示，原牛尸骸也会被分割。研究人员确认，在洞内遗存最丰富的区域，许多骨头来自4头原牛的右半部分。而另一片区域的情况截然相反，所有可鉴定的原牛碎骨都来自左半部分。鹿和原牛更有可能是被单独宰杀的，[1]所以他们在不同群体间分配猎物的说法或许能说得通，他们可能按亲属关系形成的子单元，比如家庭来分配。

但是奇怪的是，这些野马的骸骨并未呈现出类似模式，反而广泛分布于遗址的整个后部区域。如果马群是季节性地同时遭到猎杀（虽然不一定在同一年），那么可以预测食物肯定会过剩，而这意味着有更多动物可供分配，整具尸骸会由不同家庭加工处理。

这些当然只是推测，但是从尼安德特人的其他活动来看是完全可信的。虽然屠宰模式并不完全相同，但其他遗址的遗存证实，分隔活动空间用于处理猎物尸骸并非罗曼尼遗址的专利，也不仅局限于大型哺乳动物。通过细致测绘富马尼洞穴遗址的鸟类遗存，人们发现尼安德特人会利用工具和双手屠宰松鸡与山鸦，可能对它们进行烹饪，然后把躯干大部分部位丢弃在中央的垃圾堆。但这两种鸟类的翅膀遭遇了不同情况，有些被整体切除，有些被肢解、剥皮和切割，可能是为了获得肌腱和羽毛，但所有翅膀废料与其他鸟类垃圾分开，靠东墙放置。这种划分空间处理不同任务的

1　原牛喜欢生活在林地中，而且据说以家庭群体而不是大型群体的形式生活。

血缘

典型模式说明，不同个体同时进行不同的屠宰工序，产生各自的垃圾堆。不仅如此，在同一地层的时间跨度内，他们会多次重复这一屠宰活动。

从微型到中型

重建尼安德特人运输物体和组织空间（基本上是住所）的细节绝对非比寻常。但是借助最先进的考古技术，研究人员能够更深入透彻地研究高分辨率遗址，同时探索罗曼尼遗址的尼安德特人如何将生活习惯融入自然环境。随着时间的推移，从事日常工作的个体会反复踩踏地面沉积物，将它们压缩到只有几毫米厚的微地层。针对微地层的分析技术被称为微形态研究，利用切成超薄切片的树脂固化样本，然后在类似地质彩色玻璃的镜头下照亮观察。基于与后来的史前遗址和实验项目的对比，从切片内部细微结构就能剖析尼安德特人的火塘和地面的情况。

研究人员将这项技术与有关火塘和活动区域的空间数据相结合，就能发现罗曼尼岩棚遗址呈现出的地面多样性与新石器时代房屋内部的情况相同。踩踏层很常见，但并非普遍分布于整个遗址表面。从人工制品分布丰富的区域采集的微形态样本显示制品使用频率较高，反之亦然。这意味着尼安德特人利用空间的方式从长期来看始终未变。我们甚至能看到，自然构造（比如大型石笋）和人造景观（包括石灰岩阵）似乎成为界定"清洁区"和"混乱区"的分界线。

微形态研究结果也已经证明，尼安德特人不仅不邋遢，反而会定期清理垃圾。罗曼尼遗址的部分火塘样本显示出在不同温度下燃烧留下的碎骨和石器碎片的混合物。它们极有可能是从火塘内部和周围清扫出来，然后倾倒至远处的。其他垃圾样本也很特别，其中包含大量未燃烧物质、碎骨和动物脂肪，以及粪化石碎片（物种不明）。这些遗存与特定火塘周围的沉积物相吻合，而且可能反映出尼安德特人在清理特别凌乱的屠宰废料。最有趣的是，这种清洁行为很有条理：有些垃圾区覆盖多层，明确说明该区域曾反复利用。

　　以穴居自豪的尼安德特人并不仅局限于罗曼尼岩棚。拉克尼斯遗址是希腊南部一座坍塌的洞穴，定年在距今40万到8万年前。它的胶结遗迹如今位于波光粼粼的地中海之上，堪称风景最美的挖掘遗址。针对该遗址的微形态研究也发现了垃圾区，而且看起来尼安德特人是有意焚烧屠宰废料和食物残渣。与此同时，研究人员辨认出了埃尔萨尔特洞穴遗址外面的灰烬堆，因为灰烬中包含黄杨木，这种木材只在两三个火塘中当作燃料使用。

　　尼安德特人做家务的最惊人证据来自以色列的基巴拉洞穴。该遗址的深厚地层序列不仅出土了相互叠压的火塘，也出土了大型废物堆。紧靠洞穴后壁的是从火塘中把出的、长期堆积而成的巨大灰烬堆。研究人员对火塘四周明显光洁的地面进行微形态分析，从中发现了大量微小的骨头碎片，由此证实屠宰活动一直在进行，但大的屠宰废料都被扔在灰烬堆旁边的大型废物堆里。

　　基巴拉洞穴的中心区域还有另一个真正独一无二的发现。这里挖掘出 3 个呈圆形分布、密实叠压的动物残骸堆，遗存最丰富、最大的一堆直径大约 1 米，其中包含 3000 多块骨头和成千上万块较小的碎片，全都埋在一大堆淡黄色的块状碎骨里。碎骨堆周围奇怪的棕色沉积物似乎是受到了某种有机物的污染。

这些东西是如何形成的呢？数百年来，尼安德特人似乎一直把屠宰和餐厨垃圾扔在完全相同的地方，然而这些圆形遗迹中的碎骨相比被扔在后部废料堆的遗存要小得多，而且来自骸骨中肉质较丰厚的部位。

这些奇特的圆形遗迹深度大约有 0.5 米，[1]可是凭借当时的挖掘技术，根本无法判断这些是坑洞，还是尼安德特人日积月累堆积而成的某种构造。这些棕色的污垢到底是何物质，至今仍旧无从确定，不过有可能是腐烂的动物内脏。

最后一个问题：尼安德特人如何处理自身的排泄物？我们已经提到过埃尔萨尔特遗址一处火塘内的古人类粪便，研究人员对此进行了细致入微的挖掘。他们利用真空软管对直径小至 1 毫米的沉积物进行筛选，由此梳理出火塘的微地层学。火塘下方的黑色燃烧物呈现出一个三阶段结构，其中小型石器与粪化石生物标志物更为密集地分布在顶部和底部。

看来尼安德特人到达遗址后首先生火，然后扫地并焚烧垃圾，其中包括混杂着动物粪便和植物材料的前人粪便。这感觉就像搬进新居时的“深度清洁”，但罗曼尼遗址也有证据显示人体排

---

1 这次考古挖掘并没有到达底部，所以具体深度不得而知。

泄物经常与草——也可能是苔藓，最有可能是旧的垫草——一起焚烧。

各种陈设

"寝具"一词并不代表四柱床，但没人喜欢躺在硬邦邦的石头上。如今有越来越多的证据显示，尼安德特人不仅对任务区域非常挑剔，也很在意家居空间的内部陈设。在西班牙的埃尔艾斯奎勒（El Esquilleu）遗址，火塘边的沉积物包含许多完整的植物化石（植物，尤其是草）的显微矿物碎片，它们由二氧化硅构成，所以具有抗腐蚀性。有些化石仍旧连在一起，可能是某种以叶片为基础的深厚垫状物的残留。埃尔萨尔特遗址的火塘内部和周围也发现了类似遗存，罗曼尼岩棚遗址则提供了更多证据支持。

尼安德特人在星空下睡觉时也渴望温暖舒适。大约 20 年前，法国普瓦捷北部的拉福利耶遗址挖掘出一处保存出奇完好的营地，定年在距今 8.4 万到 7.2 万年前。尼安德特人在河边居住，随后河水泛滥，在河岸留下数米深的细泥沙，对下面的沉积物形成了保护。考古地层只有 10 厘米厚，但横向扩展的范围超过 10 米，而且包含令人难以置信的细节。除了火塘和石器堆外，一拃厚的黑色物质经证实是腐烂的植物。考虑到厚度非同一般，又是在缺少人工制品区域的位置，最简单的解释就是这是他们睡觉的地方。

拉福利耶遗址还有更令人惊奇的发现。所有这些考古遗迹周围是一系列大致为圆形的小型斜坡式坑洞，且周围有石灰石垒砌。

它们包含有机物的痕迹并具有紧实的墙壁，是第一个明显的尼安德特人建筑范例。所有这些证据拼凑起来，展示出的情况是，他们向土壤中锤入巨大的木桩，然后用石块固定。我们甚至能看出木桩被拆除或腐烂后，所有石块稍微向内塌陷的情况。

这明显是人工建造的生活空间，既能提供庇护——大概是通过将兽皮绑在木桩上的方式——也能提供一个独立封闭的"家"。这个居住区的面积很大，似乎不可能搭建屋顶，但可能有一个主入口，表现为圆形结构上开出的一个口，邻近有一个火塘。最有趣的是，拼合分析显示许多人工制品在建筑结构内的不同区域间存在流动：即使在短暂停留期间，尼安德特人也会划分生活空间。打制石器的活动通常发生在住所外面和内部边缘周围，而中心区域似乎用来处理木材、植物和动物毛皮。就像在洞穴中一样，床的位置正对入口，背靠屏障，这是距离危险最远的地方。

拉福利耶遗址的考古发现并不是首次提出尼安德特人建造建筑的观点，但是鉴于没有现代的考古挖掘和分析，许多遗存仍旧令人持怀疑态度，比如圣布雷拉德牧区拉科特遗址堆积的猛犸象骸骨。但是其他最新发现将研究方向指向了尼安德特人的"家具"（勉强算是）。在法国巴黎以南大约 70 公里处，靠近奥尔姆森村庄，有一片露天遗址叫博萨茨。20 世纪 30 年代，当地人在犁地时无意中翻出了旧石器时代晚期智人的人工制品，但是这个情况直到 70 年后才报告，由此拉开了考古发掘的序幕。研究人员在智人文化层下发现了尼安德特人的遗存，定年在 5.3 万到 4.15 万年前。细密的沉积物覆盖层意味着打制碎片几乎就在先前掉落的位置堆积，遗存最丰富的区域出土了四个巨大的砂岩石块。它们肯定是从附近沉积物中运来的，而且最大的可能是用作操作台，换句话说，就是营地的桌子或椅子。

其他遗址也出土过用于摆放的石块或其他大型物体。在罗曼尼遗址，火塘周围都排列有石灰岩石块，有些充当了加工骨骼的石砧。Ob 层有一个石块位于居住区后部的碎骨操作区，在周围的沉积物中显得格外突出，这或许能解释这个区域为何被重复使用多次。

罗曼尼遗址其他地层的石灰华也保存了一大堆木头块形成的堆积物。有人解释说这是燃料储备，但考虑到火塘中的小树枝，这些木块更可能是建筑结构的遗存。N 层出土了整棵树干，Oa 层出土了一根又长又粗的木桩，表面的树枝和树皮都经过了仔细修整。这两块木头放置的形态都是一端朝向后壁，形成实用的支撑，方便在上面建造庇护所，同时在火塘侧面露出，可能还有一个柱孔：形状非常规则，呈现为矩形。

除了床铺外，微形态研究也表明尼安德特人并不总是蹲在冰冷的石头地面。在罗曼尼岩棚遗址，0.5 到 2 毫米厚的微层遗存与后期史前房屋中铺设垫子的地面完全吻合。此外，从下方沉积物的状态来看，应该是非渗透性材料，而不是编织的床垫：很可能是兽皮，有些样本中甚至有烧焦兽皮的细微残留物。

这些垫状样本来自火塘周围，包括基于燃烧的脂肪和骨头碎片判断出的烹饪区。出人意料的是，有些垫状物位于屠宰区的顶部，甚至是在废料沉积物的上方。

重复出现的一系列地面铺设材料和非原状沉积物（其中充满不同程度燃烧的植物遗存、木炭和骨头），说明尼安德特人在居住期间会使用铺垫，不同居住期之间会对地面进行清理，也可能是在居住伊始。此外也有关于他们长期习惯的证据，因为在 Ja 层和 Jb 层（代表至少数十年的时间）相同的区域，地面都有铺设材料。虽然植物铺垫可能是每次入住时新鲜采集的，但兽皮垫子肯定是搬运过来的，由此揭示出尼安德特人在不同遗址间迁徙时会携带一些家居用品。

❋　　❋　　❋

有人认为尼安德特人对空间的利用与鬣狗相差无几，都是轻率或随意的，但这些观点明显已经过时。恰恰相反，尼安德特人对空间布局非常熟悉，是最早有意识地创造出复杂的空间分隔的古人类之一。火塘是始终不变的中心，不管是尼安德特人的活动，还是考古学家的研究，都围绕火塘展开。它们点燃了我们的集体想象力，召唤并照亮了四周的暗影幽灵。火是能实现时间旅行的人工制品：点燃后能持续燃烧数天甚至数周时间。篝火熄灭，它们深埋于地下，却承载着曾经在其周围活动的远古人类的记忆。它们的燃烧次序标志出古人类居住和离开的时间，有时甚至会穿越时空：当遗址被废弃时，残留的树枝还在闷燃，未燃尽的末端伸出，就好像古人类才刚离开一样。

长期以来火塘就像不同语言间唯一一个通用词：很容易被人

注意和理解，却也饱受成千上万遗物的复杂干扰。今天，研究人员完全有可能破译有关尼安德特人住所的更广泛的材料记录。我们注意到他们具有划分功能区的长期传统，有固定设施，甚至有舒适的家具。所有这些让我们回到一个问题：特定遗址的居住者是谁？他们居住了多长时间？如果尼安德特人通过分解和聚集的方式安排物质世界（从单独的打制程序到整个遗址的包含物），那对他们来说，社会群体的分散聚合也合乎情理。但内部的作用机制与尼安德特人基本的生计模式、技术体系和迁移活动是紧密交织的。要真正了解尼安德特人的世界体系，现在我们必须从自然场景尺度着眼。

　　　　　　　　　　　　　　　　　　　　　　血缘

第十章　走进大陆

　　他被温柔的低语唤醒。落日西沉，只剩燧石般的黑云零星点缀在空中。暮色渐浓，跃动的火光很快消失在大草原上。他在祖母腿上眨动眼睛，伸个懒腰，然后坐了起来。祖母和其他人都面向西面遥远的天际，那里仍旧闪耀着落日的余晖。今年，鹿群还没有穿越那条经常翻腾着泥浆的河流，所以他们早已等待多日，直到有些狩猎者动身到更远的河流上游寻找猎物。胃肠早已不再哀鸣，而是缩成了空洞。

　　随后他听到了声音："噢……"

　　狩猎者归来代表着肉食和脂肪。想到浓郁的肉香味和外皮烧焦的鹿角酥脆的口感，他就忍不住口水直流。他在来回穿梭的长腿间爬行，内心充满了期待，与此同时众人准备起来。祖母大声呼喊，较大的孩子们勇敢地冲进黑暗去迎接归来的狩猎者，而他仍旧留在明亮的火光附近——长有尖牙利齿的捕食者总是会跟踪猎物——可是当众人将未处理的鹿扛回来时，他开始欢欣雀跃，呼出的气体因为寒冷形成一圈水雾。不管天气如何寒冷，今夜所有人都将饱餐一顿，温暖入眠。

根据我们掌握的个别遗址精彩而又鲜为人知的细节，尼安德特人基本上是游牧民族。陆地就是他们的世界，而四处迁移就是他们的生活。这就像他们的许多活动一样，绝非随意之举。各地遗址不只是他们的目的地，也是交会处，是绵延数百千米的庞大活动网络的节点。尽管如此，狩猎地点是转瞬即逝的遗迹，那些血迹斑斑、沾满毛发的泥浆，通过被带回进行深入处理的动物残骸与他们生活的洞穴或者岩棚紧密联系起来。尼安德特人去过的所有地点，都与其行为活动和运输的东西有关。他们翻越山脊和森林，留下珠串般的路线，而每个新点燃的火塘就是其中一颗闪亮的珍珠。

我们要想理解事物核心的相互关联，就必须像火炉里升腾的浓烟一样，跳出界外从高处俯瞰。虽然他们生活的中心指向居住空间，但他们通过各种构成材料与更广阔的世界建立联系。研究人员将火塘燃料与重建的史前生态系统进行对比，就能从当地的场景尺度确定木柴的来源。埃尔萨尔特遗址出土的火塘定年为距今大约5.5万年，所有木柴种类都来自徒步两三个小时的范围内。由此，细微的木炭污迹带领我们向外扩展，跟随尼安德特人大步穿越森林，爬上远离住所的山脊。绘制更远处其他事物和地点的错综关系虽然相当复杂，却能让我们真正了解尼安德特人的生活环境。

迁移方式

尼安德特人现存的后裔大都已经忘记迁移的真正含义，也就是在不同遗址间的季节性迁移，而且是步行跋涉。从某种程度来说，水和石头是可靠稳定的资源，但植物和动物较容易发生变化，尼安德特人的生存主要取决于这些资源的可获得性。就现代的狩猎采集者说，在某地长期定居（或者只是小范围迁移）的情况非常罕见，因为除了热带地区，其他地区的环境资源大都不太富足。在高纬度地区，只有在某些特定环境下，比如当地有意料中的优质食物资源，要么全年都很富足，要么可以储存时，流动性才会减弱。[1]

考古记录显示，尼安德特人不管生活在哪里都专注于狩猎大型动物，但条件允许时也会食用小型猎物、海鲜和植物。这意味着不管是在寒冷的草原—冻原，还是温暖宜人的森林地带，他们每年仍旧需要多次迁移。但是自然环境的多样性意味着他们迁移的次数和距离会有所变化。根据我们对现代狩猎采集群体的观察，地势开阔、气候寒冷的环境要求人们保持较强的流动性，在广阔范围内系统化迁移。即使落叶林中通常不需要长距离迁移，但是长期在某地定居也不容易，因为寻找大型动物会更加困难，其他资源也会很快消耗殆尽。

但迁移不光是为了食物。流动性就像一曲围绕生计和技术永恒舞动的华尔兹。尼安德特人寻找石料并选择打制模式，都是在设法满足自身的需求，而这会促进迁移活动。但事实上迁移的作

1　太平洋西北海岸出现的鲑鱼洄游现象是一个众所周知的范例。它使无数原住民部落，特别是海岸萨利什人，能够半永久地生活在巨大的原木住宅和村庄里。

用机制极其复杂。即使现在有高精度的定年法，研究人员也无法确定特定区域内任何两处遗址是否曾在同一时期被一个尼安德特人群体使用。这和采用微形态技术确定同一地层的火塘是否来自同一时期截然不同。相反，考古学家必须改变视角，从个体和群体的重复性选择如何发展成涉及众多遗址的长期模式出发，考虑不同类型的问题。

但是在深入研究细节之前，有一点至为关键，那就是要明白研究尼安德特人流动性的重要性。流动性研究就像技术分析一样，能让我们了解他们大脑的运作模式，为证明他们的认知能力和认知水平寻找证据。如果尼安德特人能事先制订计划并对迁移目的地设置日程安排，那就意味着他们可以想象未来，而且有足够的智力水平，可以在数天、数周甚至数月内坚持原来的目标。

复杂的流动体系固然重要，但迁移距离是另一个关键因素。如果群体迁移距离较远，那么令人震撼的不只是他们要制订复杂计划，还有更大的活动范围。正如我们下文要探讨的，领地大小会影响尼安德特社会的联系方式。

数十年来的研究结果显示，尼安德特人会习惯性地在不同地点从事不同活动。每当发现新的石料来源或者剖开热气腾腾的猎物身体时，他们并不会建立新的营地。最初打制石器的地点，也就是发现、测试和预制石料的地点，与狩猎动物的遗址都清晰可辨，正是因为这些地方缺少后期阶段的石器产品和猎物肉质最丰富的部位。

我们首先来看看屠宰是如何"碎片化"分布于场景中的。这

血缘

种屠宰模式在舍宁根等遗址表现明显，而且持续了数十万年。法国东南部的奎斯克斯遗址距今大约 5.5 万年，这里的岩石峭壁上保存着系统化屠宰的记录。对大型猎物来说，保留下来的是脂肪最少或肉质最少的部位，例如马的髋部和骨节依然相连的脊柱、披毛犀的颌骨和猛犸象的牙齿。对小型动物来说，头部和所有肉块也都不见了。

那优质部分都到哪儿去了呢？我们在许多地区都能发现一个过渡型遗址，基本上就是狩猎营地，也就是尼安德特人深入加工部分猎物残骸或精选肉块的地方。有些狩猎营地，像普拉代莱遗址，会得到反复利用，这说明它们与尼安德特人多次返回的特定狩猎地点有关，就像舍宁根和奎斯克斯遗址。

不管是直接来自猎杀地点还是狩猎营地，食物的最终目的地，我们都可以视之为"中心居址"，更通俗地说就是家。这包括许多像罗曼尼岩棚这样的大型遗址。第三阶段的密集屠宰加工活动，包括碎骨取髓和烹饪工作都在这里进行，另外这里也是吃饭睡觉的地方。丰富的考古学发现，结合遵循特殊活动模式利用不同空间区域的做法，有力地证明尼安德特人每次在这里停留的时间不止一天。

尼安德特人的居所概念是否符合我们区分的"狩猎地点"和"中心居址"范畴呢？很显然，他们遵循传统的行为方式，这种重复行为创造了我们在遗址内部和不同的自然场所之间都能看到的空间模式。但是除此以外，尼安德特人除了考虑下一顿饭，对生活还有更多的规划吗？世界各地的现代狩猎采集者都会根据食物资源的季节性变化，比如牧群的到来，进行适应性调整，并计划在正确的时间到达特定地点捕猎。那尼安德特人有冬季和夏季营地吗？又或者他们像居无定所的原始人一样过着流浪生活？

在回答这个问题前，我们首先要弄清楚事物之间的联系。正如上一章所说，我们虽然有高分辨率的考古技术，却没有证据证明他们在某处遗址连续居住数月。有些像罗曼尼岩棚这样的遗址利用率确实较高，每次持续时间肯定有几天甚至更久，而且居住的可能是规模较大的群体。但即使是在拉福利耶这样有明确活动分区的大型露天遗址，尼安德特人明显也没有居住数月时间。居住时间极短的典型代表是帕斯特遗址，尼安德特人在这里停留的时间非常短暂，而且每次到访的只有寥寥数人。

正是这些短期停留的遗址提供了季节性迁移模式的线索。另一个案例来自西班牙东北部特谢内雷斯洞穴的第 3 地层。该地层的定年在距今 5.1 万到 4 万年前，包含尼安德特人短暂停留的多个居住期，其中间杂着食肉动物进驻洞中的证据。最有意思的是，猎物种类呈现出不同的季节模式。一年中狩猎鹿的时间在不同亚层存在差异，但狩猎野马的时间通常集中在春末夏初。

特谢内雷斯洞穴的这个模式与西南部大约 150 公里外罗曼尼岩棚遗址的情况存在惊人的相似性，由此可见在伊比利亚东北部的这个地区，尼安德特人经常迁移，猎杀全年都能找到的鹿。但是野马狩猎季非常短暂，在罗曼尼遗址具体的狩猎时间无从确定，但是在特谢内雷斯洞穴，多亏了捕食者留下的鸟类骨头组合，研究人员能细微调整到具体季节。山鸦和喜鹊的遗存显示出一种独特的骨头状况，而这是在产卵之前形成的，仲春时节之前不可能发生。另外周围环境中没有古人类活动的情况，鸟类的尸骸只可能是由食肉动物带进洞穴的。综上所述，狩猎野马很可能是在春末到夏季，正好与马群繁殖的时间吻合，此时它们很容易分心，极易受到攻击。

特谢内雷斯遗址还有一个有趣之处：这里出土的石器和火塘数量远远少于罗曼尼岩棚，但动物遗存却多于后者，其中野马的骸骨比例更高。它们被带进洞穴时虽然都已肢解成肉块，但总体来看，特谢内雷斯遗址的动物遗存并未受到像罗曼尼遗址那样的高强度碎骨处理，而且遗址间的对比显示，特谢内雷斯遗址也有少量兔子。

特谢内雷斯遗址明显不同于居所遗址，较小的群体可能在此进行更短暂的停留。它有时甚至更像一个狩猎营地，而不是肉食、骨髓和脂肪的最终聚集地。但是，它与帕斯特和埃尔萨尔特这类短暂停留遗址又有明显不同，看着确实像是极少数尼安德特人群体最多停留几晚的地方。

在帕斯特遗址的沉积地层中，第4层的发现令人惊叹，因为明显能看出这里主要狩猎的对象是乌龟，也从当地捕获了少量羱羊。不过除了乌龟和羱羊外，随同出土的还有罕见的鹿、野马和原牛的骸骨，主要是腿骨碎片和奇怪的头骨。很可能就像迁移时携带石器一样，尼安德特人也会带走其他资源：那些随意丢弃的骨头可能是从其他地方带来的食物残余。这种细微的线索在更大的组合中很容易被忽视。出土的石器也与之吻合。帕斯特遗址的所有原料最小单元看起来都很零碎：尼安德特人会丢弃旧工具，从石核上剥离少量石片，以便带着继续迁移，可能同时也带走了一些乌龟肉。

伊比利亚的这些遗址是整个尼安德特人世界的缩影：有些遗址是他们的短暂停留之所，有些是长期居住的家园，但所有这些指向了一个周而复始的迁移活动。对终日都要艰难跋涉的尼安德特人来说，迁移才是永恒的信仰，目的地并不重要。

那些居住时长能测量的遗址，时间跨越数百年。这些山洞和岩棚里曾有数代人遵循相同的惯例和传统长大成年，而这些惯例传统通过火塘、废物堆和踩踏变硬的地面，早已成为遗址的组成部分。随后情况发生改变，在长达千年甚至更长的时间里，没有人再到这些遗址居住：要么是群体迁移到了完全不同的地区，要么是种群本身的规模缩减。值得注意的是，最不像"家"的遗址——帕斯特洞穴，似乎空置的时间最长，这可能意味着迁入这个地区的古人类种群对当地的地形并不熟悉。

移动的石头

个别遗址就算进行跨地区类比，反映的也只是尼安德特人在当地景观中活动的冰山一角。要了解他们真正的流动范围，考古学家需要绘制出个体的活动图。最显而易见的方法就是追踪他们最丰富的资源——石头。探寻任何技术体系中的石器来源，至少一定程度上能反映出它们在原产地和遗址间真实的流动情况。

但是情况远远没有这么简单，正如史前史学家数十年来所了解的，地质学非常复杂。我们随口提到的"燧石"包括许多在远古时期由不同地质过程形成的硅质岩石。探寻数千个燧石来源并根据其结构、微体化石和化学特征进行检验和分类，无疑是很耗费时间和精力的事情。最重要的是，埋藏学上不同的排列组合导致石块在被尼安德特人拾起之前就已经发生改变。来自同一个"原生"露头的石块一旦从山脊滚落，沿着河流滚动并在砾石间受到侵蚀后，就会变得与原来截然不同：这些都是次生来源。

研究人员通过绘制燧石和其他种类岩石的来源，创建出巨大的石头"资料库"，由此就能将它们与石器制品直接对比，准确揭示出尼安德特人将这些石块带到特定遗址前曾经去过的地点。结果显示，就像运送动物尸骸一样，尼安德特人会在综合考量石料质量和运输距离的基础上遵循宽泛的规则。通常在方圆5到10公里的活动范围内，就有大量可用的石头类型，即使石料的质量一般。他们会在从事其他活动，比如狩猎期间收集这些石块，步行返回遗址不超过两三个小时。他们虽然也会使用这些劣质石料，但从来不会带到有优质石料的地区。

考古遗存中通常都会包含产地较远的石料，这让考古学家们非常兴奋，因为它直接将个别地点与更大范围内的不同遗址连接起来。这种石料的产地越远，由它制成的人工制品就越少，通常只有不到10%的石器选用60公里外遥远地区的原料。运输距离最远——超过300公里——的石料是最纯净的硅质岩石黑曜石，但即便是一般的燧石，有时也会运输100多公里。不过，要解读这些运输活动的意义仍旧困难重重。

如果单独考虑每个组合，你可能觉得尼安德特人会专程长途跋涉去寻找像样的石头。但其他证据显示，他们在每个遗址停留的时间都相对较短，所以从能耗角度可能说不通。

更可能的情况是，这些远源的物体只是尼安德特人在石料产地和其他遗址间活动时，随身携带的一系列工具的"幸存者"。该理论的事实依据是，优质石头鲜少在原始状态下直接运输用于打制原料。相反，正如我们在第六章所说，所有采用最远产地的石料制成的人工制品都是勒瓦娄哇型石片、两面器和经常修理的工具。同样，产地较远的罕见石核在被遗弃前早已经历多次打制。

很显然，在类似帕斯特这种高分辨率遗址，研究人员有可能真的发现迁移装备。在发现单一火塘、包含微小石器组合的居住阶段，极少数由遥远产地石料制成的人工制品，必定是曾经在此停留的一小群尼安德特人中某个人决定丢弃的。

对研究人员来说，虽然追踪单一石块的移动路线不太可能，但很显然尼安德特人并不是在遥远的石料产地和遗址之间直线往返。有时遗址仅能发现来自遥远产地优质石料的石片，尼安德特人在这里加工两面器或石制工具，然后将剥片遗弃在这里。某些情况下，就连石核也会运输很远的距离，超过40公里，随后继续打制和丢弃的过程。我们不知道这些物体在"退出"迁移循环前曾到过多少地方，但出土的二代产品源于100公里外的石料，说明它们到过三处以上的遗址可能都很正常。

有人认为尼安德特人因为鲜少大批运输优质石头，所以肯定

　　　　　　　　　　　　　　　　　　　血缘

缺乏良好的组织性。事实上他们确实只是偶尔这么做，因为很明显，总体上根本没这个必要。我们在晚些时候看到智人这么做，主要是因为他们过度注重石叶技术，而普通或劣质石头明显不适合制作石叶。

总体而言，我们所见到的尼安德特人符合现代狩猎采集者组织利用自然场景中石头的情况。个人迁移装备的选择要基于多种不同因素，比如预期的活动、迁移距离以及沿途可获得的石头类型。最后一点至为关键，因为它能更有力地证明尼安德特人对地质资源非常熟悉，而且能提前筹划。他们知道可以携带优质石核前往只有劣质石料的地区，反过来也知道从附近哪些地方能获得优质石料。[1]

在任何时候，尼安德特人都不是机器人。他们会根据地质情况调整具体方法：如果有必要，他们会带走一些中等质量的石头，偶尔甚至会长途跋涉直接将原石运往遗址。有时，之前在遗址的活动可能会改变他们的行为：随着罗曼尼遗址 J 层遗存日渐堆积，尼安德特人开始减少运入遗址的石块数量，因为他们可以循环利用上次居住期间留下的人工制品。

当我们进一步从宏观视角考察石器技术体系时，很显然尼安德特人在石头的运输上会根据情况改变做法。勒瓦娄哇或基纳等技术体系都专注于制造便于长期携带和修理的石片，而这些技术体系的石器组合中，原料来自遥远产地的人工制品占比更高。从技

---

1 有人甚至认为直到距今 3 万年左右狗被驯化之后，古人类才得以远距离运输大量原石。

术角度看，盘状石核技术体系的石器组合似乎制作更快捷，甚至可以用完即丢，很少用到 30 公里以外的石料。地质资源、技术体系与人群的流动性是紧密交织在一起的。

研究尼安德特人运输石头的行为，不仅证实他们能够计划或管理时间和自然资源，也具有其他意义。数十年来，研究人员一直把人工制品的运输距离看作衡量他们流动性的唯一指标，由此最终判断他们的活动范围。鉴于许多遗址的遗存都来自方圆 60 公里的范围，史前史学家提出尼安德特人的活动范围很小，基本上相当于英国什罗普郡的大小。

活动范围大小不只与地质资源有关，也与人的因素有关。如果尼安德特人的生活区域很小，可能只是横跨两座山谷，那他们就很少遇到其他群体。此外，如果没有广阔的领地和广泛的社会关系，理论上尼安德特人就不需要用物质来表达共有的文化价值，而共有文化价值对维持社会网络具有积极作用。

尼安德特人也常被拿来与旧石器时代晚期的早期智人相比。虽然早期智人的石器组合很大程度上也是就地取材，但更多人工制品的原料产地在 60 公里之外，运输距离比较远，可想而知，有人认为这反映出智人的活动领地更大，社会网络也更广泛。但是在深入对比数据并研究有关石料产地意义的假想后，我们得出了截然不同的结论。

首先，对习惯徒步的人来说，每日往返 60 公里自然没问题，因为遗址距离石料产地大都不超过 30 公里。但是人种学的数据显示，用石料产地的距离来代表尼安德特人的生活半径不太可能。

血缘

事实上，狩猎采集群体有少数人经常短途旅行，时间通常超过一天。正如我们看到的，尼安德特人遗址中那些采用远距离石料制成的人工制品，类型和状态都不符合我们预期中直接从产地带回石料的模式。

尼安德特人不可能局限在狭小的地理范围内活动，证据来自那些远距离运输的人工制品，其石料产地大都在 60 公里，甚至 100 多公里之外。通常来说，这些制品在每种石器组合中的数量很少，史前史学家很大程度上倾向于忽略不计，因为要弄清它们的意义难度很大。但是稀少并不代表就是异常现象，事实上在旧石器时代中早期就已经存在这种情况。从根本上说，这是我们掌握的有关尼安德特人真实迁移范围的最佳数据。

但是原料产地的距离对人群的流动性有何影响呢? 今天，最杰出的超级马拉松运动员一周内能跑完 1000 公里，甚至"普通"运动员在 24 小时内也能跑完将近 200 公里。[1]虽然尼安德特人的骨骼磨损情况显示他们的日常活动极其消耗体力，而且大步走的效率也远远高于我们，但长跑明显不是他们的强项。鉴于这点，再考虑到腿短导致他们的行进速度降低 10%，以及现实地形的影响，他们每天的行进距离应该不到 100 公里。

另外还要考虑整个群体内不同成员的行进速度，包括儿童和那些承担额外负重的人，不管是因为拖运物体还是单纯年老力衰，他们的行进速度都比较慢。另外，人工制品的原料来自 80 到 100

1　交替采用慢跑和快走的方式走完 1 公里平均需要 8 分钟。

公里外就无法直接溯源。此外，远距离运输的石料中确实存在巨型石块。举例来说，梅兹迈斯卡娅遗址出土的许多石器原料产地都在 100 公里以外，而黑曜石来自东南部大约 200 到 250 公里的区域，燧石则来自西北部大约 300 公里之外。这是原料产地最远的情况，但是在尼安德特人的世界，石头的运输距离超过 100 公里的情况很常见。

我们如何理解广袤的自然景观（超过伦敦至法国佩里戈尔勒穆斯捷岩棚一半的距离）对尼安德特人迁移方式的影响呢？我们绝不能想当然地认为石器组合中的每件物品都是同时代的产物，即便确实是，那也只能说明这些遗址是更大活动网络的交叉点，而走完整个网络需要数天时间。此外，任何特定的挖掘遗址也不可能正好处于他们领地的边缘。所以对携带人工制品的尼安德特人来说，300 千米的活动范围只是他们所熟悉的自然场景的一部分而已。

我们也要考虑到，如果许多长途运输的人工制品在到达特定遗址前已经被使用和修理过，即使最初只是一块大石片，那最后消耗光也用不了太长时间。石料要从产地运输数天到达最终的沉积地，大概有两种可能。尼安德特人会为了补充石料储备而拖运备用石料吗？如果是这样，我们应该能在中间距离，也就是将近 50 公里处，看到更多标志性的废料。中途能看到修理两面器和工具留下的石片，但距离通常都不远，而且如此远距离运输石核的情况极其罕见，更别说原石了。

另一种可能是，石料源自 100 到 300 公里以外的人工制品是尼安德特人远距离迁移并使用工具的物质表现。如此快速广泛的拖运活动明显驳斥了尼安德特人漫无目的四处流浪的观点，但如果尼安德特人是以定位明确的方式前往已知地点，那就说得通了。整个群体成员在承担巨大负重的情况下，要走这么远可能需要一周左右的时间。他们在特殊环境下会被迫做出这种决定：驯鹿迁徙的主要动机就是逃离夏季令人烦恼的蚊子。但是尼安德特人生活的环境范围广阔，我们应该能想到他们以各种方式迁移。

帕斯特遗址残留的极少量居住痕迹表明，偶尔会有少数人结伴迁移；而罗曼尼这些遗址的遗存则证明，运抵"家园"的肉食都是在其他地点猎杀的，有时还完成了部分预制处理。

综上所述，那些石料产地极远的人工制品很可能是一两个尼安德特人留下的，他们最辛苦，走得也最快，速度远远超出那些行动不便的成员，包括身怀六甲的孕妇、体弱者或蹒跚学步的儿童。群体以这种方式分开行动，或许有利于充分狩猎季节性的猎物，而且这与北美古印第安文化[1]的生活背景形成了有趣的类比。据说古印第安人从极远的地方搬运石器（有些移动距离超过了尼安德特人），狩猎群体在遥远的野牛狩猎地点附近用石器打制工具，然后将其与珍贵的肉食和脂肪一同带回营地。

根据尼安德特人表现出的相似行为，研究人员得出结论：他

---

1 North American Paleoindian，这是对北美最古老的考古遗迹的称呼。它可以追溯到距今 1.8 万年左右，但涵盖了许多文化。

们对广阔领地内的自然资源具有惊人的了解，并事先对何时去何地做好了计划。

社会性的石头

对石料产地较远的石器，科学界其实还有一种解释，但几乎从未有人认真考虑过，那就是交换。赠予和接受物品或资源，比如食物，是维持各类社会群体关系的重要途径。对于鲜少碰面、以小型种群形式生活的狩猎采集者来说，这一点尤为重要。就像我们在后面要讨论的，虽然有迹象显示部分尼安德特人会近亲繁殖，但情况并非总是如此。

当古人类高度适应居住区域周围的环境时，他们肯定也注意并遇到过其他群体。史前史学家长期以来始终认为不同群体间可能是对立关系，但并没有确凿证据能说明这一点。尼安德特人过着社会化的生活，他们合作获取食物并分享食物，所以与搬到其他群体居住的近亲——甚至陌生人——互赠物品的想法或许并不突兀。

所有关于社会网络和人群流动性的问题，都可以归结为尼安德特人组织其社会结构的方式。他们的总人口估计有数万人甚至更少。任何时候，尼安德特人的人口总数可能都少于伦敦最繁忙的地铁站克拉珀姆公园站每日的通勤人数。除了知道他们有时会分成更小的单位外，我们还能说出他们的哪些组织形式呢？

研究人员对现代的狩猎采集者进行研究后发现，他们在生活

血缘

和迁移中平均人数大约为 25 人。他们被称为游群（band），是流动的群体：有些人可能形影不离，还有一些在特定活动中会分开行动。有可能是狩猎小组，甚或只是两名成年人带着自己的孩子，在夏天独立居住生活。临时重组的原因可能很多，包括临产，或者只是探亲。

事实上，要从尼安德特人的考古记录中发现这类情况很难，但也并非不可能。大约 4 到 10 人围坐在一个火塘周围，彼此通常保持 1.5 到 2 米的间隔。所以像罗曼尼或者拉福利耶这类遗址出土的同时使用的活动区域、多个火塘，特别是多个垃圾堆，都表明群体成员的数量在 10 到 20 人之间，换句话说，就是典型的游群的规模。

我们在一处精心挖掘的遗址或许能看到最接近他们群像的情况。勒罗泽遗址位于今天法国的西北海岸，背靠一处悬崖和连绵沙丘，包含多个沙质沉积层。令人惊讶的是，距今大约 8 万年的一系列地层序列中保存下来成百上千的脚印。研究人员对遗存最丰富的阶段进行了仔细的对比分析，结果发现该处遗址至少居住过 4 个人，可能有 10 多个人。最令人着迷的是，群体成员都是青少年和儿童，最小的只有 2 岁。成年人的缺失让人很难想象这是一个完整的群体，相反，看起来更像是一群年轻人在海滩寻找食物。

在狩猎采集社会，不同群落之间的连接形式除了游群，还有更大的网络。成员之间通常存在血缘关系，但也存在其他类型的亲缘关系，专业的说法是氏族关系。同一氏族的不同游群之间通过偶然碰面和聚会（虽然并非在可预测环境下的正式聚会）保持联系。那么，那些跨流域或跨山脉分布的尼安德特人群体，有没有可能通过氏族结构联系在一起呢？到目前为止，所有大量出土同时期火塘和活动区域的遗址，都没有显示出大规模集会的证据。

但是并不排除尼安德特人聚集在同一个地方的情况。有些季节性事件甚至会将独居的捕食者暂时聚集到一起，就像灰熊聚集在河流沿线捕食逆流而上的太平洋鲑鱼。许多遗址证明尼安德特人可能参与了季节性狩猎并大量屠宰猎物，比如莫朗洞穴遗址的大量野牛骸骨，以及萨尔茨吉特遗址的驯鹿。在猎物过剩的情况下，狩猎竞争减少，这意味着个体间能进行社交，或许还能加入新的群体。同样，彼此陌生的群体间相遇也不会剑拔弩张。如果确实存在出于社会原因交换石器的行为，那么很可能，交换来的物品（可能采用陌生石料制成）也会随同猎物脂肪、肉食和骨髓一起从屠宰地带走。

当然这只是猜测，但事实上尼安德特人虽然零星散布在自然场景中，[1]但并非所有尼安德特人都是近亲繁殖，所以关键问题是他们如何保持遗传多样性。石器移动的模式证明，崎岖的地形并不会阻碍他们的活动；至少有些个体或者整个群体能够穿越水流湍急的河流——比如罗讷河——翻越类似法国中央高原和比利牛斯山脉等高山隘口。有些遗传隔离种群，比如伊比利亚的种群，生活的环境资源富足，不会因大型猎物群迁徙而被迫离开日常活动

---

1 对相似环境下狩猎采集群体的人口密度进行对比研究，发现他们的人口密度可能低于每平方千米一人。

血缘

范围。从根本上说，现在没有充分理由证实尼安德特人不喜欢陌生人，就像我们要在第十四章讨论的，他们很乐意与其他古人类建立亲密关系。如果事实的确如此，那么他们与陌生人的高原偶遇可能更像不期而遇的浪漫假日，而不是一年一度的夏季露营。但同样有趣的是，随着时间的推移，远距离物品交换变得日益普遍。在距今大约15万年之后，尼安德特人的生活方式发生了改变。但要确定变化原因，是现存的难题之一。

从石头到骨头

研究人员长期以来始终将石料的移动看作衡量尼安德特人流动性的唯一标准，但21世纪的分析技术开辟了另一条道路。越来越多的生物地球化学方法能够通过稳定同位素追踪尼安德特人个体的活动。迁移同位素能够揭示出个人之前居住地的相关信息，但是就像食谱分析一样，这记录的只是其生活历史的冰山一角。通过摄食和饮水进入古人类牙齿中的锶同位素，比值会因基岩不同而有所变化。[1]鉴于不同地区栖居着不同的游群，锶同位素的数据变化看着更像气压图，而不是精确的分布图。但是，研究人员通过将牙釉质中锶同位素比值与当地的地质环境进行对比，就可能发现在不同地质环境的区域间迁移的情况，有时对比结果让人大跌眼镜，比如埋在英国巨石阵附近的青铜时代的人，居然是在

1　或者通过母乳间接获得。

阿尔卑斯山脉长大的。

有关尼安德特人的研究目前倒是还未产生类似问题，但证据表明尼安德特人群体不会在单个山谷度过一生。希腊拉克尼斯遗址出土的成年人骸骨提供了第一个相关样本，这个人的童年是在将近 20 公里外的地方度过的。法国莫拉 - 古尔西洞穴定年在伊姆间冰期，此地出土的一颗牙齿提供了更加久远的测量数据，表明牙齿的主人是从南部至少 50 公里外的地方迁移而来，随同出土的石器也证实了这一点。

但是同位素分析法有其复杂性，而且测量结果或许未得到充分重视。因为牙釉质至少需要一年才能形成，而我们根据考古学研究了解到尼安德特人不会在某处遗址长期停留，所以他们在不同地质区域间迁移时可能会出现同位素"模糊"的现象。另外，如果尼安德特人食用的肉类中含有来自遥远地区的同位素标志，也可能使情况变得复杂。

要避免这些问题，同位素分析数据必须结合石器研究。在距今 25 万到 20 万年前，生活在罗讷河沿岸的尼安德特人不断返回佩勒岩棚。但随着时间的推移，他们的活动范围不断扩大，这座岩棚的地位也发生了变化。早些时候，他们会在佩勒岩棚停留较长时间，主要狩猎在不同时间出现在山谷中的野兽。石器大都来自约 30 公里以内，包括高原和丘陵地带。研究人员通过在微观尺度对氧和铅同位素进行分析，就能追踪一名尼安德特人的季节性迁移情况：他在佩勒岩棚死亡，但出生地可能是其他地方。

牙齿的同位素分析显示它的主人在春季降生，大约两个半月大就开始接触铅元素。这或许表明这个婴儿所在的群体在夏季迁移到自然环境中富含铅元素的地区。随后出现的铅元素比值高峰表明，这个群体在冬季婴儿满周岁前至少又迁移了一次。将近一年后，就在婴儿开始蹒跚学步时，出现了另一个持续两周多的铅元素比值极高的阶段，然后是持续 7 个月的中高水平阶段。如果这些铅同位素的测量值真能标记出迁移情况，那我们或许能看出他们的年度迁移范围至少覆盖两处遗址。最初这名婴儿必定是被父母抱在怀中，然后可能跟随父母沿着熟悉的路线蹒跚而行。

随着时间流逝，佩勒岩棚内遍布沉积物，居住使用频率大大降低，且主要集中在秋季。石器组合变得比较少见，其中更多是明显修理过的石器。研究人员对 200 多个原料产地进行详细分析，结果发现远源石器数量更多，种类也更多样。有些新的石料产地更远，最远可达 60 公里。这说明尼安德特人开始更加频繁地从河谷砾石中带回石块，包括穿越罗讷河。但是针对食谱的同位素分析结果显示，尼安德特人的重点狩猎场景开始改变，可能有越来越多的猎物种类来自山丘和高原，比如马鹿和塔尔羊（不过一片保存下来的鱼鳞显示有些食物来自山谷）。部分牙齿的锶同位素分析也暗示他们曾在高原地带停留，但针对一名儿童牙齿的氧和铅同位素分析结果提供了更多详细信息。

儿童在 3 岁左右牙齿长全，铅同位素比值明显达到高峰，但峰值直到儿童 5 岁左右才出现。另外季节已经改变：第一个峰值出现在早春时节，将近 18 个月后，也就是大概秋季的时候出现另一个峰值。这个儿童所在的群体似乎在按照另一种不同的时间表进行迁移，可能迁移更加频繁。而且，原料产地最远的石制品并非重度修理的工具，而是石片，这意味着移动距离可能也改变了。

另一种同位素——硫也可以作为食肉动物和猎物之间食谱对照的依据，而且可能揭示出有些尼安德特人的远距离迁移。最有趣的是，比利时两处距今大约 4 万年的遗址——斯庇遗址和戈耶洞穴的化石分析给出了截然不同的结果。斯庇遗址的尼安德特人主要狩猎附近物种，大都是猛犸象。但是在戈耶洞穴，硫同位素分析结果显示尼安德特人的食物与洞狮和狼（或者可能是狐狸）的样本高度匹配。大多数捕食者主要捕食当地物种，比如野马、披毛犀和野牛，而洞狮和狼明显与众不同。洞熊可能是洞狮的主要猎物之一，有时洞狮喜欢捕食洞熊。但是狼的食谱与洞狮也不相同，相反它们和尼安德特人一样，似乎一直在捕食驯鹿。

这种现象或许能用两种情况来解释。戈耶洞穴发现的驯鹿可能生活在更远的地方——最远可达 100 公里——但是在季节性迁徙时在当地遭到猎杀。又或者，是捕食者（包括尼安德特人）在迁移，在遥远的地方停留了足够长时间，使得硫同位素的含量在到达戈耶洞穴前发生改变。100 公里左右的距离虽然很容易让人联想到远距离石器运输，但遗憾的是戈耶洞穴挖掘时间较早，有关人工制品原料产地的数据无法获得。

生存环境

虽然同位素分析还无法提供尼安德特人迁移数百公里的充足

证据，但当我们说到石器，这些东西必然需要远距离运输，而且方式多种多样。石料只有两种可能的来源：要么是尼安德特人自身携带的人工制品，要么是与其他地区的古人类群体交换来的。不管哪种情况都会引发有关社会组织的诸多问题，并暗示答案必定涉及某种领地概念。就现代狩猎采集者而言，日常活动范围存在巨大差别，通常在 250 到 20 000 公里之间，这就相当于小村庄与大城市的区别。热带地区巨大的生态生产力意味着人们能从较小的区域获得生存所需的所有资源，但是在高纬度地区，尼安德特人的活动范围可能要接近上限值。

那我们有可能明确界定一个特定的古代领地吗？除了追踪单个人工制品的移动距离外，我们还可以检查不同石器组合的运输模式。研究人员最近对法国西南部 20 多处遗址进行了综合分析研究，结果发现石器运输存在明显的倾斜模式。优质燧石有时能移动 100 公里，主要是沿着洛特河谷和多尔多涅河谷向东移动，向南或向北移动的石料要少得多，同样，来自北方的石料向南仅迁移了数十公里，两个地区之间几乎没有重叠。

这给人一种强烈的感觉，就是石料因为某种障碍而无法移动。但问题是为什么呢？不同地质区域间不存在明显的地理边界，所以这只有可能跟社会因素或者物流有关——所谓物流，是指石器运抵一个地点后倾向于用当地石料取代，而不是继续运输。令人吃惊的是，与欧洲和其他地方目前已知的远距离迁移相比，从两个方向运送到该地区却又没超过该地区的石器数量并不是很大，这说明情况可能跟领地有关，而不是出于经济上的考虑。

对 21 世纪的西方人来说，"领地"会引发边界、贸易和所有权的问题，但不久前的狩猎采集社会对此却有不同的认知。领地间存在冲突是不可避免的，游群向外延展的社交网络，也就是氏族的成员，可能比真正的陌生人更受欢迎。但通常情况下，土地所有权具有流动性。领地边界可能存在，但是没有明确的防护措施（有些特定区域可能会限制进入），有时候游群自由活动的范围至少是他们宣称的领地范围的两倍。

在这个基础上，尼安德特人一些复杂的流动模式很可能源自个人，而非群体。从社会角度说，与他们最为接近的捕食者是狼，将近 1/5 的狼会在不同狼群间游荡。年富力强的狼要长途跋涉数百千米，然后才能安顿下来。研究人员曾追踪到一只名叫纳亚的了不起的母狼，它从德国东部一路跋涉往比利时，有时每晚要行进 30 到 70 公里。一些远距离搬运石料的尼安德特人或许就是纳亚的翻版，他们经过山脉河流，寻找能接纳他们的新群体。

在尼安德特人的世界，器物和地点的联系或许最令人费解。这需要将技术、生计、流动性和气候等所有因素结合起来分析。距今 15 万年之后剧烈的气候变化——从全间冰期到深冰期，其间所有的变化——在一定程度上可能大大增强尼安德特人的适应能力和专业化程度。因居住时间和地点的不同，日常经历开始变得截然不同。

探索这点需要用到技术体系分析法。有些技术体系明显更适合不同类型的流动人群，如果说迁移的动机主要是寻找猎物，而狩猎本身又受到气候和环境影响，那么寻找极端情况或许有助于我们了解尼安德特人独一无二的生活方式。

阳光充沛的伊姆间冰期是明显的起点。这是尼安德特人经历的最温暖、植被最茂盛的时期，相关遗址虽然很少见，但非常特别。关于森林狩猎是否不同，确凿的证据来自两个长矛遗址：赖林根和诺伊马克诺德。赖林根遗址出土的长矛比舍宁根遗址的长矛更粗，看起来更像是用于戳刺，而且它本身很长。就这种情况而言，区别可能主要在于猎物的种类：猎象者可能希望与满身血污、狂暴愤怒的野兽保持安全距离。在发现两头雄鹿骸骨的诺伊马克诺德遗址，长矛本身不见踪影，但它们在猎物的骸骨上留下了穿透的孔洞。两头被猎杀的雄鹿似乎都遭遇到近距离的低冲击力猎杀，这绝对更适合在枝繁叶茂的林地狩猎，而不是像在舍宁根遗址那样远距离投掷标枪。

与不同时间地点的尼安德特人猎杀遗址相比，诺伊马克诺德遗址还有一点引人注目之处：他们在猎杀两头正值壮年、因秋季大量进食而脂肪大增的雄鹿之后，几乎未进行屠宰，即使加工最多的部位也只是简单地剔骨，而不是肢解切割，此外遗址也没有碎骨取髓的痕迹。他们为何丢弃如此丰盛的食物呢？这说明他们不用为食物发愁。如果这些在林地栖居的尼安德特人已经擅长在森林和灌木丛中采取伏击战术，那丢弃猎物残骸从能量角度来说可能不算巨大损失。更有趣的是，这种处理猎物残骸的方式，说明猎杀地点并非阶段化屠宰程序的起点。如果用不着为生计发愁，那他们这么做自然就说得通了。

尼安德特人的社会化群体为了适应伊姆间冰期森林的快速增

长，很可能被迫分成更小的单位以狩猎不再成群聚集的动物。这些规模较小的群体生活在光影斑驳的森林地带，可能无需频繁迁移，而出土的石器也提供了证明：这些石器通常并不适合长期运输和修理，而且往往能够利用当地石料制造。

驯鹿民族

在气候寒冷、资源匮乏的地区，采用基纳技术体系的尼安德特人过着截然不同的生活。基纳技术在所有石器传统中显得格外独特，因为它在时间和空间上具有明显的局限性。虽然旧石器时代中期早段的石器组合中存在相似的工具，但完整的基纳"技术包"直到距今 8 万年左右，也就是深海氧同位素第 4 阶段的冰期，才真正出现。虽然该技术持续到了深海氧同位素第 3 阶段气候回暖之后，但是到距今 5 万年左右，这项技术已经基本消失，考古发现也主要集中在法国南部。

不管气候条件如何，所有基纳技术遗址的共同特征就是存在大量驯鹿的骸骨。深海氧同位素第 4 阶段的冰期几乎导致所有猎物走向灭绝，鬣狗基本放弃了法国西南部的栖息地，就是典型体现。如此严峻的形势肯定也对尼安德特人产生了影响，而且在冰冷刺骨的苔原世界，驯鹿可能是他们唯一能获得的大小还算像样的猎物。在伊姆间冰期的黄金时期结束大约 4 万年后，尼安德特人会不会是在这种极端环境的压力下，通过发展基纳技术来适应环境，进而成为真正专业化的猎人呢？最引人注目的是，深海氧同位素第

血缘

4阶段冰暴较少的短暂时期可能促使马鹿在某些地区的森林地带重新出现，虽然这只是暂时的。但是，考古学家发现它们从未与基纳技术的石器组合同时出现，只与勒瓦娄哇技术同时出现。这说明基纳技术体系确实非常专业化，并且与法国西南开阔的苔原环境以及生活在这里的大型驯鹿群紧密相关。

特别有趣的是，驯鹿对研究尼安德特人在自然景观中的狩猎和迁移始终都很重要，这与它们的大型迁徙有关。现代驯鹿的迁徙距离有所改变，追踪更新世驯鹿确切的迁徙距离一直是重要的研究课题。但是可以肯定的是，它们确实会季节性地聚集和迁徙，通常是在秋季交配和春季繁殖期间。在英国米德兰郡，多个洞穴遗址出土的驯鹿幼崽骸骨表明这里曾是一个产犊场，但这些驯鹿从何处来，仍旧不得而知。

法国西南部的容扎克遗址提供了采用基纳技术的尼安德特人猎杀驯鹿的大量证据。驯鹿的迁移同位素分析结果显示，容扎克地区秋冬季节猎杀的年轻驯鹿已经在不同地质区域间完成了一年的迁徙。这一次，尼安德特人并没有追踪鹿群，而是早早等候在驯鹿的聚集地或者沿着驯鹿季节性迁徙的路线狩猎。

在容扎克遗址的第22层，沉积物厚度将近有1米，其中堆满了驯鹿的骸骨，因此又被称为"骨床"。厚30厘米、面积3平方米的挖掘区域内出土了5000多块骨头，至少来自18只驯鹿，而且整个屠宰过程都在这里进行。如果悬崖底部并非猎杀遗址，那猎杀地点肯定就在附近。即便这不是大规模猎杀活动，也明确指向针对大型鹿群的选择性捕杀，典型证据就是猎物主要部位包括四肢在内都并未屠宰，由此可见当地尼安德特人的食物非常充足。

容扎克遗址东北方向不到 80 公里处，还有另一处基纳技术遗址——普拉代莱遗址。第七章提到这里出土了大量骨制修理器。它们大多由驯鹿骨制成，是整个资源利用循环的组成部分。骨制修理器可用于制造基纳型刮削器，并对其进行修理，随后这些刮削器又用于处理更多的驯鹿骸骨。特别有趣的是，在研究最深入的 4a 层，虽然 98% 的动物遗存来自驯鹿，但这里可能并非猎杀遗址。很显然，尼安德特人在其他地方对驯鹿的尸骸进行屠宰和初步处理，然后通常选择在普拉代莱遗址进一步分割四肢和头部。所以这是一个狩猎营地，但位置肯定靠近已知牧群的聚集地或迁徙路线。考古研究指出，尼安德特人通常只会在遗址短暂停留，从事密集型活动，但这种情况在大约两米深的沉积物中反复出现，说明是数代人狩猎的结果，可能包含数百只驯鹿。

佩钦德阿泽 4 号岩棚代表的是一种截然不同的基纳技术遗址，遗存显示狩猎活动似乎发生在春季。驯鹿骸骨断裂情况更为严重，可能因为冬季过后驯鹿体内的脂肪减少，所以获取骨髓变得更加重要。

驯鹿在秋季和春季迁徙时通常会选择不同路线。虽然在气候条件稳定时，它们每年的迁徙路线都很稳定，但是在距今 6 万年前，也就是深海氧同位素第 3 阶段的初期，情况可能发生了改变。鹿群迁徙的时间、路线和聚集点肯定被打乱，这促使尼安德特人自我调整以更好地适应变化，同时在看到鹿群时快速迁移，或者可能只是听到声音就采取行动：第一个迹象可能是它们在苔原草本植物上踩踏的咔嚓声、咀嚼声和低沉的咕哝声，然后弯弯的鹿角才出现在地平线上。

同时代的基纳技术遗址也发掘出少量其他动物的骸骨，比如容扎克遗址出土了野牛、野马和披毛犀的骸骨。这些可能是尼安德特人在等待驯鹿或者等待食物从其他地方带来时顺便猎杀的。它们的遗存当然不是完整的骸骨，看起来加工程度也不如驯鹿。但在某些情况下，这些骸骨会遭到食腐动物更多的破坏；在其他食物匮乏时期，尼安德特人有时可能会使用狩猎营地。

驯鹿大量过剩可能意味着尼安德特人除了调整狩猎策略外，还在其他方面做出了适应性调整。部分骨髓、脂肪、剔骨肉和其他身体部位可能当即就被食用，[1]但是大部分肉食连同用于屠宰的新打制石器都被转移到了其他地方。比方说在普拉代莱遗址，骨制修理器的数量比他们常用的工具多 5 倍，而且新的基纳型石片和刮削器都不见踪影。

另一种可能的情况是：骨髓、肉食、脂肪和有些石器也被转移到遗址外相隔不远且带有火塘的地方，但是考古挖掘尚未发现相关证据。正如第九章提到的，许多基纳技术遗址，包括容扎克、普拉代莱、佩钦德阿泽 4 号岩棚和马尔萨尔岩棚都未发现火塘和大量木炭的遗存，但这并不代表这里没有用火行为，火烧的燧石就是典型证据。如果尼安德特人在狩猎营地同时处理多具驯鹿的尸

---

1 事实上，不同的原住民文化几乎会食用驯鹿身上几乎所有的部位：包括头部、口鼻、乳腺、胎儿和鹿茸都是美味，对伊格卢利克人（Iglulik）、奈茨利克人（Netsilik）和科珀因纽特人（Copper Inuit）来说都是美味，甚至粪便也是。

骸，那他们可能就有不少人，也许是整个群体。他们可能需要扩大活动区域，就像在罗曼尼这样的"家园"遗址一样。

当然他们肯定有大量碎骨取髓活动。不仅所有骨头被敲得粉碎，就连富含脂肪的骨端通常也消失了。这些遗失的部位要么连同骨髓一起被简单碾碎成一种骨馅饼，要么经历了更复杂的加工过程。如果要把大量肉食带走，除了采用各种方法保存肉类和脂肪，加热炼成油或许更好。这些加工程序可能在远离主屠宰区和废料堆的地方进行。

阿拉斯加原住民因纽皮特人在阿纳克图沃克山口使用的一处驯鹿狩猎遗址，经过充分发掘，为还原尼安德特人狩猎营地的原貌提供了线索。这个山口本身已经使用了至少 3500 年，有个距今 500 年的地区出土了夏末秋初狩猎的遗存，面积大约 90 平方米，空间结构非常清晰。这里没有洞穴或岩棚，人们只能住在帐篷里，但是气候足够温暖，睡觉根本不需要火塘。这里的火塘全部位于主屠宰加工区和炼油区之间，另外还有独立的动物垃圾堆和石器废料堆。但这并不是说我们应该在尼安德特人遗址寻找完全相同的遗存，基纳技术洞穴或岩棚的内部区域可能杂乱无章，垃圾遍地，火塘则位于洞穴或岩棚外更远的地方。

在基纳技术遗址，我们可以看到尼安德特人在一年中任何时节狩猎，都会充分考虑物流计划。他们除了要掌控时间，还要群体行动，联合狩猎并屠宰大量驯鹿，这可能意味着他们不仅要分割不同的活动空间，群体也要分成不同的小组。各种类型的狩猎采集群体在外出捕猎的人选上都有不同习惯，但是相比追踪和猎杀单个猎物，应付牧群肯定需要更多人手。许多基纳技术遗址都能看出系统化屠宰技术的痕迹，这说明那些负责初步切割和肢解工作，以及清除肌腱等复杂工作的成员多少都有些经验，但碎骨取髓可能是青少年就可以做的。

在深海氧同位素第4阶段的冰期，当其他动物几乎销声匿迹时，大型牧群可能会格外引人注目。尼安德特人群体的任何成员在杀死和肢解驯鹿后，还要应付那些饥饿的动物捕食者，从容扎克遗址出土的带有切割痕迹的洞狮和狐狸骸骨，就能看出这一点。此外，尼安德特人几乎每年都在相同的地点进行预料中的季节性狩猎，这可能让他们有机会获取另一种重要资源：社交。

皮囊之下

采用基纳技术的尼安德特人行为中还有另一个有趣的方面。在深海氧同位素第5阶段末到第4阶段初，基纳技术明显取代了勒瓦娄哇技术，并改变了他们的生活方式。为什么呢？勒瓦娄哇技术制造的石器同样适合屠宰猎物，而且绝对是便携式的，但基纳技术具有两大独有的特点。首先，无论是从时间还是石料的角度来说，基纳技术都更加经济，因为石核无需太多管理。其次，基纳技术制成的石片通常较小，但是更厚、更结实，而且具有一个天然钝缘，这种外形意味着它们可以多次修理，产生更多二代石器。

如果尼安德特人不得不应对虽然不频繁但强度较大的屠宰活动，那肯定就需要修理石器。但是基纳型石器工具的独特性，甚至其独特的修理技术，还可以从其他方面来解释：它们长而弯曲的陡直边缘，是处理兽皮的理想工具。

目前，我们提到的这项技术主要与尼安德特人牙齿上独特的磨损有关，但是其他大量证据表明，他们是技艺娴熟的兽皮加工者。首先，许多遗址出土的骸骨表面的割痕，甚至骨头的类型，都说明动物的兽皮和毛皮被带到了其他地方。但是更直接的表现是石器工具上的微痕。大多数因为刮擦毛皮变得锃亮的工具，可能也结合其他辅助形式使用，要么是叼在嘴里，要么靠在腿上或者像原木这种可支撑的坚硬表面。曾被用于刮削新鲜、湿润毛皮的石器工具，也明显不同于那些用来处理干燥兽皮的石器——后者标志着加工的第二阶段。

理解兽皮加工的复杂性，包括其加工阶段和加工时间，都很有用。如果天气晴朗，预处理一张鹿皮大约需要一天：第一步是清除所有凝固的血块，这需要在兽皮尚新鲜时进行，因为血液干燥会造成脂肪凝结和粘连。[1] 这意味着尼安德特人在杀死猎物后要快速完成这一步骤，可能就在狩猎营地附近进行。经过清洁和干燥处理的兽皮或许要存放数月。考虑到尼安德特人习惯分阶段屠宰猎物并在不同地点打制工具，再加上兽皮加工非常耗时，所以这项操作更可能分阶段进行。事实上，卷起的兽皮在冬季经过烟熏处理后，保存状态更好。

接下来是兽皮的软化和保存，软化是为了保持柔韧性。这个

---

1 冷冻和解冻兽皮的做法也很管用。

步骤通常先从浸泡开始，有时要加入木灰，因为碱性物质有助于油脂排出。尼安德特人可能将兽皮放入河流、湖泊或融化的冰雪中浸泡，不过大型动物的胃甚或坑洞也可以作为浸泡容器。世界各地有许多改进兽皮的传统方法，但总会用到某种油脂。大脑和骨髓尤其好，熊的脂肪也不错，这些物质能渗入兽皮深处并增强防水性。

不管使用哪种脂肪混合物，在浸泡后都必须渗入兽皮，接着他们需要不断拉伸或以其他方式处理兽皮。具体操作时可能需要用嘴来进行固定，同时在这一阶段用烟熏有助于保持兽皮柔软（用过的兽皮再次浸湿后还可以重新软化）。[1]不过，烟熏法用于保存兽皮也非常好，北半球的狩猎采集者几乎普遍使用散落的朽木来燃烟。

尼安德特人真的能完成如此复杂的加工过程吗？兽皮加工在距今30多万年前就已经存在，舍宁根遗址长矛层位出土的一件带有胶原蛋白和毛发残留的工具就是典型证据；骨制工具只有在长时间使用后才会出现抛光现象。在基纳技术遗址容扎克，研究人员对大量精心安排的人工制品进行微痕分析，发现它们都具有加工新鲜兽皮形成的抛光痕迹，这说明尼安德特人在对猎物尸骸进行初步处理时，就要完成基本的清洁工作。

不过，有件工具表面有明显的痕迹，说明它曾用于处理干皮。也许是用来预处理一张后来拿到其他地方制作的兽皮，或者这件

---

1 北纬地区的人在利用兽皮制作鞋子时通常倾向于使用烟熏兽皮。

工具在被带到容扎克遗址时就已经出现磨损；事后它肯定再次经过了修理。

但是除了容扎克遗址的特定活动，这也意味着，狩猎营地的驯鹿皮就像肉类、脂肪和骨髓一样，都是尼安德特人在四处迁移时处于不同加工阶段的物质材料网络的一部分。

尼安德特人为什么需要大量兽皮呢？有一种可能几乎鲜少有人提及，那就是将兽皮连同骨头、肌腱和蹄子一起烹煮，这是众所周知的制胶方法。释放的胶原蛋白会形成一种黏合剂，这种黏合剂自中世纪以来就以强韧结实、适合精细加工而闻名，[1]因为它是自黏胶，干燥后会收缩，并且可以像桦木焦油那样加热后重新塑形。但是要制胶，使用兽皮的废料就可以，而且没必要加工到尼安德特人这个程度。

最显而易见的答案当然是制作衣服。许多复原图显示尼安德特人裹着毫无装饰的破烂兽皮，也有人声称因为有皮毛的小型捕食者相对少见，所以他们只能穿着宽松的斗篷。但是热模拟分析显示，除非超级肥胖并且像熊那样浑身布满厚厚的毛发，否则他们必须制作合身的衣服。即使没有整洁时髦的狼獾毛皮装饰，尼安德特人也完全可能制备防寒性良好的衣服，[2]而且他们可以选择驯鹿、野牛、熊或其他动物的皮作为衣物原料。此外，制作衣服没必要用到带针眼的针，因为他们可以用石制、骨制甚至木制的锥子

1　就历史上而言，特别适合制作乐器。

2　狼獾毛皮据说特别适合制作兜帽，因为它不沾冰雪。

血缘

刺穿兽皮，将线绳推过去，而不是穿针引线。

那脚上穿什么呢？目前还没发现有关硬底鞋的证据，但是软底鞋不会留下痕迹，制作也相对简单：鹿的后腿能提供一个现成的套管套到脚上；如果是在湿润时制作，那它干燥后会收缩。

制作衣服很可能超越了尼安德特人的生理极限，尤其是有多重证据显示软化和拉伸兽皮的工序非常复杂，这从牙齿咬紧兽皮甚至咀嚼兽皮造成的磨损就能窥见一斑。这与狩猎采集者处理兽皮和肌腱造成的磨损完全吻合，与早期智人的牙齿样本也几乎相同。我们很容易想象那些人身穿驯鹿皮大衣的情景，而生活在气候寒冷的开阔栖息地的尼安德特人事实上穿得更加厚重。

由此可见尼安德特人有衣服蔽体，采用基纳技术的尼安德特人尤其如此。但需要多少兽皮呢？按照一身简单套装包括一件上衣加上裹腿或者皮裙计算，每个成年尼安德特人至少需要 5 张大型兽皮。根据猎物的种类和加工工艺的特殊性，他们从无到有制造一套衣服，可能需要对兽皮加工 20 到 80 个小时。这身衣服可能需要几年一换，此外还需要制作儿童服装和婴儿的包裹物。[1]现在，我们不禁想起尼安德特人除了牙齿磨损外，双臂也因为巨大的拉力作用而变粗：这很大程度上是长期从事兽皮加工造成的。

如果这还不足以令人信服，那不同遗址石器遗存上的微痕和最近发现的一组骨制工具或许能提供更多证据。这些骨器由猎物

---

1 最早用兽皮制成的衣服确实有可能是婴儿包裹物，这肯定能追溯到旧石器时代。

的肋骨末端制成，尼安德特人将其削窄，制造出一个标准对称的圆形尖端。目前只有 5 个已知的骨器样本，分别来自两处遗址：1个来自佩钦德阿泽岩棚，4 个来自大约 35 公里外的佩罗尼遗址，而且分别位于不同的地层，一个与两面器一同出现，另一个与盘状石核一同出现。这些骨器都已经碎裂，但是 1907 年拉奎纳遗址出土的一件近乎相同的完整骨器或许能揭示出其原始形状：它弯曲得很厉害，骨头另一端毫无改变。这些骨器其实是所谓"磨光器"的复制版，磨光器不仅出现在后期智人文化中，而且至今仍旧用于软化和抛光兽皮。尼安德特人版的磨光器破损情况甚至也吻合这种情况：所有尖端都因为使用过程中受到强大压力而折断。

考虑到尼安德特人会选用不同动物以及动物身体的不同部位制作骨制修理器，他们选用不同动物的肋骨制作磨光器也就不足为怪了。胶原蛋白分析结果显示，所有保存至今的骨器原料要么来自野牛，要么来自原牛。令人吃惊的是，佩罗尼遗址出土的 3件骨器所在的地层有 90% 的骸骨属于驯鹿。

那些遗址定年在距今 5 万到 4 万年前。这说明在基纳技术体系消失仅仅数千年后，尼安德特人就发展出极其复杂的加工技术。他们是否与采用基纳技术的驯鹿猎人分享这项技术，目前还不确定，但是就像制作衣服一样，他们从事密集型兽皮加工可能还有其他动机。如果我们回想一下众多基纳技术遗址给人的印象，甚至狩猎营地之后下一个阶段的地点看起来也不是特别像带有火塘的"家园"遗址，因此这些尼安德特人可能已经在用帐篷或围幕。

我们从拉福利耶遗址了解到，后来人们才用到某种露天建筑，但是由兽皮制成的真正的移动式庇护所，很可能为采用基纳技术的尼安德特人提供了保障，让他们自如地在苔原地带迁移，在远距离迁移时保持温暖。即使他们时常返回特定的洞穴或悬崖进行狩猎和初步屠宰工作，遗址内也有燃烧材料的遗存，但缺少火塘，就说明遗址中这些部分是我们遗漏了的。

许多北美原住民文化，比如卡尤塞人、达科塔人、黑脚人、波尼族人、克罗人和平原克里人制作的大型圆锥形帐篷需要用到30到50张鹿皮，但是运输帐篷需要借助马匹驮运。尼安德特人不可能拖着如此庞大的结构四处迁移，但可能使用了较小的帐篷，罗曼尼遗址也有他们使用兽皮垫的证据。

有趣的是，不管是制作衣服还是做帐篷，这种需要大量兽皮的生活方式有时会导致所谓的"浪费型"狩猎，也就是猎杀动物的目的并非为了肉食，而是兽皮。夏季驯鹿身体瘦弱，天气炎热也会导致肉食快速变质，但鹿皮处于良好状态，而到秋季兽皮状况往往不尽如人意，因为寄生虫会在兽皮表面留下孔洞。尼安德特人只会保留兽皮和舌头这些精选部位，其他部分或许都会丢弃。不管是不是基纳技术遗址，许多尼安德特人狩猎驯鹿的遗存偶尔都能提供类似线索。比如容扎克遗址有少量尚附着在一起的肢关节；法国东南部的马拉斯遗址也有类似发现，萨尔茨吉特遗址的许多骸骨看着也都是轻度屠宰。

兽皮还能制造出对狩猎采集者的生活同样重要但在今天因无处不在而被人忽视的东西，那就是袋子。普通尼安德特人可能要携带很多东西，比如食物、新鲜兽皮、毛皮、铺盖，当然还有石料。天然"袋子"可能由动物的胃或膀胱制成，但又大又结实的兽皮尤其有用。他们用兽皮包裹物品，再用肌腱或筋腱捆绑固定后，就可以搭在肩头，方便携带。这种情况采取新剥的兽皮完全没有问题。在出土大量脚骨的遗址，研究人员发现动物的脚骨还留在兽皮上，就像老式旅行袋的提手一样。

容器也与食物储存有关，在基纳技术体系可能尤其重要。正如第八章所述，目前并未发现尼安德特人储存食物的直接证据，但是在冰期的气候背景下，大多数肉食来自大规模的季节性狩猎，所以储存食物可能很有必要。但现在我们已经很清楚，尼安德特人会在不同场景获取原料并从事各种活动，所以进一步保存食物以备日后食用，并不是太难想象。

根据储存方式的不同，这些过剩食物足够维持数周甚至数月所需，在冬季显得尤其重要。在气候潮湿时，制作肉干可能会非常困难，但冰期的夏季和秋季气候可能比较干燥。如果采用基纳技术的尼安德特人在狩猎营地停留的时间够长，能完成第一阶段的兽皮加工，那他们或许也有足够时间来制作肉干、提炼油脂，甚至在用篝火烟熏兽皮的同时保存动物身上可食用的部位。众所周知，尼安德特人的其他许多行为都表现得很高效，而这种多任务处理模式与其做事效率无疑很吻合。

采用基纳技术的尼安德特人到底经历了什么呢？如果这种技术体系是为了充分利用冰川苔原和狩猎驯鹿做出的适应性调整，那么随着气候变暖，他们该如何应对呢？正如我们在前文提到的，有些后期遗址出土了少量野马、原牛或野牛的骸骨遗存，而且这些动物在少数地区确实属于优势种属。这或许说明有些尼安德特人努力想适应干旱草原带，但另一方面在比利牛斯山脉西侧，寒冷气候、驯鹿和基纳技术之间仍旧存在联系，且一直持续到距今大约4.5万年前。而此后基纳技术似乎最终淡出了历史舞台。

在谈到"基纳技术"时，我们遇到了一种矛盾关系：一方面考古学家希望划分石器技术体系，另一方面尼安德特人的需求和意愿都是多样化的。世界各地的许多尼安德特人遗址都出土了毋庸置疑的基纳技术型石器，随同出土的还有大量的修理器，但它们反映出的却是截然不同的生活。一个案例就是意大利山麓的纳戴勒洞穴（De Nadale）。这里出土的深海氧同位素第4阶段的石器组合与法国西南部出土的同时代基纳型石器高度相似，唯一的区别是纳戴勒遗址出土的动物骸骨显示，当地尼安德特人主要狩猎大角鹿和马鹿。这些动物与驯鹿在栖息地环境和行为上截然不同，很可能是制造基纳型石器的群体迁入这个地区后做出了适应性改变，也可能是独立的创新。

生活场景

尼安德特人是如何看待周围世界的呢？除了日常活动（神清气爽或昏昏欲睡地醒来，给孩子们喂食，从石料中寻找石片，追踪动物），迁移、休息半日或者在某地停留数日，对他们来说意味着什么呢？虽然本章和其他章节已有提及，但"家"这个词非常复杂，会让人自动想起 21 世纪西方国家固定居所的概念。但对于四处迁移的古人类来说，家无处不在，家的核心组成也在移动。对尼安德特人来说，"家"的感觉一方面来自血脉亲情，但另一方面来自他们对更广泛自然场景的深切认同。

尼安德特人的思想和记忆中肯定包含许多他们熟知的地标：凌空耸立的悬崖；浅滩旁巍然挺拔的松树，悬崖上黑色的洞口。重复性或不同寻常的经历特别容易在记忆中留下深刻烙印，而且在重新回到特定地点时，记忆更容易被唤醒，所以对尼安德特人来说，自然场景并非抽象的空间，而是包括新发生的和回忆中各种生活经历的持续流动画面的闪现。

这是一种从童年开始通过不断关注和直接交流吸取信息而形成的历史。而"处所"还隐含着更多信息，它们的意义会随着风俗习惯和记忆的长期积累而逐渐显现。其次则是历经千百年堆积而成的考古沉积物本身。这些精神和物质形式的历史可能会影响尼安德特人选择利用特定地点的方式，促成更加高效的活动和生活方式。由此，许多像容扎克这样的遗址在概念上可能接近于"驯鹿—狩猎—悬崖"。

那些沉积层明显很深的遗址，显然不是一个人一生中所能形成的，这可能会引发新的猜测。这些本身就传递出时代感的文化沉积物或许能让尼安德特人的想象力超越"当下"。我们知道他们能识别岩棚和山洞内的古老物体，并知道如何利用它们，但是看到堆积成层的骨骼或明显古老的火塘，会唤起他们的历史记忆吗？我们在部分遗址可以看到有些遗存已经突出地面（物理上穿越了

血缘

时间），肯定曾使人产生一种永恒的印象。

不仅如此，洞穴中有些循环利用的石器看着不像来自地表的散落物。如果是这样，尼安德特人或许是最早的考古学家。他们发掘出祖辈留下的正在遭受侵蚀的遗存，使它们重见天日并再次成为现实世界的组成部分。

手指插入松软的土壤，触碰到一些锋利的边缘，这让我们意识到尼安德特人对处所和土地的了解已经超出视觉范围。他们不单从颜色，也从质地来认识岩石；通过潺潺水声不仅能找到水流，还能判断水温；从风吹树叶的声音变化就能辨别树木的种类。尼安德特人就像许多原住民一样，对土地本身可能已经形成概念性认知。在他们眼中，土地不是脚下踩踏的台阶，而是像某个人一样，可以与之建立联系或实现交流。人始终行走在土地上。

这或许只是对尼安德特人土地认知的揣测，可是他们在阔步行走、缓慢行进和奔跑时，都会在土地上留下自己的印迹。在文字诞生前数十万年，他们的脚印就是一种签名，而且有些居然出人意料地保存了下来。我们早前听说过勒罗泽的脚印，多个地层总共出土了250多个脚印化石。有些是间隔很短、步步相连的一串脚印，但大多是孤立的脚印。最小的脚印应该来自蹒跚学步的孩童，他们留下的印迹最轻。甚至还有一个完美的手印：手指大张，完美地压入沙子，仿佛穿越8万年光阴在向我们挥手致意。

目前已知最古老的尼安德特人脚印比勒罗泽的脚印早25万多年。在意大利南部休眠的罗卡蒙菲纳火山山坡上，据说18世纪的山体滑坡使一些足迹重新显露出来，它们被称为"恶魔的足迹"。

事实上，它们是在距今大约 35 万年前由 3 名早期尼安德特人留下的，他们的双脚陷入冷却又被雨水浸软的火山灰和泥石流中。50 多个脚印化石表明他们的移动方式不尽相同：一个呈"之"字形移动，另一个小心翼翼地呈曲线移动，有时要用一只手支撑地面来避免滑倒，第三个人则沿直线艰难行进。

　　三名徒步者的身高都不足 1.35 米，正好是测算出的勒穆斯捷 1 号的身高，由此判断三人都是青少年。他们可能目睹了火山喷发，看到火山灰、浮石和粗岩在他们脚下汇集，后来洒落的火山灰覆盖了他们的足迹。他们当时要去哪里呢？考古人员追踪山地斜坡上这三串足印，发现都通向一个平坦的壁架，壁架周围 50 米范围内散布着更多的人类和动物脚印：这是一条尼安德特人的小路。[1]

　　地下脚印同样存在。当勒罗泽的青少年在大西洋海滩上玩耍嬉戏时，罗马尼亚喀尔巴阡山脉的西部高地上，一位年纪较大的青年尼安德特人正在探索沃尔托普洞穴（Vârtop Cave）。他轻手轻脚地穿过奇特的"月奶石"（moonmilk）——后来这些将硬化成流石。格外蹊跷的是，这是尼安德特人在这处洞穴留下的唯一印迹。但是在其他地区，其他青少年在生活遗址留下了脚印。希腊的西奥佩特拉洞穴出土了几个距今超过 12.8 万年的小脚印，其中一个可能是 2 到 4 岁的儿童留下的，而从线索来看另一个脚印的主人穿着薄底脚套。

1　上层脚印在中世纪就已经显露出来，表面残留的痕迹显示当地人曾试图将小脚印扩大，方便穿靴子的成年人踩入。他们丝毫不知这是祖先留下的脚印。

血缘

令人吃惊的是这些脚印居然都是儿童和青少年留下的。在许多狩猎采集社会，儿童很少由成年人正式传授本领，而是和同龄人在活动中学习。他们可能在各地生活遗址以及周围环境中四处游荡、探索，测试并模仿成年人的活动。这肯定为他们开启了许多妙趣横生的探险和冒险之旅，同时暗示尼安德特人对土地的经验会随着生活发生改变。

今天，这些古老的足迹让我们困惑不解，而在过去，那些生物的痕迹或许也会引起尼安德特人的兴趣。他们要想依靠丰饶的土地资源生存，就必须密切关注这片土地，注意有蹄动物穿过泥地时留下的脚印，甚至要留心隐秘杀手潜行时压弯的草丛。但是单纯这些还远远不够，古人类既没有其他食肉动物的尖牙利爪，也没有迅如闪电的奔跑速度，要想成为狩猎高手就必须注重练习与合作，最重要的是掌握知识并制订计划。凭借对自然界的了解（比如哪些动物在清晨饮水）以及想象，尼安德特人可以预想到多种击溃动物的方法，并将这种智慧精炼成追踪技巧。对近代的狩猎采集者来说，不管狩猎环境或狩猎方法如何，追踪技巧都至关重要。所谓的追踪绝不仅仅是探寻猎物的脚印，关键在于充分关注整个周围世界，这样即使是蚂蚁的痕迹也会变得熟悉。训练有素的追踪者不仅能识别不同动物的种类，还能识别其所属的亚种、性别、年龄甚至身体状况。如果是大型动物，甚至有可能认出熟悉的个体。

尼安德特人的狩猎技巧经过3万代人的发展完善，形成了宝贵的狩猎遗产。追踪技巧可能于将近150万年前形成，因为肯尼亚伊莱雷特的脚印显示，早期的古人类经常悄悄潜近淤泥密布的湖边，观察动物脚印，准备伏击。追击型或耐力型狩猎明显都离不开追踪，等到猎物筋疲力尽时，猎杀自然轻而易举。狼群和鬣狗群采用的就是这种捕猎方式，而且这特别适合类似大草原这种开阔环境。[1]

追踪在这类狩猎行动中至关重要，是因为尼安德特人首次具备了预测动物行为的能力。即便是初出茅庐的新手，若能预测动物行为也能勉强应付。1936 年为躲避宗教迫害逃往北方针叶林的俄罗斯利科夫家族就是典型的例证。他们距离最近的人类聚落大约有 240 公里，在荒野中与世无争地生活了 40 年。他们在贫瘠的土地上开荒务农，同时靠狩猎来获得重要的食物补充。但是他们没有武器，利科夫家族的男孩们就学会了在森林中穷追不舍，直到猎物力竭倒地。他们捕猎的成功率很低，有时一年只能捕获一只猎物，但尼安德特人毕生都在磨练捕猎技巧。虽然他们更喜欢伏击而不是追击，但追踪肯定是其中不可或缺的部分。

也有人提出，追踪作为一种手段，逐渐演化成了更复杂的狩猎活动，其意义远远不只是维持生计那么简单。当动物变得行踪难测时，熟悉猎物行为的狩猎者能够预测猎物重新出现的地点。一只惊慌失措、体力不支的鹿可能更倾向于躲藏起来，而不是继续奔跑，是否了解这点将直接关系到捕猎的成败。但这不只是知识。这种技巧被称为推测性追踪，需要想象动物的精

---

1 这种方法在炎热气候下效果最好，因为动物更容易出现热衰竭的情况。

神状态。这需要捕猎者具备一种特殊认知能力，也就是能理解其他物种的想法和情绪。据说除了人类之外，只有少数物种具备这种能力。

尼安德特人已经能够做到这点吗？当然，推测性追踪对于复杂环境下的狩猎行动具有事半功倍的效果，比如动物在森林中很容易隐藏。不过这种技巧在更开阔的自然景观中同样有效，比如预测牧群将于何时出现在何地。

如果尼安德特人的狩猎技能包括追踪和推测其他动物的行为，这肯定也适用于其他古人类。在非洲南部卡拉哈里沙漠的原住民追踪高手中，他们近亲的脚印就像面孔一样清晰可辨。[1]这些物质线索，不管是脚印、石器堆、散落的木炭还是古老的动物遗骸，都可能会激起这些陌生来客浓厚的兴趣和热情，并引起深思。

这就是尼安德特人生存的世界，他们周围环绕着各类生物。居所与人通过石料、肉食和其他材料的流动联系到一起，同时也通过脚印建立物质上的联系。这些路线就像流动的记忆之河，承载了尼安德特人从襁褓中的婴儿到垂垂老者的生命历程，也让人想起绿色森林重新遮蔽山谷之前驯鹿冬季的迁徙。

我们在前五章深入探讨了尼安德特人的生活，从微观尺度说，个别遗址一铲土中的遗存就浓缩了数代人的历史，从大的方面说，不同种群和器物形成了长达数百公里的移动网络。与数

---

[1] 虽然双脚被包裹在脚套里，但脚部运动特质会创造出独特的图案。

百万年前相比，尼安德特人的生存水平提升了一大截。他们的生活方式比以往更加复杂，要说旧石器时代中期代表着什么，最好的思考方式或许就是"放大"和"增强"。不管处于何种生态系统，他们都是顶级狩猎者和精明的采集者。他们不仅发展出了更加高效专业的石器技术，也开创出许多利用有机材料的方法。与此同时，他们正在经历某种更深刻的变革。

尼安德特人是地球上第一批前所未有的生命形式：真正在时间和空间上延展生命的人。他们采用更复杂的系统化方法切割石块、肢解动物尸骸，并对这些碎块进行前所未见的远距离运输，修理器从整块骨头到碎片的变化也反映出了这种发展趋势。

当器物和人类活动变得更加专业化并根据时空进行分隔时，尼安德特人在土地和记忆中投射出一张关于存在、活动和意图的网络图。凭借聪明的大脑，他们能看到地平线以外，并对这个世界了如指掌：他们知道那些羊肠小径在春季的变化，浅滩何时被水淹没，甚至知道要经过多少次日出，河湾拐角处的悬崖峭壁才会出现在视线中。有人甚至声称，最早发动革命赋予土地社会意义的其实是尼安德特人，而不是智人。

此外，从狩猎到屠宰，以及资源流动和食物共享，这一切都伴随着群体成员越来越紧密的合作。这点在许多遗址都清晰可见，由此说明尼安德特人不只是单纯维持生计，还在最私密的空间内发展出了许多新的互动方式。

随着获取和运输的物品越来越多，自然可能有人专门从事某项活动，比如打制石器。各种材料相互混合，各种东西相互结合。

社会本身的多样化潜力也在扩大：身份可能已经产生，而且不仅仅局限于年龄等范畴。从狩猎到给石器安装手柄，再到兽皮加工，专业化的制作工艺日益增多，尼安德特人凭借娴熟的技能找到了自己在社会中的位置。随着专业技能不断增强，相关证据也印刻在了他们的骨头和牙齿上。

尼安德特人生活方式的多样性，就像伴随特定环境节奏而起的舞蹈，通过不同的技术体系和流动模式体现出来。但是精确的节奏和舞蹈编排往往是独一无二的，是他们与赖以为生、和平共存的生灵的共舞。随着时间推移，他们的活动范围日益扩大，居所也产生了更重要的社会意义。他们在根据任务选择不同区域时会更加注重细节，并在遗址内部划分出了相应的空间。尼安德特人积累着第一批重要档案，生活垃圾在无意中变成历史的丰碑，使短暂的存在成了永恒的印迹。这些遗址就像广阔而多变的世界中的记忆源泉，正是在这里，尼安德特人第一次将人类历史和地理环境紧密结合起来。

中心照得通亮的是燃烧的火焰。火塘就像引力作用强大的太阳一样，所有人的一切活动都围绕"家园"的这个中心展开。5万年后，尼安德特人的火塘遗存仍旧具有奇特的宇宙属性。在密密麻麻布满人工制品的远古地面上，这些火塘就像考古学版的宇宙虫洞，跨越不可能的时间鸿沟，在现代人与早已消失的古人类之间架起了一座桥梁。当研究人员环绕在火塘周围记录和挖掘时，他们的存在就如同人类注意力的余晖，让空旷的空间重新焕发生机。时空交错，我们仿佛伸手就能触碰到与我们并排围坐在火塘边的尼安德特人温暖的肌肤。

❋　❋　❋

　　那些曾经代表鲜活生命的身体，如今只剩下玻璃展柜后的一堆枯骨。它们不仅是需要补充能量的发动机，也不是制造无数尖利石片的自动装置。正如现代社会的交往互动无处不在，人际关系也构成尼安德特人世界的核心。数百万年来，物理上的靠近始终是人类建立亲密关系的手段，这可以通过触摸、凝视和外观来测量，但尼安德特人增加了新的通货：物质材料。复合技术是一种超前智慧的体现，肯定源自最早传递知识的古人类。他们收集、分解、运输和带回材料都不单是为了生存，人际交流的扩展将为他们表达超乎寻常的联系与意义提供无穷无尽的渠道。

第十一章　美的事物

当脚步声渐行渐远，变得几不可闻时，洞壁上跃动的火光也犹如西沉的落日渐渐消失。柴烟袅袅，但它最终会消散在如墨般的黑暗中。时间在洞熊的来去间流逝，它们在黑暗中的心跳是岁月的标志。山洞里冰冷死寂，只有洞熊缓慢的呼吸散发出一丝温暖。这些毛发厚密的熊一代代前来，将洞穴地面磨成了碗状的巢穴，与此同时水流经过方解石后慢慢汇集，滴落、流淌。细微致密的沉积物向上耸立，形成皮革状的褶皱和冻结的波纹；苍白的手指向上伸展了数万年。有时这些洞熊苏醒得很早，它们稀里糊涂地在黑暗中走向洞穴深处。它们用鼻子四处闻嗅，触碰到坚硬冰冷的岩骨，导致岩骨折断平铺在洞壁上。无数的洞熊，无数次抬起头部，闻嗅水流、黏土和洞穴的气味；有些洞熊在很久以前曾经发现烧骨残留的痕迹。但是它们置身在黑暗中，巨大的眼睛对眼前陌生的结构熟视无睹。

时光如白驹过隙，伴随一声沉闷的撞击，落石将洞口封得严严实实。空气夹杂着灰尘涌进洞室，扰乱了地面的一潭死水。

洞内没有亮光，荡起涟漪的死水并未倒映出那些精心构建的石笋环。它们在等待。

法国西南部的阿维龙山谷是探寻最奇特遗址的绝佳地点。这里比佩里戈尔更加与世隔绝，蜿蜒曲折的河流在深邃的峡谷中绵延数公里，途经布吕尼凯勒镇附近的一座山丘。那里的一座洞穴深处隐藏着某种古老而又怪异的奇妙结构，就连尼安德特人都为之惊叹。探险者最初在 1990 年穿过洞顶垂落的碎片进入山洞时，根本不知道内部 300 多米深处隐藏着一个巨大的洞室。地面上遍布石笋，乍看起来似乎随意排列成两个圆形图案。这个遗址的年份起初被定为距今 4.7 万年之前，但这个定年仍旧存在疑点。直到 2013 年，关于该遗址的考古研究重新启动，随后的发现引起巨大轰动。考古人员采用铀系定年法[1]，对获取的样本进行年代测定后确认，这个地下洞穴结构可追溯到大约 17.4 万年前。布吕尼凯勒随即成为史上最重要的尼安德特人遗址之一。

研究人员在深入研究后发现各地层的情况很复杂。400 多根石笋都存在折断现象，尼安德特人明显对尺寸有特定要求，他们从打碎的残块中挑选出又粗又直的石笋中段，并认真排列这些"洞穴制品"，在洞室地面上搭建出两个环形结构。最大的环形结构超过 6 米×4 米，并包含两个较小的石笋堆，外侧两端各有一个堆群。第二个环形结构较小，但是更圆，环状设置在一侧。

---

1 这是一种放射测年法，通过测定流石和石笋中铀同位素的衰变测定遗存的年代。

虽然这些断裂的石笋堆让人想到一座古典废墟，但深入研究显示，它们并非随意乱放，而是刻意搭建的结构。每个环形结构由将近4层石笋堆叠而成，有些部分用竖直的石笋块支撑，其中一个区域有5根细长的洞穴制品十分醒目，它们并排竖立，其结构的复杂性远远超出支撑结构，而且需要一定的建筑技能。这五个"哨兵"背后还隐藏着一个双重稳固结构：一个由石笋块支撑的圆柱体上，平衡放置着一块平板。

独特已经不足以形容这个地方，应该说是令人瞠目，但情况还不止于此。经鉴定，环形结构沿线和小型石笋堆内部有多处用火痕迹。事实上，洞穴制品中大约1/4有烟熏火烧的痕迹，有时似乎是在这些建筑结构的顶部点火。在这里，烧骨碎片清晰可见，其中一处石笋堆积中最大的烧骨碎片可能来自熊。

经确认，这些洞穴制品搭建的环形结构和包含烧骨遗存的用火痕迹可追溯到距今17.86万到17.44万年前，就目前定年的分辨率来看，基本上属于同一个时代。从分析研究来看，这些环形结构根本不可能自然形成：熊在山洞冬眠，黑暗中摸索前行时偶尔会折断石笋，但这些环形结构在规模上远远大于任何熊的洞穴，而且洞壁的建筑结构也无法解释。

越是深入思考，布吕尼凯勒洞穴就显得越神秘。与其他洞穴或岩棚不同，它并非居住之地：这里位于洞穴深处，肯定需要持续照明。这意味着不仅要消耗大量体力来收集燃料，还要忍受令人窒息的浓烟。此外，如果这个结构是居住用的建筑，在环形结构的顶部点燃篝火就毫无意义。环形结构之间的地面大都被流石覆盖，但是并未发现石器或屠宰残余。

建造这些环形结构明显是有意为之。整个结构估计使用了总重量超过两吨的石笋，假设有大量人员参与建造，至少也需要连续工作六七个小时才能建成。[1]问题是，尼安德特人为什么要花费数小时甚至数天时间，在地下深处打碎并运输沉重的石笋，然后堆积起来，铺平了在上面点火？

从洞顶向下的激光扫描图最能说明这座山洞的怪异之处。这些石笋残块如同某种下陷森林一般耸立于流石地面，而这些环形结构肯定有其功能，但具体用途令人费解。石笋圈距离洞口较远，这个洞室是洞穴中最宽敞的部分之一，不过位置有些隐秘，位于洞壁内陷的转弯处，随后是一条至少长 100 米的巷道。[2]

用火区域更加令人不解：有些火塘似乎是为了照明，但有些洞穴制品表面明显的热损伤暗示人们可能利用火烧来帮助折断石笋。这些骨头到底是燃料、食物还是其他什么呢？最有趣的是，以地磁分析技术探测古代加热痕迹，揭示出两点：一是其他火塘很可能位于流石层下面，二是有些用火区域具有双磁芯。出现双磁芯的最大可能就是火塘被重新点燃，这强烈暗示尼安德特人曾返回这处洞穴。

布吕尼凯勒洞穴笼罩着神秘诡异的气息，洞内的环形结构更加意义非凡。这是迄今发现的尼安德特人建造的唯一一座纪念碑式建

---

1 要寻找、打造和放置 400 块石笋，估计平均每块用时 1 分钟。

2 这个洞穴系统仍旧没有探索到尽头，但肯定还有其他入口，方便洞熊在岩石崩塌后进洞冬眠。

血缘

筑。但是深入思考，就会发现这里的一切都折射出尼安德特人生活中至关重要的分解和聚集过程。研究人员走进这座洞穴深入地球的身体内部，四处悬垂的流石和层层堆叠的白色石笋，看着就像血肉、内脏和骨头；这是一具被打破又重新组合到一起的石头遗骸。

心 在 身 中

过去人们始终认为尼安德特人的所有行为都单纯是为了生存，但布吕尼凯勒洞穴遗址告诉我们这大错特错。洞内的环形结构无疑是他们思想、感觉和智慧的结晶。事实上不管是否存在合理的解释，情感都是人们行为背后的基础。所有人类文化都有一种超越自我的渴望。不管是通过在洞壁绘画、建立大教堂、吟唱千年圣歌，还是攀爬山风呼啸的高峰，这种冲动超越时空，是所有民族共有的特征。尼安德特人是否有过类似冲动，并在这种冲动的刺激下建造了洞穴中的环形结构呢？

要了解 5 万或 10 万年前古人类的思想，当然会面临各种陷阱，更何况就算面对活人，要破解他们神奇的意识活动也是渺不可及。除非我们知道现代人的神经元和感觉系统如何相互结合产生知觉和情感，否则要理解尼安德特人的思想纯属痴人说梦。不过这并不代表我们不能做出明智的猜测。

就像现代人类的近亲——类人猿一样，尼安德特人的存在可能就建立在情感基础上。恐惧、喜悦、痛苦、兴奋和欲望，各种情感在他们的血液中涌动，表现为心跳如雷、内脏收紧和身体紧绷。

但是更吸引人的是，有些猿类似乎能表达更复杂的情感。特别值得一提的是黑猩猩，有人观察到它们面对暴雨或瀑布等自然现象时会有原始的冲动反应。将任何精神层面的属性附加给尼安德特人，都无法找到考古学证据，但他们确实遇到了生命中的许多感官奇迹。当夕阳下鲑鱼腹部的光芒映入他们的视网膜，当1600多米高的冰川发出的悲鸣充斥他们的耳朵时，尼安德特人的大脑会将这些转化为某种敬畏之情。

内心感到惊奇是一回事，能够共享敬畏之情或超凡经历，无疑更加令人震撼。对生命的精神境界而言，语言至为关键，因为语言使情感和意义得到具体呈现。当然，尼安德特人是否拥有任何形式的语言，仍旧是最难破解的谜团之一。最新的大脑科学研究能告诉我们什么呢？与整个人属相比，尼安德特人的大脑和我们现代人的一样大。他们的头骨虽然稍扁一些，但平均脑容量比我们大得多。这意味着他们的大脑有更多神经元，也就是连接大脑不同区域的通道更多。

但重要的并不是体积问题，而是大脑结构。尼安德特人较平坦的前额为额叶皮质区提供的空间较小，而该区域与记忆、语言等复杂思维过程密切相关。另外他们的小脑也比较小，这是另一个关系到注意力、交流和语言的区域。对现代人来说，小脑萎缩意味着技能水平更低，而对尼安德特人来说，这意味着与其他语言相关区域建立的连接更少。但是就像第三章讨论的，他们可能在权衡利弊后做出妥协，用损失部分认知能力来换取更强大的视觉系统。我们很难确定，对尼安德特人来说脑容量大是否真的意味着技艺高超，或者他们的大脑灰质是否通过其他方式获得补偿。值得注意的是，我们现代人的大脑从早期智人开始就出现轻度萎缩，但认知能力并没有明显降低。

研究人员在综合考虑尼安德特人的身体特征和考古学证据后认为，他们很可能具备某些语言交流能力。虽然关于尼安德特人的语言能力一直存在较多争论，但如今看来他们声带的发声范围与我们现代人几乎相同。包括"啊"在内的元音可能会有一些细微差别，但他们对气流的控制并没有明显变差，这使他们能够发出相当长的组合音。此外，他们的内耳形状虽然稍有不同，但同样完美适应了语音产生的声音频率。如果人体的这种解剖结构被视为是专门为语言服务的，那尼安德特人肯定也不例外。同样的道理也适用于大脑：就在此刻，在你的大脑中，布罗卡氏区[1]正忙着理解这张纸上的词语，而尼安德特人的这个区域同样发育良好，当他们用双手灵巧娴熟地打制勒瓦娄哇石核，或者当孩子们观察长者屠宰猎物时，神经元都会亮起。

关于尼安德特人的语言能力，还有一个事实可以作为辅助证据，那就是他们惯用手的比例与我们相似。牙齿微痕和他们打制石核的模式证实他们是右利手，这也反映在他们大脑一侧的不对称性上。但是当我们进一步研究遗传学时，情况变得越来越棘手。叉头框 P2 基因（Forkhead box P2，简称 FOXP2 基因）就是一个

---

1 布罗卡氏区（Broca's area），又称布罗卡氏中枢、布罗卡氏回，即运动性语言中枢。——译者注

典型例子：一次基因突变，只改变了两种氨基酸，就使人类区别于包括黑猩猩和鸭嘴兽在内的其他动物。FOXP2肯定与现代人的认知和肢体语言能力有关，但它并非语言基因，所谓的语言基因根本就不存在。但是FOXP2会影响大脑和中枢神经系统发育的许多方面。当研究证实尼安德特人和我们具有相同的FOXP2基因时，这为他们能够"说话"提供了确凿的证据。但另一个更加微妙的改变，发生在现代人与他们分道扬镳之后。这是一种很小的单一蛋白质，虽然在解剖学上确切的影响还不得而知，但实验结果表明它确实改变了FOXP2本身的作用方式。像这样的若干亮点确实很吸引人，但我们还远远无法弄清，是否补充或消除某种基因就能让尼安德特人变得口齿不清或言简意赅。

总而言之，尼安德特人很可能具有某种形式的语言能力，但他们说什么呢？无数动物会通过叫声引起同伴对某物的注意，有些灵长类动物的叫声甚至包含许多情境信息，比如捕食者的类型和所在的位置。但是更多细节性的交流，比如描述已经发生或还没有发生的事情，就需要对顺序和时间有明确了解。当然有大量的考古证据表明，尼安德特人对"谁什么时间去什么地方"会进行组织安排，所以他们很可能会就合作活动展开一定程度的讨论。

那他们能讲述故事吗？我们编造的故事会牵涉过去、未来，甚至要进行神奇的创造。有人可能会说复合工具也能体现这些概念：人工制品就像语言中的句法，由许多来自不同产地的构件在不同时间组合而成。尼安德特人在制作和使用这些复合工具时，想象力明显超出了当时当地，在制作桦树焦油时，甚至弄出了一种"超自然"物质。

不管故事的主题如何，讲述故事最关键的前提就是渴望建立联系。站在平滑如镜的水池上方，尼安德特人无疑认出了自己的倒影，就像海豚、大象和猿类一样。伴随这种能力而来的是移情能力，以及理解他人观点的能力，所有这些都融入共同的意义系统。语言其实被普遍认为是一种声音符号，即使是人工圈养的猿类也能学习表达简单的想法，比如用图形符号表达"给个球"的含义。但它们从未使用这种技巧来随意闲聊，尽管这是人类日常交流的标志性特点。尼安德特人很可能也使用符号，大概包括手势，另外还要学习辨识动物的足迹——基本上就是每种动物的图形符号。他们当然也笑，可能会开玩笑，或许还有某种备忘录式的编年史。我们再来看布吕尼凯勒洞穴的环形结构，这无疑是一种具有更深层意义的创造性记忆。

这里有个奇怪的巧合，蒙塔斯特吕克岩棚就在布吕尼凯勒河湾附近。早在 1864 年，福尔克纳在马德莱纳遗址发现了猛犸象雕刻图案，几年后，蒙塔斯特吕克岩棚出土了更加令人惊叹的旧石器时代晚期的艺术品，包括两只似乎正在游泳的驯鹿雕塑。上一章探讨了驯鹿在尼安德特人生活中的重要地位，他们肯定也见过驯鹿群穿越河流的画面，但是在蒙塔斯特吕克雕塑公之于众150 多年后，尼安德特人遗址中再没出现过任何能与之相提并论的人工制品。另一方面，过去 30 年里，除了布吕尼凯勒洞穴遗址外，其他遗址也出土了大量在尼安德特人的生活中具有象征元素的考古证据。

就像所有人类文化一样，他们的日常经历可能充满联想：咴儿咴儿的嘶鸣声代表野马，而闻到烟味就代表火。但是否也存在更抽象的象征意义，比如红色代表血？灵长类动物的视觉系统对鲜艳的色彩，特别是红色以及光泽非常敏感。明亮、闪耀的东西也吸引了考古学家的注意，而瞬间识别能使一处珍贵的遗迹受到重视。尼安德特人是否也像喜鹊那样对亮闪闪的东西充满渴望呢？当外表闪亮却没有明显实用功能的遗存被发现时，我们会本能地猜想尼安德特人具有审美动机。

最简单的例子是人工搬运石材。相对于骨头或石器来说，这种情况通常比较少见，但是在尼安德特人的世界随处可见。例如法国东南部佩舍尔角岩棚曾出土一块石英晶体，佩钦德阿泽1号岩棚出土过一块贝壳化石。闪闪发光的物品引人注目，而化石则在一种意想不到的物质中模拟生命物体，所以我们可以假设这会激发尼安德特人的好奇心，促使他们捡起具有特殊触感的物体，比如意大利一些遗址发现的浮石。这些奇特物品有时也会被搬运到很远的地方：佩钦德阿泽1号岩棚的化石被搬运了至少30公里，考虑到所有人工搬运物想必都是重要物品，这应该并非草率之举。

但是此类物品具有象征意义吗？园丁鸟会本能地收集自然界中闪闪发亮的物品，并开办"闪光物品展"，但这种举动就像雄孔雀开屏一样，是为了炫耀，由此吸引雌性。这与人类对物质材料的好奇不是一回事。但是我们不能以我们认定的意义标准去定义尼安德特人。法国西南部的梅尔韦尔斯岩棚出土了精美的水晶石器，这或许暗示它们并非重要物品，但事实上尼安德特人对待它们与其他石头无异，照样采集来打制石器。

要想推理出更深层次的东西，需要寻找特殊处理的线索，或者寻找行为中的重复关联和模式。喀尔巴阡山脉南部的乔阿雷－博罗蒂尼洞穴（Cioarei-Boroşteni Cave）可能就存在相关线索。这处遗址在过去20年的考古挖掘中出土了一个坚硬的球状物，有一个巴掌大，但质密坚硬。扫描结果显示这是一个矿物晶洞[1]，可能是蛋白石，至于产地目前还无从判断；当地河流流经的火山地区可能存在晶洞，但晶洞的重量太大，似乎不太可能随着水流滚动到下游。

晶洞本身已经令人惊奇不已，当表层的碳酸盐壳被移除后，又显露出微小的色斑。高倍显微镜下可见红色的赭石[2]斑块，上面覆盖着未经鉴定的黑色物质。晶洞出现在乔阿雷－博罗蒂尼洞穴有些不同寻常，赭石颜料的使用则不然。从上覆层来看，石笋和方解石壳的八个碗状剖面内都发现了红色和黑色残留物。这些碗状剖面非常小，直径大多只有6厘米左右，至于是人为塑造的结果，还是仅仅因为尼安德特人使用了断裂的碎片，就不得而知了，但它们看起来很像容器。颜料的用途只能去猜想了，但乔阿雷－博罗蒂尼遗址的重要性在于，它说明在相当长时间内，尼安德特人很喜欢给他们认为有趣的独特物品涂抹颜色。从根本上说，这就是艺术。

---

1 晶洞（geode），又称晶球，美国、巴西和墨西哥较常见的地质构成，实际上是一种空心岩石，内壁布满矿物晶体。——译者注

2 赭石是由氧化铁、针铁矿和黏土组成的天然红色或黄色矿物颜料的总称。

颜色

过去 10 年来，考古发现中大量出现的颜料证明尼安德特人存在象征性的行为。研究人员从 20 世纪初期就注意到各处遗址的这种奇特现象，而最近随着分析学的发展，仅欧洲就有 70 多处遗址的色素遗存得到确认。除了红色和黄色矿物质外，尼安德特人还收集和利用各种黑色物质，但用途是什么呢？在动物的社会交往中，色彩在视觉展示方面占据中心地位；但颜料也可能具有实际用途。矿物质可用于防晒、驱虫、护理毛发，甚至用作防腐剂；尤其是赭石可用于加工兽皮或作为胶合剂用于安装手柄，另外就像第九章提到的，二氧化锰还可用来生火。

当然，有大量证据显示尼安德特人用过颜料：许多石料表面都有磨损痕迹，有时是在柔软物体表面刮擦造成的，或是以某种方式刮擦形成色彩浓烈的粉末。令人惊奇的是，尼安德特人早在距今 25 万到 20 万年前就开始制造液态的红赭石。研究人员甚至在荷兰的马斯特里赫特 - 贝尔维德露天遗址发现了红色沉积物，详细分析后确认是赭石色液体飞溅形成的。距离此地最近的赭石原料产地在 40 到 80 公里之外，运来时是石块还是粉状物就不得而知了。据推测，颜料在遗址进行混合，要么是在容器内，要么是用人的嘴。

中非还存在一些更古老的赭石采石场，据说为早期智人所用，但马斯特里赫特 - 贝尔维德遗址是目前已知最早使用颜料的遗

血缘

址。随着时间的推移，颜料在尼安德特人的考古记录中变得日益常见。最让人印象深刻的是，佩钦德阿泽 1 号岩棚距今大约 6 万年前的地层出土了大约 500 个二氧化锰碎片，其中至少一半留有不同的磨损痕迹；然而在相隔不远的佩钦德阿泽 4 号岩棚，二氧化锰碎片总体的出土量要少得多。事实上这种物质纵向涉及 9 个地层，足以说明行为上的连续性。

康贝－格林纳尔遗址也提供了尼安德特人长期使用颜料的证据：16 个地层共出土大约 70 个石块。但是在这里，颜料的颜色和用途都发生了改变，而且似乎与不同的技术组合有关。基纳技术层大多是灰黑色的矿物，并带有磨损痕迹，从刮擦到碾磨程度不等；其中一块甚至曾被用作修理器。此后，矿物的使用变得稀少，但没有磨损的红色碎片开始出现；随后在盘状石核技术组合阶段，出现了更多红色、棕色和黄色颜料矿石，但它们的化学性质不同，肯定来自其他产地。

法国西南地区部分遗址的考古遗存或许再次指出尼安德特人非常注重品质。他们的做法肯定有两种：要么大范围地、系统地寻找最丰富的锰矿物，要么从个别产地挑选最好的锰矿物。

比利时斯科拉迪亚洞穴遗址一项有趣的新研究表明，颜色在某些情况下是关键因素。当地的尼安德特人在距今 4.5 万年之后的某个时间，从至少 40 公里外另一个流域的高原上带回了 50 多块表面平滑的深灰色粉砂岩碎块。碎块表面看不到任何使用痕迹，[1]

---

1 可能在挖掘者对其进行清洗后人们才意识到其重要性。

但富含石墨的石头无法用作燃料，而且极其柔软，摩擦时会留下清晰的黑色痕迹。

尼安德特人在有计划地收集颜料时表现出的挑剔与主动性，说明这些颜料不管作何用途，都是他们深思熟虑的结果。最有趣的是，有些遗址表明颜料和贝壳之间存在关联。艾维纳斯洞穴位于西班牙南部港口卡塔赫纳一座18世纪的堡垒下面。古老洞口残留的沉积物中包含数百个贝壳，很可能是人们采集来食用的，但是在胶结的沉积物下面两个栉贝上，却清晰地发现了红赭石。有人认为这两个贝壳尖端附近的小孔是人为加工形成的，[1]但不管真相如何，这都属于正常现象。遗址中还出人意料地发现了同样涂有颜料的一块马骨和另外三个贝壳——海菊蛤，由此证实尼安德特人能够混合颜料。分析结果显示，颜料混合物中包含赤铁矿、针铁矿、黑炭（可能是木炭或烧骨）、石灰岩和闪闪发光的黄铁矿。

艾维纳斯洞穴的发现激发了关于尼安德特人制造化妆品和珠宝的猜测，即使事实并非如此，这也是非常重要的发现。这些贝壳虽小，却很可能是容器，但是混合颜料肯定是用其他容器进行的。这些尼安德特人当时在进行试验，将各种材料混合起来，以创造不同的视觉效果。此外，制作颜料用到的矿物成分必须从不同的岩石露头获取，而最近的产地至少在数公里之外。

研究人员最近对艾维纳斯洞穴沉积层序上覆的流石进行了定年，结果有些出人意料：时间可能追溯到11.5万年前，远远超过了

---

1 其他贝壳表面天然形成的坑洞看起来稍有不同。

血缘

放射性碳的测定年代。如果这点得到证实，这将把人类使用复杂颜料的时间向前推到尼安德特人的时代。

其他遗址的考古发现证实，尼安德特人将颜料涂抹在了明显不是食余垃圾的贝壳表面。富马尼洞穴 A9 盘状石核技术层的一个贝壳化石经显微分析确认，其表面的微坑结构内具有纯净的红赭石，但仅限于外部。此外，这种颜料来自将近 20 公里外，而最近的赭石产地距离富马尼洞穴有 100 多公里。

贝壳化石与颜料相结合，就不单单是两种不同寻常的材料了，相反开始具有独特的新含义，有特殊性。令人激动的是，研究人员还发现贝壳唇部有磨损痕迹，应该是被某种柔软粗糙的物体反复侧向摩擦留下的，说明这些彩绘贝壳很可能用皮条或线绳穿在一起。这是一件迷人的美学制品，涂抹颜色是为了引人注目。

单个物品引发了一连串猜测，虽然都是想象，却得到了考古学证据支持。在距今大约 4.6 万年前，一名尼安德特人注意到这些受到石灰岩侵蚀的贝壳化石，于是随手捡起一块，并携带它辗转各地；因长期保存，贝壳化石表面变得光亮无比。这名女性尼安德特人用手指为其染上特殊的红色颜料，留下一道指痕。最终，这个可能原本用皮革包裹或做成吊坠的小饰物意外掉落，而她不知是有意还是无意，将它遗落在了群山之中。

如果这枚贝壳化石来自早期智人遗址，那它无疑将成为人类象征行为的证据。不管是否具有功能性和审美性，它都弥足珍贵。

我们看到的有关尼安德特人的颜料遗存或许屈指可数，但颜料在尼安德特人的社会或许比较常见。他们可能也在比贝壳更大的画布上作画。2018 年，3 处充满旧石器时代晚期洞穴壁画的伊比利亚洞穴公布了新的测定年代。所有样本或其邻近区域都有红色颜料，而且年代久远，那时候只有尼安德特人出现。西班牙马拉加的安达莱斯洞穴（Ardales Cave）内，不同区域的石笋和流石结构表面都有明显的红色颜料，随着时间推移有时逐渐隐藏，只有内层结构断裂时才能看到。新的样本定年测定似乎分为两个阶段，其中年代较近的至少在距今 3.6 万年前，所以创作者可能是智人。但是有少量更古老的样本定年在距今 4.5 万年前，其中一例样本的历史令人震惊，可追溯到 6.5 万年前。

安达莱斯遗址本身已经非常重要，而其他遗址的发现更加出人意料。在坎塔布里亚的巴西加洞，一个 1 毫米厚的方解石样本区域内发现了垂直的红色线条。经测定，绘制年代在 6 万年前。第三处遗址的情况又有所不同。伊比利亚中部的马特维索洞早就因为用颜料喷洒或涂抹的手模而闻名，这种手形图案出现在大量旧石器时代晚期的洞穴遗址中。研究人员对马特维索洞一处孤立区域的洞顶进行图像分析，结果发现了一个模糊图案。通过对相邻的方解石样本进行定年，这幅最古老的洞穴壁画最终可追溯到 5.4 万年前。柯尼希索伊遗址的焦油中留有部分指纹，如果这是真的，这或许是尼安德特人的第一个手形图案；这个想法令人振奋。

这些发现引发了激烈的争论：尼安德特人是否真的具有艺术行为？从表面来看，年代学无疑能解释疑问：从出现一些洞穴壁画，到这片地区出现智人的痕迹，其间相隔的时间比从上个冰河时代结束到我们现在的时间还要久之远。但是许多人认为年代测

血缘

定令人难以置信，从某种角度说极其不可能。即使就这些洞穴遗址的其他方解石样本来说，结果也极不寻常。这三处洞穴接连发现多幅壁画，基于大量独立证据，可以视之为旧石器时代晚期的洞穴艺术。巴西加洞穴的红色线条来自更大的网格图案，周围还有其他动物图案，而这些根据上覆层的碳酸盐样本定年，距今不到 1.2 万年。在整个巴西加洞穴，其他壁画的定年都在距今 2.2 万年之后。马特维索洞遗址的壁画定年也是如此。

洞穴环境从地球化学角度而言相当棘手，而且目前还无法解释紧密相接的碳酸盐样本为何会形成于不同时期，有人猜测是受到了污染。[1]

不管最终年代测定能否得到证实，伊比利亚遗址这些洞穴壁画作为尼安德特人的美学象征，或许并没有产生革命性影响。洞穴墙壁上的红色线条与在动物皮毛上、骨骼上或石板上划出一条线也并无两样。而手印图案虽然确实令人大开眼界，但是对于可能早已理解象征概念的古人类来说并非认知上的巨大飞跃。动物脚印其实就是象征符号，即使简单的追踪也需要有一种方便记忆的"理想化"形式。而手印就是人类的印迹，在日常生活中随处可见，正如勒罗泽沙滩上所显示的。此外，法国一处鲜为人知的遗址或许能提供其他地方的尼安德特人制作洞穴壁画的独立证据。

---

1 天然铀污染导致的定年错误可以通过其他定年方法排除。理想状况下，样本应该一直剥离到岩石表面，然后在实验室条件下进行微切片。

1846 年，比发现福布斯头骨早两年，铁路工人在法国朗热镇附近的崖壁开采矿藏时发现了多个洞穴。其中著名的拉罗什 - 康塔德洞穴到 1913 年基本上被清空，但自 2008 年起，研究人员发现洞壁有许多小块的红色颜料，同时还有手指擦过柔软粉质沉积物留下的指印。地质研究和 20 世纪初的考古挖掘档案显示，洞穴被沉积物填充，距离洞顶只剩 20 到 50 厘米，随后在距今 3.9 万到 3.5 万年前被封闭起来。现场仅挖掘出旧石器时代中期的石器，以及定年在距今 5 万到 4.4 万年前的动物群，所有这些都暗示，颜料和手指印是尼安德特人的杰作。

这座遗址从直接定年和背景环境来说，显然绝非理想证据，但使用颜料的情况可能与我们在其他遗址看到的大同小异。最有趣的是，最大的色块位于一处不同寻常、蜿蜒曲折的燧石地层，浮现在洞壁上，就如同岩石本身的内脏一样。同时，颜料和手印图案同时出现，又关系到尼安德特人物质活动中另一个领域：雕刻图案。

图案

尼安德特人花费大量时间在不同材料表面切割、刮削和制造图案。这些图案通常都是其他活动的副产品，比如屠宰猎物留下的切痕。但日益明显的是，有时图案本身才是重点，尼安德特人偶尔甚至会雕刻颜料本身。

博萨茨遗址出土了从其他地点运来的大型石块，就在同一地层还发掘出 80 多块红橙色的小型石料。研究人员采用 21 世纪的分析方法——包括世界上唯一的传统粒子加速器——最终得出结论：这些石料并非来自当地富含铁的岩层[1]，而是从洛因河对岸运来的矿物。

可供采集的沉积层在 5 到 40 公里之外，但尼安德特人只选择了更纯净的凝结物。最不同寻常的是，石料表面留有各种磨损痕迹，包括敲击、刮削和磨平，有些石料还刻有深邃平行的线条。这些刻痕明显不同于刮痕，刮擦会产生粉末，而且通常以两到四条一组的形式出现。所有颜料相互间隔不到 10 米，有些甚至与石器、骨头碎片和燃烧材料紧密包裹在一起，形成两个小凹坑，中间可能是故意掏空的。当几乎完全相同的遗物出现在早期智人遗址时，人们肯定会将其解释为图案，而且很可能是象征图案。

这些在尼安德特人遗址是罕见物品，但是佩钦德阿泽 1 号岩棚的众多锰矿石碎片中或许还有另一种。据我们所知，其他许多材料表面都有刻痕。一方面，有些石器制品粉质外皮上的刮擦痕迹可能是意外造成的。另一方面，在意大利的部分遗址，出土遗存表面的线条和坑洞肯定是打制石核前形成的。这一点很难解释，除非他们用这种方式来制造白色粉末。事实上，在康贝－格林纳尔遗址的红色和黑色颜料矿石中，尼安德特人也带来了四片白垩碎块。

但是在克里米亚山脉东部的基克科巴遗址，粉质外皮表面的

---

1 被称为"克罗斯德福"（crottes de fer），字面意思是"铁渣"。

小型雕刻似乎有所不同。显微分析发现上面有同一种工具刻画的13根大致平行的线条。然而其中3根线条明显较短且形式独特，这标志着预期图案发生改变，可能是换了雕刻师或雕刻工具。石壳不可能产生粉末，而且关键是所有线条的起点和终点都在雕刻品的区域内。不管刻画的动机是什么，我们都很难不视之为美学作品；制作过程虽然快速，但需要高度专注。

最普遍的切割痕迹不是出现在矿石或石头表面，而是在动物骸骨遗存上。研究人员通过微观检查区分出了一些不同的样本，比如屠宰痕迹或天然图案，但还是有一些无法明确分类。最古老的是德国比尔钦格斯莱本遗址出土的象骨，其表面刻有两组以不同角度雕刻的平行线。这根象骨的定年在距今大约35万年前，与舍宁根遗址的年代相差无几，而且很可能是早期尼安德特人雕刻而成，但随后的15万年里极少发现其他雕刻遗物。反倒是最近3项新发现，定年都在距今9万到4.5万年前，骨骼都来自不寻常的动物种属。

在塞尔维亚的佩斯图里纳洞穴（Pešturina Cave），研究人员在疑似洞熊的颈椎骨表面发现10根呈扇形分布的线条。经分析这应该不是屠宰留下的切割痕迹，相反更像基克科巴遗址那些石壳表面的线条。所有线条就像空间内的设计，终点都未到达骨头边缘。另外还有两件人工制品很小，但象征功能非常明显。

一件来自普拉代遗址，是在一只已经很老的鬣狗留下的断裂骸骨上刻绘的；另一件则来自克里米亚山脉的扎斯卡尔纳亚6号岩棚，刻绘在一只渡鸦的翼骨上。虽然这些遗存在地理分布上非常广泛，切痕的制造方法相差甚远，但共同之处在于都具有一系列间隔均匀的微小切口。

扎斯卡尔纳亚遗址出土的渡鸦骨头上有 5/7 的切口锯割得很深，但有两条切口似乎是后来添加的，割痕相对较浅，可能采用的是同种工具，但手持方式有所不同。如果没有这两根后加的线条，整体效果可能会看起来不规则：重点在于美学功能。

普拉代莱遗址的鬣狗骸骨更加特别。尼安德特人在只有 5 厘米长的骨头表面制造出 9 个形状极其相似的平行切口。所有切口采用同一工具，沿同一方向，而且很可能是在同一时间雕刻，最后一个切口似乎是勉强挤进狭窄的骨头，就好像这些切口比整体外观更加重要。

接下来的情况变得奇怪：第三条切口的底部附近又有 8 条微小的刻痕形成一个系列，两条一组，起点处相交。这些刻痕虽然只有两三毫米长，但十分规则，采用同种工具制作（虽然不一定是制造较大切口的工具），而且绝对不是天然形成的。

扎斯卡尔纳亚遗址和普拉代莱遗址的雕刻图案都表现出规则性和结构性，远远超越了其他大多数尼安德特人的雕刻。渡鸦骸骨表面的切口暗示当时的人们想保持一种模式，可能包括成对的图案。但是普拉代莱遗址的骸骨或许为尼安德特人拥有记数法提供了第一个确凿例证：他们能计算具有同等价值的器物，用小的次级刻痕补充或改变主要系列的含义。

这些还远远无法证明尼安德特人具有数学计算能力，但是他们就像其他许多动物一样，肯定天生就有精确识别少量数目的能力。这与其说是计算，不如说是即时理解能力，在处理较大数量的物体时，还需要关于多和少的普遍认知来辅助理解。有人认为人类运用数字的技能就是从这些能力演化而来，类人猿对此给出了充分证明。这种过程可能始于早期古人类处理少量数目的能力，我们在普拉代莱和扎斯卡尔纳亚遗址骸骨上看到的标记分组就反映了这一点。尼安德特人的计算能力并不是通常对"1到100"这些数字的理解，而可能以集合为基础，就像计数系统一样。

令人着迷的是，儿童的各个感官天生就具备数字识别能力：听觉和视觉能评估物品数量。考虑到普拉代莱骸骨上面次级切口的尺寸极小，尼安德特人可能是通过触摸来感知的。想象尼安德特人的指尖划过这些切口表面的情形，我们会意识到一个事实：我们所讨论的这些雕刻品全都便于携带，甚或共享。但是有一个例外。

在直布罗陀的戈勒姆洞穴，一块石板凸起的部分深深雕刻着13根相互交叉的线条，定年在距今4万年前。这些线条大致组成一个格栅图案，媒体戏称为"井号标签"[1]，但它所花费的时间可能比普通的推文要长得多。实验结果显示，这大概需要按照特定次序进行200到300次凿刻。首先需要凿刻出两条深深的水平线；然后是五条垂直线，都按同一方向凿刻；接着对其中一条水平线进行加深；最后再添加更多的垂直线。同样，这个雕刻图案给人一种组合排列的印象。

---

1 Hashtag，也叫聚合标签。作为推特网最具特色的属性之一，Hashtag可以让用户为信息创建主题标签，对庞大冗杂的信息进行聚合和归类。——译者注

随着尼安德特人使用颜料和雕刻标记的证据日益增多，就连一些怀疑论者都渐渐相信尼安德特人具有审美和象征行为。没有人会声称尼安德特人的艺术创作就像现代世界各地的文化一样——即使假设马特维索洞的红色手印或者红色线条的定年无误——但是他们是否具有"艺术"呢？许多人认为艺术是人类独有的，但是只要有绘画材料和绘画构想，即使人工圈养的黑猩猩也喜欢用颜料在物体表面绘画。[1]

事实上，猿类的行为与尼安德特人存在惊人的相似之处：作品通常都画在"画布"边界以内，并显示出平衡或对称的特点；在大致相等的距离勾画出记号，然后填充中间的空白或拉长线条来填补空间。黑猩猩在作画期间也会重新修饰特定区域，用新的标记覆盖已有标记，还有些黑猩猩热衷于混合颜色。有时甚至呈现出极具个性的绘画，有些黑猩猩喜欢不同的图案，包括放射状的扇形线条。

最有意思的是，他们绘画时虽然全神贯注，但对最终成品似乎不感兴趣。美学就本义来说就是理解和欣赏。对他们来说，美在于创造过程，而不在于最终呈现的作品。艺术是创作者从身体和感官角度与各种材料接触的**过程**，古典西方艺术鉴赏对此或许并不熟悉，但随着时光流逝，许多人类文化开始意识到它的永恒魅力。

---

1 人类也喜欢购买它们的画作：第一位黑猩猩画家刚果（Congo）的作品售价高达数千英镑。

羽毛和爪子

扎斯卡尔纳亚那只曾经在克里米亚山脉上空飞翔的渡鸦，让我们注意到了尼安德特人另一个可能存在象征行为的领域，也就是他们对鸟类的处理。正如我们在第八章看到的，大量证据显示尼安德特人会捕食鸟类；扎斯卡尔纳亚出土的骨骼上也有切割肉块的痕迹。但是有线索证明，有时他们的行为不单是为了生存。特别是在一些遗址中，翼骨比预期的更加常见。[1]翅膀远远算不上肉厚美味的部位，但翼骨表面经常布满切割痕迹，而且来自独特的鸟类种属。在扎斯卡尔纳亚渡鸦所在的地层，也出土了苍鹭翅膀上的一块骨头。

回想一下富马尼洞穴的 A9 层（发现赭红色贝壳的地层），空间进行了有趣的划分，用来堆放处理鸟类翅膀的废料。虽然红嘴山鸦和琴鸡躯体其他部位的存在说明它们曾被用作食物，但所有猛禽，不管是胡兀鹫、乌雕还是黑美洲鹫，甚至体形较小的灰背隼，都只剩下被宰割的翅膀。很显然，至少 100 年里，这里的尼安德特人对猛禽及其翅膀很感兴趣，在后期地层中，这种情况在某种程度上似乎延续下来。

鸟类的爪子或许也成了关注的焦点。同样在扎斯卡尔纳亚遗

1　有些食肉动物会弄出大量翅膀堆积的自然骸骨组合，但这类情况可以通过埋藏学分析进行排除。

血缘

址，渡鸦所在的地层还出土了一只鹰的趾端骨。而在富马尼洞穴年代更久远的 A12 层发现了鹰爪的遗存，甚至 A9 层的琴鸡似乎也有多余的足骨，尽管它们是在附近的松林被猎杀后完整地带回洞穴。

研究人员对法国和意大利各地定年在距今 10 万到 4.5 万年前的遗址展开系统化研究，发现屠宰的猛禽（特别是鹰）的腿骨或爪子存在相似的模式。有些地方还不止一个：在多尔多涅山谷以南数公里外坍塌的菲厄斯洞穴遗址（Les Fieux），多个地层出土的 20 多块大型猛禽的骨头几乎都是爪子。最有趣的是，来自同一地层的两块最大的白尾海雕趾骨上都没见到爪子，很可能是被带到了其他地方。

鹰爪用作饰品的理论早就存在，但是直到有人提出克拉皮纳遗址的 8 只白尾海雕的爪子可能用作项链，人们才广泛意识到这点。研究人员对鹰爪及其趾骨进行微观检查，结果发现了光滑的切痕和小块明亮区域，类似摩擦软硬物体都会产生的接触性抛光。其他骨头并未呈现出相似的磨损模式，而且虽然克拉皮纳遗址出土的动物遗存中包含各种鸟类，但真正带有屠宰痕迹的只有鹰，而且数量只有三四只。

有人认为这些鹰爪最初是穿在一起的。但这种说法很难找到依据，因为虽然它们都来自最上层[1]，但这个沉积层本身很厚，而且没有证据表明这些鹰爪之间存在关联，更别说连成一整件不

1　这个地层的上面包含古人类的化石。

同寻常的物品。最近在一只鹰爪薄薄的二氧化硅膜下发现的胶原纤维令人震惊，但这并不足以说明它是将鹰爪穿起制成项链的绑缚物。

虽然这些发现激发复原艺术家的想象力，让他们创作出尼安德特人头戴羽饰和鹰爪项链的形象，但我们能肯定这没有实用功能吗? 某些情况下，猛禽和鸦科家族的成员绝对是他们的捕食对象，但出现大量鹰爪的情况确实很惹眼：有时它们是**唯一**被屠宰的鸟类骨骼。研究人员仔细分析肢解、剥皮和刮擦翅膀与脚骨的痕迹，发现这并不总是为了获取鸟肉或骨髓，尤其是对于像红嘴山鸦这样的小型鸟类。不难想象它们的翅膀或者脚和爪子的用途，比如做成刷子、狩猎伪装或者穿孔工具，但考虑到所需消耗的精力，这些都无法真正令人信服。

但是有一个经常被人忽略的资源就是肌腱。这些纤维材料有多种用途，而且我们知道尼安德特人有一套方法，能从狩猎的哺乳动物，比如驯鹿身上抽取肌腱。大型猛禽身上的肌腱特别大而且强劲有力，而实验研究显示，许多遗址的尼安德特人会从后侧清理鸟爪，在此过程中正好顺着肌腱切割，同时明显避开了尖利的鹰爪本身。

他们在处理翅膀时也表现出了这种双重性：有时可能是为了抽取肌腱，但屠宰痕迹却经常表明他们实际上想要的是初级飞羽。与下层的绒羽不同，初级飞羽保温性能不好，也不大可能安装在常用的长矛上起到辅助飞行的作用。

相反，就某些情况来看，其部分或主要动机确实与美学或象

血缘

征意义有关。世界各地的许多社会都将羽毛用于社交目的，镶嵌宝石的琴鸡脚胸针仍旧是射击界人员的配饰，或者用于固定苏格兰裙。[1]尼安德特人出于类似美学的意图收集鸟类的身体部位，真的就很奇怪吗？

色彩是使羽毛极具吸引力的关键因素之一，而且值得注意的是尼安德特人偏爱的鸟类都具有深色羽毛，比如黑色、深棕色和灰色，甚至鸟爪通常也是有光泽的深色。红色也出现了：雄性黑琴鸡红色的冠毛与它们乌黑的羽毛相互映衬，而红嘴山鸦兼具闪亮的黑色羽毛与红色或黄色的喙、红色的脚、黑色的爪子。值得注意的是，2020年克拉皮纳遗址那只鹰爪上的颜料经鉴定为胶原纤维，而这来自另一种颜料配方，主要成分包括红色和黄色的矿物、木炭和黏土。这种关联有力地表明，某些地区的尼安德特人会利用鸟类的身体部位来表达他们的审美。

但为何选择这些动物呢？很多似乎经过特殊处理的物种，例如猛禽和鸦类，都是尼安德特人极其熟悉的，是他们狩猎场上的常客，尤其红嘴山鸦甚至会定居下来，因为它们是穴居鸟类，喜欢到有大型食草动物游荡的牧场觅食；它们偏爱人类垃圾，如今在滑雪胜地也能见到。但总体而言，鸟类或许曾引起更深的共鸣。它们的身影或叫声充斥在尼安德特人的生活中，其数量之多远超今天大多数人所见。日出日落都伴随鸟类的大合唱，空气中流淌着它

1　维多利亚时代的绅士在狩猎时通常佩戴这种配饰，它们最初可能源于一个更古老的幸运符传统。

们季节性的歌声、刺耳的警报以及远处盘旋的鸥类或鹰类的叫声。当夜幕笼罩大地时，山谷中回荡着猫头鹰的叫声，夜鹰轻松哼唱，歌鸲为黑夜带来荣光。然而就像现代人一样，尼安德特人只能目送鸟类翩然飞去；或许他们也梦想能冲上广阔的天空。

不止于此

美学其实就是改变物质和材料，创造各种感官体验或感官效果。有时这可能是为了取悦自己：不管克拉皮纳遗址的鹰爪是否是伊姆间冰期的项链，有些材料，比如贝壳、鹰爪或羽毛，都确实有可能用于装饰身体。我们也能想到他们可能会利用动物身上其他鲜少留下遗迹的部位，比如毛发。舍宁根遗址消失的骨头遗存或许说明，尼安德特人除了带走兽皮，可能还带走了马尾。

毋庸置疑，至少有些古人类种群确实穿着衣服。研究人员可能梦想看到旧石器时代中期的奥茨冰人——身穿整套服装的冰冻尸体，但我们必须记住，在更广泛时空生活的尼安德特人可能和现代人一样惊叹于彼此的穿着。有一点或许很普遍：他们对材料属性的浓厚兴趣也可能体现在对衣服的选择上，而且很可能从功能延伸到了审美表达。如今的磨光器不仅仅用于软化皮革，还用于抛光。它们使皮革具备了防水效果，让在潮湿的秋季狩猎变得更加舒适，同时也让皮革表面增添一层珠光。

在兽皮加工过程中，鞣制不是必要的，虽然这有利于皮革的保存和防水。不过如果你想添加从粉红、橙色到棕色的系列颜色，效果绝对完美。令人难以置信的是，诺伊马克诺德遗址一块小石片上的有机残留物说明，尼安德特人有时确实会加工皮革。化学分析鉴定出高含量的鞣酸，这种强效的植物源物质能用于着色，也是酸沼木乃伊[1]得以保存的原因。此外，诺伊马克诺德遗址的鞣酸来自栎树，像栗树一样，栎树也是间冰期用于鞣制的理想树种。这再次体现了尼安德特人对品质的重视。

透过这个微小的棕色碎片，我们能窥到一双沾满污渍的手在炖煮树皮的巨大容器内搅动。因为就算鞣制像黇鹿那种轻薄的小型兽皮，也至少需要一周[2]——整整一周待着不动，而不是四处走动。烟熏会使兽皮变成棕色，而鞣制不仅能提升皮革品质，也能增添一系列更亮的色彩；这对花时间制作混合颜料的尼安德特人来说明显很重要。栎树并不是到处都有，在气候较凉爽时，他们会用柳树和桦树皮甚至浆果来替代，而桦树焦油本身也是一种选择[3]。

不过诺伊马克诺德遗址的树皮鞣酸证据最终还与尼安德特人的其他工艺有关，而这可能跟个人装饰品有关。不单是富马尼洞穴的彩绘贝壳，另一个考古遗存也有串联或穿孔的痕迹。在康贝-格林纳尔出土的一件锰矿石修理器上，一个很深的凹槽顺着更早期的刮痕切开并形成了光滑的内表面，表明内部曾有某种柔软的东

---

1 "酸沼木乃伊"是自然形成而非人工制造的木乃伊。沼泽的酸性环境能起到防腐的作用，使尸体保存下来。——译者注

2 像野牛皮这种又大又厚的兽皮鞣制起来可能需要一年时间。

3 俄罗斯皮革经常使用桦木焦油，其著名的香味用于帝王香皂。

西反复摩擦。

研究人员至今都未找到尼安德特人制造绳索的证据，但是2020年随着马拉斯岩棚遗址公布一项惊人发现，情况发生了改变。研究人员在一块石片底部的天然硬壳上发现了一根6毫米长的植物纤维。它可能由松树或杜松子树的树皮或者根茎制成。最令人吃惊的是，这严格说是经典的三股线：每股线的纤维都朝一个方向缠绕，然后反向缠绕卷在一起。此外，其制作工艺非常精细，不亚于手工编织的亚麻围巾上的线。

即使假设存在脱水收缩，这么薄的东西也不会有太多用处。它倒是可能用作小型石器装柄的绑缚物，也可能用作连接或串联特殊物体的丝线。马拉斯洞穴遗址的树皮线无疑是独一无二的发现，考古学家几乎都难以置信，以批判眼光去评估是理所应当的。但是就像诺伊马克诺德遗址的鞣制废料一样，富马尼洞穴的彩绘贝壳或任何侥幸保存的一次性遗物，都是我们要研究的对象。我们要在研究中寻找一种平衡，既小心谨慎，又不会因为单个人工制品的罕见或者奇特就忽略其价值。

不管尼安德特人是何种装扮，无论是皮肤上涂的颜料，还是闪亮的鞣制皮革、舒适温暖的毛皮或红色贝壳项链，都不仅是出于实用考虑。配饰是表达身份地位的有效途径，在许多动物身上都能观察到类似现象。类人猿有时会身披某种物品，特别是黑猩猩，它们喜欢将猎物的某些部位挂在身上，以至于有人曾看到野生黑猩猩将连带尾巴的猴子皮打结缠绕在脖子上。这个结或许是偶然因素造成的，但这种行为显然不是。

　　　　　　　　　　　　　　　　　　　血缘

对尼安德特人来说，身穿由兽皮和毛皮制成的衣服会让人想到这些皮毛的主人。改变外表或者通过装饰或色彩使自己脱颖而出，这种做法也为他们从事更复杂的活动铺平了道路——比如与亲朋好友建立社交联系。

不同的社会范畴，例如年龄和性别，都可能和尼安德特人制造或穿戴的装饰品与象征物紧密交织。前面几章已经提到很难界定古代人的性别，但确实有线索可以从解剖学或遗传学上划分尼安德特人的性别，因为不同性别的人群独特的生活方式在他们的骨头和牙齿上留下了印迹。女性躯体具有一个明显的共同点：牙齿经常咬合固定和拉扯兽皮留下的磨损痕迹以及两臂的不对称发育，都指向兽皮加工活动。现代许多狩猎采集文化存在相似之处。在这些文化中，女性是处理兽皮的工匠，她们制造的物品就像石器一样对生存至关重要。尼安德特人的性别观念可能基于很多因素，而且并不能用现代西方的女性概念来刻画。但有趣的是，兽皮加工和衣服本身，或许就是他们物质文化与社会身份的交叉点。

将有关尼安德特人美学和象征概念的证据整合起来，结果令人震惊。但近 30 年来最重要的研究成果或许在于，日益扩大的数据库让我们能够看到个体样本之间在理念上的共同之处，以及他们生活的其他方面。颜料与贝壳的组合不止出现过一次；颜料矿石上也雕刻着线条，就像骨骼和石头上一样。颜料矿石与其他物质混合又能生成新的材料，就像将松脂和蜂蜡混合就能制作出安装手柄用的黏合剂一样。

有些遗址还取得了其他不同寻常的发现。普拉代莱遗址的骸骨遗存不仅有雕刻的线条和切口，骨头本身还作为原料用于制作修理器，甚至直接用来打制器具。在扎斯卡尔纳亚遗址渡鸦所在的地层，尼安德特人不仅从事所有这些活动，还用颜料对收集来的大型猛禽翅膀和爪子，甚至从黑海带来的海豚尾骨，进行着色处理。

还有一个问题：尼安德特人的这些行为与早期智人相比如何呢？尼安德特人的颜料配方与南非布隆伯斯洞穴一个贝壳内的"颜料盒"非常相似，而后者的定年在距今 10.5 万到 9.7 万年前，其中包含的闪亮黄铁矿物质近似于澳大利亚马杰德贝（Madjedbebe）与赭石同时出土的闪亮云母片，而后者可追溯到 6.5 万到 5.2 万年前。富马尼洞穴的赭红色贝壳与许多早期智人遗址的遗存相似，但布隆伯斯洞穴出土的一些原本可能穿成一串的贝珠格外引人注目。

有些尼安德特人的雕刻具有清晰的结构，但是南非迪克鲁夫岩棚的情况远非如此。定年在距今大约 10 万年前的更早期地层出土了一些鸵鸟蛋的蛋壳碎片，上面简单的线形雕刻与尼安德特人在骨头或颜料矿石上的雕刻几乎毫无分别。但是到距今 8 万年前，具有复杂格栅设置和界行线的雕刻碎片出现，并连续出现在多个地层。在大致同期的布隆伯斯洞穴遗址，也出土了一块著名的带有 X 网格框形图案的红赭石。到目前为止，我们还没遇到像迪克鲁夫岩棚那样规整而且能看出图形传统的多块碎片。

尼安德特人与 4.5 万年前的早期智人确实有一个共同之处，那就是他们都没有明确的具象艺术。具象艺术的典型表现，是洞穴顶部令人叹为观止的动物雕刻。目前已知最古老的动物壁画来自印度尼西亚的苏拉威西岛，绘制时间为距今 4.4 万年前；加里曼丹卢邦 - 杰里吉 - 萨莱赫洞穴的手印图案也出自同一时代；在距今大约 4.1 万年前，德国的弗戈赫尔德遗址出土了一个用象牙雕刻的微缩女人像。

这些究竟是独立繁盛起来的艺术，还是各个种群在距今 8 万年前扩散到欧亚大陆时带来相同的艺术传统（就像同时代非洲南部的人一样），目前尚不可知。其艺术源头也许可以追溯到更久远的时期。最古老的雕刻图形是爪哇岛特里尼尔一个淡水贝壳表面的"之"字形图案，它绘制于 50 万年前。这让许多人认为，尼安德特人和我们现代人的美学遗产可能继承自同一个遥远的古人类种属。我们可能走进了一片新的大陆，发现这里的艺术早已有数千年的发展历史。

⁂

尼安德特人美学行为背后的具体动机至今仍旧无从判断。我们也许能理解光线、色调和质地对神经元的原始刺激，以及皮肤和大脑因为雨燕群冲向天空的尖叫声而兴奋的原理。我们甚至可以找到一个明显的比喻：液态的红赭石就像地球的血液。但真正要想一窥尼安德特人的思想世界，就像看着阳光渗入笼罩数千年尘埃的洞穴一样。我们也必须忘掉各种经典的艺术理念，认识到有时意义和象征可能就在于转化行为本身。改变颜色，在物体表面刻画图案，甚至收集鸟类翅膀上的飞羽，其意义更多地在于在创造过程中产生共鸣，而不是之后浮现出共鸣。

我们再回到布吕尼凯勒之谜。它提醒我们，我们为探寻象征意义所做的各种猜测，可能与尼安德特人眼中的意义毫无关系。它从规模和视觉效果上来说都是里程碑式的，这是第一个伟大的艺术建筑，但同时也确实很怪异，就像乌尔德（wyrd）的本义：改变命运的力量。古人类在接下来 16 万年里的行为都无法与之相提并论，建造那些石笋圈的原因早已消失在无尽的黑暗中，但它标志着尼安德特人创造性潜能的起点，而且可能比赭红色的洞穴壁画更出人意料。即使在今天看来，它仍旧令人生畏，而且美丽。

第十二章　内心想法

　　嘴唇翕动，干燥的舌头舔着轻轻滑落的汗水。她抬起眼皮，看到粗糙墙壁上洒落的晨光，再往外，是同伴们黑色的轮廓。她的身体正经历周而复始的痉挛，同伴们抚摸着她的胳膊和手腕，轻声安慰："我们在看着，在等着。"一双布满皱纹的粗糙大手拉着她慢慢跪下，迎接新的疼痛高潮。当她闭上双眼时，整个世界骤然收缩，然后突然膨胀，一股深色的血液像宇宙起源中的奇点一样爆发，巨大的能量在体内涌动。她感觉到胎儿开始向下挤压。这股力量退去，但其他人仍旧低声为她鼓劲；他们是对的，因为新一波的涌动再次来袭，就像一头横冲直撞的野牛势不可当，空气中充斥着它急促的喘息，又或者是这女人的喘息？这时她展开身体，换了一个姿势。

　　分娩的气氛突然变得炽热，虽然婴儿的双腿还在她的体内扑腾，但她将手伸向下方，摸到一颗小脑袋：滑溜如水獭的皮毛，脆弱如天鹅的卵。最后一次用力，足以使骨头碎裂的力量让液体如瀑布般倾泻，一个光滑的小东西被周围人举起，放至她的腹部。她颤抖的双臂紧紧抱着婴儿，那柔软的腹部，比曾用积雪搓洗，一直搓到冻得牙根疼的秋季皮革还要柔软。婴儿那洞穴般幽深的眼睛凝视着她，她用嘴轻轻蹭着婴儿，深深呼吸着他的气味：充满血腥味，又令人陶醉。

如今我们可以询问有关颜料、羽饰或雕刻以及这些艺术品创造者的问题，我们彼此交流，就在于我们都是有情感的人，内心会因为恐惧或喜悦而悸动。如果尼安德特人能创造美好事物，那他们有没有可能知道自己喜欢什么？或者喜欢谁？甚至恐惧什么？这同样需要寻找一种平衡，既注重考古记录的可靠性，又考虑到由此衍生出的无穷可能。

从恐惧说起可能比较容易。尼安德特人肯定经常想起那些与之共存的捕食者的身影。他们虽然能控制用火，拥有武器，并继承了 10 万代古人类的聪明智慧，但在遭遇洞狮或鬣狗时，他们仍会本能地感到恐惧。另一方面，各遗址屠宰食肉动物的迹象，说明尼安德特人能克服这种恐惧。遗存中甚至能辨识出一些顶级的动物捕食者，尤其是所有群居动物中最阴险狡猾的狼。

除此之外，他们还要面临各种自然因素的威胁。石器的移动说明他们肯定经常穿越河流，包括像罗讷河这样宽阔的河流。即使选择浅滩，当手里拿着珍贵的物品浮出水面时，危险也会接踵而至。图维尔－拉里维耶尔那根受损的臂骨，或许就是一时失足造成的。他们要忍受出人意料的刺骨寒风和可怕的暴风雪，这些都足以致命，所以他们很可能害怕待在野外。

即使尼安德特人已经掌握在火塘的安全范围内控制用火，恐怖的野火也是另一回事，这或许是伊姆间冰期干旱阶段的特定问题。但是反过来，没有火可能也让人忧虑不安。当尼安德特人走入像布吕尼凯勒这样回音久久不散的深邃洞穴时，照明至关重要，没有照明可能会引发致命后果。在洞穴外面，北方的冬夜漫长而又黑暗。即使有火塘的余烬取暖，有寒冷的星光照明，黎明的到来仍旧让他们如释重负。

那他们有幸福感吗？不管是走过松软的草原—苔原地带，还是穿越绿草丛生的森林空地，尼安德特人都可能体验到沐浴在阳光下的那种简单的快乐。他们肯定也获得了其他类型的满足感。寻求快乐绝非类人猿群体所独有的，我们必须假定许多尼安德特人的性关系是自愿的、愉悦的，虽然有时可能并非如此。就身体结构而言，骨盆的大小说明尼安德特人的阴道与现代人非常相似，由于阴茎因人而异，他们的阴茎也可能更像现代男性而不是倭黑猩猩的阴茎。

总而言之，幸好男性尼安德特人与倭黑猩猩不同，他们没有"阴茎刺"基因。虽然类人猿的阴茎刺更像坚硬的小鹅卵石而不是尖刺，但这确实会影响交配。猕猴在去除阴茎刺后，交配和高潮持续的时间都明显增加了一倍。

由此我们可以设想，尼安德特人的性行为相比倭黑猩猩的快速插入要更惬意、更愉悦。同时别忘了阴蒂，这是单纯为了获得快感而存在的器官，但是对尼安德特人来说很不幸，他们可能和我们一样，缺少倭黑猩猩那种在面对面交配时更容易达到高潮的巨大阴蒂。然而他们很可能存在某种形式的自慰行为，不管是像现代人性交的前戏，还是更广泛地用于社会联系和消除紧张感——在倭黑猩猩群体中，任何个体间都可能存在这种行为。

关于性行为我们就说这些，那爱呢？生活中许多最强烈的情感都伴随"初恋"而来。尼安德特人肯定经历了青春期的生长加速，但他们是否也有激素引起的情绪波动和迷恋呢？勒穆斯捷 1 号表明，尼安德特人少年时已经非常强壮——他的上臂和现代成年男子的上臂一样粗，因此青少年的骨骼碎片也不可小视。

女孩月经初潮的年龄不得而知，但这可能标志着其他人对她们态度的转变。不过女性一生中的月经次数可能相对较少。根据社会动力学，传统社会许多没有可靠避孕措施的女性不是在怀孕，就是在哺乳。虽然针对狩猎采集者月经情况的研究非常罕见，但是相比现代西方女性，她们的月经周期比较短，有时只有两三天。现代女孩和尼安德特人少女可能共有的一点是，她们要学习应对经期不适并保持个人清洁；今天，这些信息可能来自女性亲属或同龄人，尼安德特人的情况可能也是这样。

这里有个令人着迷的问题：尼安德特人清楚阴道流血意味着什么吗？还有，他们清楚性交 10 个月后可能会出现什么情况吗？与其他动物不同，所有人类文化都明白雌雄交配与生育直接相关。如果尼安德特人也清楚这点，那这可能有更深远的社会意义。

有关尼安德特人如何组织生育的理论层出不穷。一种观念是群体由男性主导，证据来自埃尔锡德隆洞穴的考古发现——据说所有男性都来自同一个遗传群体。相反，成年女性来自两个不同血统，研究人员认为这为她们加入男性主导的群体提供了证据。但

血缘

事实上，因为埃尔锡德隆遗址的化石从洞穴系统的其他地方冲刷而来，堆积得杂乱无章，所以根本无法确定这些个体是否生活在同一时期，更别说形成一个社会群体。此外在狩猎采集社会，通常是女孩留在母亲所在的社会群体。

另外还有一个基本事实，尼安德特人不像大猩猩，身高和体形并不存在显著的两性差异，这意味着群体中不可能存在占统治地位的男性拥有庞大后宫的情况。相反就像大多数人类一样，尼安德特人可能有固定的性伴侣，至少大多数人是这样。这意味着与其他许多灵长类动物不同，他们会共同养育后代，而且成年人会结成长期稳定的伴侣关系。

分享食物是尼安德特人日常生活的重要组成部分，这说明他们习惯通过分享食物来维持社会关系。那么，他们创造并携带小型美学物品也可以解释为出于渴望和热爱。也许富马尼洞穴的彩绘贝壳就是5万年前的一种"爱情信物"，反映的是一种亲密关系。

小宝贝

父母和婴儿之间存在另一种同样强烈的感情纽带。虽然尼安德特人作为一种古人类不断遭到诋毁，但他们的女性在生育和抚养婴儿这方面表现得非常成功。腹部隆起的含义可能众所周知，如果是这样，他们可能会喜忧参半地期待着分娩时刻的来临。尼安德特人的分娩过程是怎样的呢？如今，分娩是生死攸关的大事，虽然生活背景不同，但激素分泌和严重的体力消耗经常会引发极端情绪。人类分娩常在夜间发动，她们会本能地寻找特定地点或位置分娩。

尼安德特人的准妈妈们可能会在远离捕食者的庇护所分娩。洞穴或岩棚是明显的选择，这甚至可能是她们季节性迁移前往此类遗址的动机之一。但是与大多数哺乳动物不同，人类母亲在分娩时通常更喜欢有其他人陪伴，尤其是第一次分娩。[1]甚至有理论认为智人的独特之处就在于分娩时需要接生员。人类胎儿必须扭动身体沿着产道向下，这会延长分娩时间，也导致接生员很难抓住胎儿，增加了致命难产的风险。

研究人员对塔本女性的骨盆和梅兹迈斯卡娅新生儿的头骨进行综合扫描后发现，尼安德特人女性在分娩时，胎儿无需在产道内扭动，但胎儿的头部较长，所以与产道仍旧紧密契合。女性尼安德特人无疑终生面临着怀孕和分娩带来的风险，并且可能从小目睹死亡或伤害。但是在历史上，产妇保健的情况变化极大。举例来说，17 世纪巴黎的各大医院原该为产妇安全分娩保驾护航，却因为感染率高和粗劣的医疗干预手段导致大量产妇死亡。相比之下，具有非正式助产历史的传统社会，不管是不是狩猎采集社会，产妇分娩的安全性可能反倒更高。[2]

但即使对其他类人猿群体而言，接生也不单单是提供身体上

---

1 有些传统文化，包括非洲南部的昆人，将独自分娩看作勇气的象征，但其实产妇分娩，尤其是首次分娩时，其他人都会在场。

2 但是这也存在危险，如今世界上许多地区的女性分娩死亡率高达 1/16，这也是导致 30 岁以下女性死亡的主要原因。

血缘

的帮助。研究人员对倭黑猩猩进行深入研究后发现它们具有惊人的类人行为：其他雌性倭黑猩猩会积极帮助分娩的母亲，通过观察和触摸来查看进展。这不只是出于好奇或者想要抱抱幼崽。在母亲分娩期间，雌性同伴陪护的时间并不仅限于分娩前后，而且它们在幼崽**出生前**表现出的兴奋明显超过其出生后。此外，那种抚慰性的交流是针对母亲的，而不是在彼此之间。它们会表现出明显的保护欲，将苍蝇和雄性全部赶走（雄性倭黑猩猩反而没有任何保护行为）。最令人惊奇的是，有人观察到，在分娩前经验丰富的护理者会向母亲模拟接生的动作，并在分娩时托住幼崽的头部，协助母亲调整姿势。

当然倭黑猩猩是以雌性为主导的社会，雌性成员之间具有深厚的友谊。雌性主导再加上之前的育儿经历，似乎促成了导乐陪护行为的出现。与此形成鲜明对比的是，黑猩猩生活在以雄性为主导的群体中，成年雌性之间通常缺乏友谊。它们更喜欢独自生产，然后带着幼崽离群索居，这是因为它们要面临来自雄性或其他雌性的杀婴风险，但是倭黑猩猩群体中从未出现此类记录。

最有趣的是，倭黑猩猩之所以如此独特（尽管雌性仍旧会在群体间移动），一个关键原因在于，它们和尼安德特人一样，不存在食物竞争。如果说资源匮乏是导致雄性黑猩猩凶猛好斗、雌性孤立生产的原因，那尼安德特人合作狩猎和复杂的食物共享，可能意味着相反的结果。当狩猎群体将食物带回营地供等待的成员食用时，群体内部出现攻击行为的概率大大降低，女性之间会发展出类似雌性倭黑猩猩的友谊。有了许多类似现代人的复杂分娩过程，尼安德特人有接生员也就不足为怪了。

在分娩场景下，情感互动非常强烈，知识和技能的传递可能攸关生死，所以社会交流会逐渐增多。此外当老少数代共同生活时，这种可能性更大，许多成员很小就有机会观察和学习照顾孩子的技能。年轻倭黑猩猩通过怀抱特定形状的石块或木块来模拟照顾婴儿。人类的儿童如果有机会，也会抱着弟弟妹妹四处活动。经验丰富的母亲甚至祖母在场，有利于减轻新妈妈的压力，尤其是可以传授基本的产后护理知识，比如处理胎盘。

灵长类动物通常会吃掉这一大团血糊糊的古怪东西，但这更多是为了避免引起食肉动物的注意，而不是为了获得营养。人类倾向于掩埋胎盘，而尼安德特人因为生活地点甚至社会传统的不同，对胎盘的处理可能也不尽相同。胎盘娩出后，产妇通常会出血，排出所谓的"恶露"。出血量会很大，而且要持续数天甚至数周。虽然有些新妈妈完全可以起身像正常人一样生活，但许多社会认为女性在产后需要休息和亲属的照顾。产妇可以使用更多平时吸收经血的材料来吸收"恶露"，同时也要获得额外的食物补充：尼安德特人的母亲们每天至少要额外摄入 500 卡路里的热量，才能分泌足够的乳汁来满足新生儿的能量需求。

尼安德特人的婴儿刚降临世界时，与现代人的婴儿出奇相似。他们生长发育的关键节点几乎和我们完全相同，短短一年就从脆弱无助、蜷作一团的小宝宝成长为不受约束的学步孩童。他们看起来同样可爱，这是确保他们在同样长的童年时光获得父母关爱的重要特征。有关他们是否成长更快的问题已经讨论过很多，但

血缘

是与其他灵长类动物相比，这种差异可以忽略不计，尼安德特人的婴幼儿出生头几年完全要依赖父母生活。

多亏了精妙的分析方法，我们看到某些情况下尼安德特人的婴儿到一岁左右仍旧靠母乳喂养。法国屈尔河畔阿尔西的雷恩洞穴出土了一名一岁左右的尼安德特人婴儿的骸骨遗存，周围区域的骨骼中还发现了生长或愈合时产生的特殊蛋白质。此外，同位素显示他们是更新世古人类中体内氮含量最高的。要达到如此高的含量，就得食用大量淡水鱼、吃食肉动物的肉，当然更有可能是从母乳中获得养分。[1]

婴儿即使得到体贴入微的照顾，仍旧面临许多风险。在许多狩猎采集社会，疾病和感染是婴儿死亡的主要原因，而断奶时往往是更艰难的时期。当婴儿第一次品尝乳汁之外的食物时，各种新病原体和寄生虫也会随着食物混入他们体内。婴儿通常在 2 到 4 岁完全断奶，随着乳汁需求量减少，母亲的生育能力恢复，新的弟弟或妹妹很快又会出生。

断奶年龄只是评估尼安德特人生长速度是否更快的另一个重要指标，牙齿同位素分析则是首要衡量方法。虽然这种分析技术还很新，有些还存在争议，但有人认为同位素钡可作为母乳的标志物。研究人员对比利时斯科拉迪亚洞穴出土的距今 10 万年左右的尼安德特人儿童的牙齿进行分析，记录了该同位素比值的变化。

---

1 氮同位素在一定程度上能跟踪生物在食物链中的位置。因为婴儿吃的是母乳，所以看起来很像超级掠食者。

分析结果显示，母乳喂养 7 个多月后，开始加入其他食物，但是这个婴儿刚满一岁时，钡同位素就突然中断了。

如果钡同位素真的能追踪母乳喂养情况，出现突发性中断更可能是因为母亲重病或者去世。这看着不像现代人、灵长类动物或者早期古人类正常断奶的情况。但有趣的是，这也表明其他哺乳期的母亲不能或是不愿收养这个婴儿。研究人员对一名距今大约 24 万年前的近 3 岁儿童的牙齿遗存进行微量取样分析，结果发现即使在尼安德特人中，斯科拉迪亚遗址这名儿童的情况也不常见。正常情况下断奶的迹象会逐渐出现，母乳喂养会一直持续到两年之后，然后渐渐减少，几个月后停止。

也许在两足人类的生命中，最令人欢欣鼓舞的重要事件之一就是行走。为安全和速度考虑，尼安德特人可能会携抱婴儿走路，间接证据就来自佩勒岩棚的 P6 儿童骸骨。同位素的比值变化说明这个群体迁移时婴儿只有几个月大，无法独立行走。而且这是他出生后经历的第一个冬季，需要某种保护用的包裹物或搬运工具。在有些狩猎采集社会，独立行走本身就与断奶有关，因为怀抱婴儿这种身体上的亲密接触有助于继续哺乳。一旦孩子能够并愿意在没有太大风险的情况下四处走动，或者等到三四岁体重太大，父母就不会再抱着他们。所以，如果尼安德特人的儿童在三四岁或者更早之前停止母乳喂养，这可能也标志着他们很少再被抱在怀中。

就像我们牵着学步儿童的手一样，我们也会给婴儿提供特殊食物来帮助他们断奶。就算假定尼安德特人的母亲和婴儿共享食物（与众人一起），我们能确定所谓的"婴儿餐"吗？比利时昂日遗

血缘

址的儿童骸骨或许能提供一条线索，该儿童骸骨内的氮元素含量水平远远高于同一地区的成年人。他的年龄在五六岁左右，出现这种情况不可能是继续摄入大量母乳造成的，所以肯定与不同寻常的饮食有关。可能是淡水鱼，但也许是驯鹿或猛犸象的特定部位，比如大脑，甚至更有可能是发酵食品。

骸骨的其他部位表明尼安德特人的孩子长大后很快就开始从事各种体力活动。但不确定的是，他们是如何将童年理解为一个生命阶段的呢？或者是否有这种认知？毋庸置疑，他们理解这种生理上的不成熟并为儿童提供食物，但成年人会帮助儿童学习如何长大吗？幼儿牙齿上的磨损痕迹说明他们至少存在某种模仿行为。在康贝·格林纳尔遗址，一名3岁儿童门牙上的珐琅质已经磨损殆尽，这可能是用牙齿钳制物体造成的。但这里提供了一条有趣的线索，从埃尔锡德隆1号男孩的牙齿磨损中，或许能发现更多信息。

我们在第四章已经看到，牙齿微痕分析显示这名男孩已经学会将食物咬在口中，然后利用石制工具切割。但是与年长的个体相比，他牙齿表面的刮痕较窄，原因可能有两种：一是他缺乏信心，只是试探性地行动；另外一种可能性更大，就是他所使用的是刃缘更薄的小型石器。这个石器可能是他自己打制的，但精细剥片技术通常很难掌握，可能有人给他制作了相当于儿童餐具的器具。有趣的是，考虑到在其他狩猎采集社会同龄人相互学习非常重要，埃尔锡德隆遗址另一个牙齿有类似狭窄刮痕的个体很可能也是儿童。

如果真有专为儿童制作的器具，那就能显著证明某种童年状态的存在；但这是否意味着尼安德特人有玩具呢？人类就像其他动物一样，几乎通过玩耍学习一切知识。其中包括分辨物体，儿童能从很多东西中找到乐趣。许多具有美学特征，比如色彩鲜艳或表面闪亮的物体，很可能深受孩子们喜爱。但考虑到生产这些艺术品的时间成本以及材料的稀有性，许多人对此持反对意见。

当然，许多玩具都是实用器具的简化版或微缩版。特殊尺寸的器具也有可能见到，比如舍宁根遗址出土的长矛就有一些明显更短。这些明显不是"假"武器，但可能是专供儿童使用或者由儿童制作的。湖岸伏击狩猎对初学者来说可能相对安全。在这里，连续遭到攻击的野马群明显处于弱势地位，激动紧张的儿童可以趁此时机练习投掷长矛的技巧。

狩猎之后，另一项关键的技能就是屠宰。大多数小型石器不能算作玩耍用的小玩意儿，因为尺寸小通常是由反复修理造成的。真正的微型物件，比如小型勒瓦娄哇技术尖状器或小石叶都是有计划地制造而成，相关制造技术非常复杂，因此很可能不是出自儿童之手。但这并不代表儿童不能拿这些小器物来练习，就像科瓦尼格拉洞穴那些鸟类骨头上微小的割痕，可能就是儿童在玩耍中学习生存技能的体现。

照顾我们

童年是我们迈向危险而又刺激的人生的重要起点。伤痛和疾病在狩猎采集社会非常常见，有时甚至非常严重，尼安德特人的社会也不例外。但令人吃惊的是，无数骨头遗存证实有些个体在身染疾病后仍旧能够存活很久。这是否意味着他们得到了好心人的照顾？要证明这点非常复杂。直布罗陀的魔鬼塔男孩在颌骨骨折时只有两三岁，可能要在成年人的帮助下才能进食。如果说帮助蹒跚学步的幼儿在意料之中，那么在其他情况下帮助更成熟的个体，就很难确定了。勒穆斯捷1号少年在稍大一些后，颌骨又出现过严重的骨折，而且可能影响到了日常进食，但现在我们无法确定他是勉强坚持进食，还是受到了照顾。

再来说说老人。就像圣沙拜尔这类遗址所揭示的，尼安德特人中显然也有许多没牙的老人。黑猩猩社会也是如此，年老的黑猩猩在没有任何外来帮助或特殊软性食物的情况下，照样能够顽强生活。这让我们想到，我们在做出需要照顾的假设时，需要考虑他们自身的文化和经验。在这方面，动物的行为存在巨大差异。黑猩猩，尤其是倭黑猩猩，确实会安慰群体中紧张不安或受伤的个体，但不会持续给予帮助或提供食物。相比之下，类似大象和鲸这种高度社会化的动物会齐心协力帮助受伤个体，有时提供物质上的帮助。令人吃惊的是，狮子、狼甚至獴偶尔也会给残疾的成年个体提供食物。在这里值得注意的是，这些物种本质上比类人猿更擅长合作捕猎和采集食物。

单个尼安德特人脱离群体根本无法生存。如果受伤或疾病是日常生活的一部分，那需要帮助的人——不单是婴儿、母亲，还有天生带有残疾的人——肯定随处可见，并非异常情况。正如狩猎、屠宰和进食过程中产生分享和回报，从演化意义上来说，需要帮助的个体至少偶尔应该能得到帮助。

如果不是这样，就很难解释为什么一些年老体弱的尼安德特人能够存活。圣塞赛尔遗址的女性尼安德特人头部可怕的创伤或许会导致意识模糊，肯定会大量失血，而她肯定得到了帮助，至少是暂时的。同样，山尼达遗址的3名个体很幸运，胸部被刺伤后并未出现气胸，但可能会呼吸困难，无法行走。他们坚持两周多后才死亡，考虑到尼安德特人的身体需要更多热量，如果没人提供食物，似乎很难存活这么长时间。

但是尼安德特人的老弱病残可以获得长期支持的最佳例证要数山尼达1号。他可能部分失明，至少一只耳朵失聪，行动严重受限，还有一条手臂断了。在这种情况下，他仍旧活到了高龄，甚至在病痛之外还出现了关节炎。

山尼达1号虽然行动不便，但腿骨显示他仍然保持正常的活动，显然适应了独臂生活。如果他独立应对所有问题，那肯定让人大为吃惊。他明显不属于边缘人群，在休养恢复后可能继续从事采集工作，甚至会狩猎小型猎物。但他受伤之后一直能吃到大型猎物的肉，并且受到了保护。

某些动物也照料同类，人类和它们只存在程度上的差异，或许表现在医疗技术上。黑猩猩习惯食用生物活性物质，这可能有助于维持寄生虫或矿物质的平衡，但它们也可能根本不清楚这些食物对身体的影响，只是单纯的味觉偏好。黑猩猩有时会将树叶敷在伤口上；有趣的是，有人曾看到红毛猩猩将咀嚼过的树叶汁液涂抹在皮肤表面，所用的植物正是当地原住民用来止痛的那些种

血缘

类。即便如此，这与我们通过各种方式利用自然资源，制造花草茶、膏药、软膏以及采用其他疗法，依然存在很大的差距。

目前还没有发现尼安德特人使用草药的明确证据，但他们非常了解植物，使用草药也不是完全不可能。辨别植物的药性有一条重要的独特线索，那就是它们通常具有苦味，尼安德特人能察觉并忍受这一点。当考古学家在埃尔锡德隆遗址的饮食遗存中鉴定出疑似西洋蓍草和洋甘菊的物种时，这些植物被用作药物的说法引起了媒体的广泛关注。但它们也可以用作调味料，所以动机仍旧模糊不清。事实上，目前我们掌握的有关自我治疗的证据都是间接证据，包括山尼达 1 号、圣塞赛尔的女性以及克拉皮纳尼安德特人头骨的巨大损伤和疑似截肢的伤口，虽然看起来可怕，但最终都得以愈合，并未引起感染。

山尼达 1 号肯定活到很大年纪才离世，但他的高龄是否不同寻常呢？尼安德特人的种群数量很少，再加上骸骨遗存中有很大比例是年轻的成年男性，这就给人造成了他们寿命很短的印象。如果真是如此，这将会产生重要影响：壮年男性来不及繁衍后代就死去了。但是，这些结论都是建立在化石能够精确反映骸骨主人年龄范围的基础上。有迹象显示真实情况并非如此：在所有考古遗存中，女性骸骨的数量严重不足，而且在下一章中我们将看到，考古记录中的骸骨在重见天日前可能被尼安德特人处理过。考虑到这些情况，鉴定出的老年个体（60 岁以上的人）相对极少，并不能真正证明尼安德特人无法活到自然死亡。

虽然当时可能不存在白发老人成群出现的情况，但就像现代的狩猎采集社会一样，三代同堂的现象对尼安德特人来说或许非常正常。一家老幼共同生活其实有两大重要原因。首先，老人能帮忙照顾孩子，这样能让成年尼安德特人外出寻找更多食物或从事其他工作。其次，除了强化孩子从父母那里学到的知识外，祖父母更能胜任一些复杂技能，比如给石器安装手柄、追踪猎物，甚至是医疗护理。

长年累月积累的知识和经验变成了智慧。从更广泛的群体角度来说，老年人是至关重要的基石，因为那些能活到40岁的尼安德特人在危急时刻会成为资源宝库。他们记得许多古老的方法、各种资源的产地，并且知道在牧群没有出现或遭遇前所未见的异常天气时该如何应对。年轻人通过跟随父母和祖父母学习，就能将这些知识储备代代相传，而这些深刻的见解很可能决定了是生存还是灭亡。

老年尼安德特人对群体的社会历史来说可能也很重要。如果他们明白性生活会带来孩子，那家族血统的概念很可能也存在。在日常生活中，清楚不同成员之间的亲缘关系明显很有用。但如果不同群体间确实存在聚会，不管是否是有计划的，亲缘关系都会显得更加重要。对许多狩猎采集者来说，远距离迁移的主要动机除了获取资源就是社交，包括寻找性伴侣。

从基因角度说，并非所有尼安德特人都是近亲繁殖。最年长的尼安德特人会记得哪些人在群体间迁移，哪些是友好群体，哪些是敌对群体，这些都举足轻重。

如果我们承认尼安德特人有一定程度的语言能力，他们在有

　　　　　　　　　　　　　　　　　　　血缘

计划地迁移、分割猎物或者制造复合工具的过程中，也能将自己的想法投射到时空中，那么故事讲述者的存在也就有可能了。故事来源于现实的生活经验，在世界各地以口口相传为基础的文化体系中，集体智慧很大程度上通过故事保存下来。狩猎采集社会中有许多故事存在惊人的相似性，它们往往融合了生态信息、社会规范和文化起源。人们通过故事了解周围世界的细节信息，并通过相关思想将其合理化。有时，来自不同文化背景的古代故事非常相似。古希腊和澳大利亚原住民科塔卡人（Kothaka）的天体宇宙学都包括三个明亮的天文星团，分别是猎户座/尼埃鲁纳、金牛座的毕宿五/坎布古达，以及昴星团或七姐妹星/尤加利拉姐妹。这两个几乎分处世界两端的国家对这些星座的解释其实是相同的：一名男性猎人追逐一群女性，却被另一个实体打败。"追逐"这个共同的主题，可能出自这些星星在空中升起和移动的方式。从这个角度说，大自然讲述自己的故事，而人们只是彼此重复而已。

我们也许会想象尼安德特人的故事以类似的方式流传。如果各种文化知识都通过口头传播，那就变成了一种时间旅行，或许能让一个群体通过老人的记忆"了解"百年前发生的事情。有时这些故事可能非常古老。尤其有力的证据是有些原住民文化中流传数百年的有关恒星亮度细微变化的知识，还有4000年前陨石撞击地球的故事。最令人吃惊的是，澳大利亚有些沿海村落仍旧保留着1万年前关于上个冰河世纪末海洋上升的文化记忆。或许，尼安德特人也"记得"他们的祖先是如何历经千年尺度的气候变化，在今人未曾见过的星座中寻找故事。

❋   ❋   ❋

尼安德特人共同生活、劳作、吃饭、睡觉，他们情感丰富，并以合作为基础。他们集体狩猎、共享肉食，这些行为与他们对遗址空间的安排相呼应。他们在爱的怀抱中降生，成长为复杂的社会生命，并像现代人一样受到虔诚和毁灭性的激情驱使。就像扩音器一样，尼安德特人群体内部的合作，可能会随着种群的代代繁衍和故事的代代传承而演变发展。

在一个不受光污染影响的世界，尼安德特人头顶的夜空和规律移动的月球，或许成了他们围坐在火塘前低声讲述的故事的一部分。当然，在他们对世界的理解中，核心要素是地点本身及其与经验和记忆的紧密联系，而这些涉及与其他物体、动物和人群的互动。当历史和血缘与土地融为一体时，死者遗体的处理方式，将成为向某地注入社会影响力的最重要途径之一。

第十三章 多种死亡方式

　　这是海神的召唤，是被遗忘的谎言。翻腾的白浪在船只的聚光灯下宛若惊龙。发动机熄火，目的地就在眼前。船上进行最后一次全员检查，一位不知名的官员手提物品从下方出现。在电灯的照耀下，弧形的庞大船只发出微弱的光芒。云雾遮挡住了月光，黑色的海洋像一张黑洞洞的大嘴，等待着吞噬一切。秒针嘀嗒作响，指定时间已到。伴随着飞溅的水花，骨灰罐渐渐沉落，随后消失不见。这颗头骨中不会有舍利子，一切都已被焚烧碾碎。船员们坐立不安地等了一刻钟，守望着时间等待寂灭的那一刻：用盐做成的骨灰罐已经溶解。灰白的骨灰向外散开，分解，然后消失。毁灭行动结束。发动机重新启动，迫切想返回生者的领域。很快所有踪迹消失不见，海浪中只剩下一点污浊的油光；然后就连这点油光也消失了。

　　所有生命最终都会踏上死亡的归途，但不同生命面对死亡的态度大不一样。2017年10月25日至26日被称为至暗时刻，声名狼藉的"荒野杀手"伊恩·布雷迪的遗骸在利物浦海岸某处被秘密处理。这个残杀多名未成年人的连环杀手在1966年接受审判，这也是英国废除死刑后审理的首起连环谋杀案。布雷迪的恶劣行径激起了公愤，以至于当他最终死亡时，殡仪馆馆长拒绝处理他的遗骸。最后，一名法官秘密下令就地火葬，没有仪式，没有音乐和鲜花，骨灰收在一个可溶解的盐罐中丢入大海，以确保代表布雷迪物质存在的所有标记都被彻底销毁。时隔50年，英国仍然竭力确保抹除他的所有痕迹。

最有意思的是，事后媒体报道称政府根本没必要对这些非常规应对措施进行解释。官方声明中提到，这样做是希望避免给死者亲属带来痛苦，但后续问题接连不断。事实上，官方发表了一份声明，声称曾禁止将他的棺木停放在公共区域，并且是用备用火炉焚烧其骸骨，所有东西都被严格清理了；这一切的关键在于防止道德污染。

死亡及其处理方式始终很重要。关于尼安德特人，最激烈的争论除了他们是否具有艺术和象征思维，就是他们处理死者遗骸的做法。近30年来，相关研究取得了很大进展，甚至新发现了一具骨骼化石，但是死亡对他们的意义是什么，仍旧是个充满争议的问题。

有些研究人员坚持认为，要证明尼安德特人存在下意识的丧葬行为，特定特征必须呈现在所有的案例中。另一些人认为需要更广泛的背景。要平衡这些观点，采用现代的埋藏学方法十分关键，但同时也要承认我们的先入之见。单凭古人类的骸骨显然不足以证明尼安德特人有埋葬死者的行为。但是同样，缺乏棺材形状

血缘

的坑洞并不代表他们没有安葬死者，让死者入土为安。

放眼全球各地，纵览人类历史，丧葬行为明显不仅限于墓葬。尽管如此，要破解考古发掘之谜非常困难，因为处理死者尸体或部分遗骸的方法有很多。

尼安德特人的骸骨残片与露天堆积的动物骸骨混杂的情况屡见不鲜，就像图维尔－拉里维耶尔遗址的臂骨一样。它可能是在距今23.5万到18万年前被洪水冲到了白垩悬崖下的塞纳河沙滩河岸，但具体什么情况造成的尚不清楚。考虑到尼安德特人在这些遗址居住的时间比较短暂，屠宰遗址随意散落的部分骸骨就显得非常有趣。萨尔茨吉特遗址的数千块驯鹿骨头中至少混杂有一名成年尼安德特人和一名青少年的骨骼碎片，他们可能是在狩猎过程中丧生的。

有些情况下尼安德特人会沦为猎物，或者至少成为一种食肉动物的美餐。波兰"暗洞"（Ciemna）遗址出土的一块儿童指骨表面明显有被大型猛禽消化液腐蚀的痕迹。有些鬣狗洞穴内发现的啃咬过的腿骨和脚骨显示，有毛的食腐动物也会来分一杯羹。但是在尼安德特人和动物捕食者轮流居住的洞穴遗址内，要弄清人体遗骸最终的处理方式非常困难。

别说是骸骨碎片，即使大体完整的骸骨，也很难证明它们是被有意放置在特定地点。尼安德特人个体可能会因为无数原因，比如生病、在其他地点受伤，甚至是因为饥饿或暴力伤害，最终在洞穴里咽下最后一口气。此外还有一个问题：在处理死者遗骸"应该"有的固定程序之外，我们很容易忽略生者其他有意义的行为。

墓葬并非不变的标准，只能说是最显而易见的。此外墓葬的形式也多种多样，有特意挖掘的坑洞、天然的洞穴或壁龛，也有用沉积物简单覆盖的。研究人员也必须寻找其他处理遗骸的方法，即使这些方法确认起来难度很大，包括暴露在外、切割、焚烧、展示、回收甚至食用。但是首先要理解墓葬行为最初的动机以及悲伤的根源。

　　逝者的死亡会对其关系最紧密的亲属造成难以承受的情感打击。紧密的情感纽带是黑猩猩和倭黑猩猩社会的基石，生死相隔是痛苦的体验。具体表现多种多样，但正如有人所说，对尼安德特人而言死亡绝不能忽视。每次死亡事件都会让部分个体，乃至整个群体一连数小时陷入某种极端情绪而难以自拔，并且常出现与遗骸的互动。现场气氛极不稳定，很容易失控，人们会经历从冲动暴躁到顺从接受、从自我安慰到恢复理智的过程。人们通过交配或叫喊释放压力，最有趣的是这些声音有时与恐惧和威胁有关，尤其类似于面临"有陌生人出现的危险警告"。

　　经过死亡刚发生后的疯狂哭喊，群体成员有时会从平静再次变得疯狂，但是其他情况下会陷入沉寂。特定的个体会在遗骸旁守夜，有时整整一夜静静地坐在那里凝望遗骸。有时守护者会伸手触碰死者，有时不会，但总体来说他们无疑都有触摸遗骸的冲动，不管是戳、拍、拉扯、拥抱还是梳理头发。与尸体互动有时是想引起回应，不管是凝视死者的眼睛，还是轻轻推动死者，甚至尝试与之玩耍。

　　但是环境也很重要：猝死会触发特别强烈的情感反应，可能

血缘

是因为他们无法应对突如其来的变化。社会关系也会影响他们的反应。死者的亲朋好友经常会表现出最极端的反应，并会靠近死者的遗骸。

黑猩猩和倭黑猩猩明显都具有超意识（hyper-awareness），明白死亡代表着状态的变化，而许多事情也会随之改变。它们通常会舔舐伤口，但现在只是上前查看，并不做处理。尸体变成了物质材料，成了用于社会展示的物品。在这种情况下，群体中等级地位高的个体会尽力约束其他成员，不让它们靠近尸体，即使它们在死者生前与其并没有太多交集。

幼崽死亡会引起延伸反应。母亲会连续数周将自然死亡的幼崽带在身边，有个案时间超过了100天。而且它们会保持与尸体的互动，仿佛幼崽并未死去。它们会帮助幼崽梳理毛发，抚摸幼崽的脸庞，驱赶苍蝇。但是随着时间流逝，母性本能消退，它们就变得不那么温柔和充满保护欲了。

骸骨重现

最重要的是，死亡是所有生者都会体验到的经历，尼安德特人就像类人猿一样，彼此具有很深的情感联系。对他们来说，死亡肯定也会引起强烈的情感风暴和身体互动。死者并不会转瞬间变成毫无意义的废物，而是获得了新的社会作用，影响甚至超越了生前。死者的遗骸就像黑暗的中子星，以不可抑制的力量吸引着各种热情和注意。考古人员面临的挑战，就是从数百个尼安德特人的数千块骨头和牙齿遗存中，探究这种情感的表现方式。

从某些方面说，死者的遗骸就像遗址中的遗址，尸体以可预见的方式腐烂，血肉、脂肪和骨头按不同的速率分解。以色列的基巴拉2号是一具基本完整的尼安德特人上半身骸骨，仔细观察，可以看到其小指骨和腕骨在腐烂过程中落入了空荡荡的胃腔。死亡学—法医埋藏学是评估尼安德特人骨骼自然状态的重要工具。

不过要证明是墓葬必须更进一步。已经有人提出具体的标准：墓穴应该是人工挖掘的坑洞，并由区别于周围地层的沉积物填充。死者的骨骼应该完整地平躺在墓坑底部，身体保持完全舒展的姿势，而且所有随葬物品都应该具有独特性。如果严格符合这些特征，就能确认是有意识的墓葬。但这些要求过于严格，就连许多历史典型案例也可能被排除在外。

事实上，虽然不能过分轻信，但遗址上哪怕出土部分完整的尼安德特人骸骨，也足以说明情况不同寻常。因为通常情况下，在洞穴遗存组合中，很难找到完整的动物骸骨。食肉动物的洞穴中偶尔出现仍旧连接的肢骨，但出现整具骨骼就极其不同寻常了，这对大型动物来说几乎闻所未闻。唯一的例外是在冬眠时丧生的熊，或者在洞穴系统迷失方向或跌入陷阱的动物。

但是在典型的尼安德特人洞穴或岩棚中，死者的遗骸要想在日常的自然侵蚀和食腐动物的破坏下保存下来，必须得到某种程度的保护，或者处理得更隐蔽。罗曼尼遗址的野猫就是典型例子。它保存得超乎寻常的完整，可能只是因为尼安德特人刚屠宰完就离开了，然后紧跟着出现新的流石相。

同样，古人类的遗骸要想保存完整，肯定也需要借助特殊的自然环境。相关的解释很多，包括沉积物快速涌入，或是尸体滑入坑洞被冰冻起来，避开了食肉动物的注意。但是大多数情况下，并没有切实证据说明曾发生此类情况，而且我们仍旧要多问一句：为什么这种情况仅出现在尼安德特人身上？

更加令人费解的是，有些遗骸似乎嵌在不同的考古地层之间。在周围沉积层中堆积着大量的动物骸骨碎片和石器，遗骸如何能完好无损地保存数百年呢？要么是群体成员明白这是人体遗骸并有意避让，要么就是有人特意掩埋了遗骸。

研究人员深入分析了所谓的尼安德特人墓葬证据，发现真实情况非常复杂。许多骸骨被发掘都是在数十年前，现在越来越多的人赞成对这些遗存重新进行批判性分析。100 多年来始终争议不断的一起著名的悬案始于 1908 年的春季，也就是路易斯·卡皮唐说的"莫斯特年"。这年 3 月，新出土的勒穆斯捷 1 号遗骸从一开始就被视为墓葬代表，随后在 8 月最后一批挖掘物出土的前几天，多尔多涅河谷以东大约 50 公里外出土了另一具近乎完整的骨骼。

法国圣沙拜尔遗址附近的 8 座洞穴之一出土了著名的"老人"骸骨。这是迄今为止保存最完整的骸骨，挖掘者声称它来自一座墓穴。所有骸骨很快被挖掘出来送往布勒在巴黎的实验室，随后所有泥土被重新铲回洞穴。"老人"骸骨沉寂了 100 年，直到新的考古项目启动，研究人员才开始重新审视其来源。

尽管当代绘图并不符合比例而且是事后推断，但都支持由骨骼得出的证据：这是一具相当完整的骸骨。这具骸骨来自"坑洞"的底部，在一幅复原图中，就躺在一些小石块上面。它并非随意堆放的松散骸骨，而且缺失的部分在另一边对应的位置都能找到，所以很明显整具骨骼最初就在这里。此外洞穴中仅发现了另外两组相互连接的动物骸骨：有些驯鹿骨头丢弃在洞壁前方的史前废料堆里，还有一头原牛或野牛的下肢部分，据说就位于"老人"头骨的上方。

与整个动物群的骸骨组合（甚至包括冬眠的洞熊）相比，"老人"骸骨并未遭到严重的撞击、破坏和风化。它的保存情况不只与动物骸骨不同，与其他尼安德特人也不一样。最初的挖掘者遗漏了不少东西（当地一位居民继续四处寻找，将找到的东西送给了布勒），最新研究鉴定出，至少还有两具尼安德特人的骸骨，包括一名成年人和一名儿童。

从埋葬的地理位置来看，"老人"骸骨似乎有一段不同寻常的历史。但怀疑论者的解释是，这名老年尼安德特人爬进一处天然凹坑，头靠着坑洞一侧死去。他的尸体被冰冻、风干，没有受到食腐动物的啃咬，又或者食腐动物根本无法靠近他的尸体，因为还有很多尼安德特人生活在这座洞穴里。

但这些解释都无法自圆其说。当时并不是冰期的干旱全盛期，如果其他尼安德特人就在这具腐烂的骸骨附近生活，可以想象骸骨表面很快会被其他东西覆盖。遗憾的是，骨骼的现场照片未能留存下来，但其他照片显示死者的头部位于坑洞外面，而且部分头骨仍被沉积物包裹。这表明头骨可能是在尸体腐烂过程中转向

血缘

颈骨右侧，与下颌骨断开，并将下巴上推至鼻子高度。但重要的是，颈椎并未受到影响，这意味着死者的遗骸在腐烂前已经有部分沉积物支撑，否则头骨可能会滚落下来。

现在只剩坑洞之谜了。最初的挖掘者并未注意到土壤的差异，他们当时点着蜡烛或煤气灯连夜快速挖掘，有时还会破坏部分骨骼。据说，这个坑洞的典型标志就是表面存在凹陷，这说明坑洞内部的沉积物在结构上存在差异，不是伴随周围的地层慢慢堆积而成的。

21世纪的研究人员在细心地重新挖掘后证实，这个早就存在的坑洞沉陷很深，令人费解的是坑洞边缘裂开了一道缝隙，[1]里面有长条状的驯鹿骸骨碎片。洞穴底部的扭曲错位和开裂指向冻融循环。土壤的冻融迫使物质下坠：冻胀和沉积物"液化"，造成沉积物的大规模变动。这种特征本该在早期地层形成后产生，但从裂缝中的包含物来看，当时已经是这样了，那么坑洞就不太可能是自然侵蚀形成的。

这个地质证据并不足以确认尼安德特人是挖掘墓穴的人。但是在其他地方，他们明显表现出挖坑和填坑的思想意识，将洞穴解释为洞熊冬眠的巢穴也说不通。不管怎样，过分执着于坑洞的来源很容易让人受到干扰，因为即便利用天然空洞，也不排除有意识埋葬的可能，法国西南部屈萨克洞穴的早期智人就证明了这

---

1 新的考古挖掘现场的一张照片与1909年布勒的情形形成对照：昔日放置柳条野餐篮的地方，是一个用于激光三维记录系统的加厚版箱子。

一点。

　　总之，圣沙拜尔"老人"骸骨的各个特征都无法用自然现象来解释。1908 年，多亏现代分析技术，研究人员发现了有关尼安德特人墓葬习俗的最佳案例。

　　现代研究可能支持之前认定的一些墓葬是有意识地掩埋死者遗骸，但是综合其他说法只会让问题更加含糊不清。1954 年在法国西南部，人们在拆除农业建筑时偶然发现了雷戈杜（Regourdou）遗址，这或许是最出人意料的尼安德特人墓葬遗址。这块土地的所有者自己挖掘了好几年，一天晚上发现了骨骼遗存，于是找来专业人员。虽然缺乏明确的原始背景资料，但这些骨骼被阐释为一具蜷曲在石制结构内的骸骨，旁边还有熊骨作为祭品。这样的说法在科学文献中一再出现。

　　这个故事迫切需要重新审视。研究人员在分析后发现，各种动物遗存中还有将近 70 块古人类骸骨碎片。这证实雷戈杜遗址这具年轻人的骸骨是迄今发现的最完整的骸骨之一，但其他遗存却经不起现代的审视。洞熊是在冬眠时丧生的，也没有证据表明尼安德特人是蜷缩身体躺在某种石制墓穴中。

　　另一方面，雷戈杜遗址确实存在一些奇怪之处。除了洞熊和穴居兔先后对死者遗骸造成干扰外，手骨间的连接表明尸体原本是完整的。但是大部分头骨（包括上牙）消失了，现场没有自然作用的痕迹，比如可能磨损或溶解头骨的侵蚀作用。如果尼安德特人从新鲜尸体上割下脑袋的某些部位，那肯定会留下切割痕迹，但骸骨上也没有看到，不过可以肯定洞熊啃咬过一块可能已经干透的骨头。

这一切暗示头骨是在尸体完全腐烂后脱落的，至于究竟是以何种方式滚落到何处，就不得而知了。研究人员相当保守地称雷戈杜遗址"存在疑问"。还有许多问题没有得到解答：尼安德特人到底在洞穴系统深处做什么？有些洞熊的骸骨上有屠宰痕迹，所以他们可能是在猎杀冬眠的动物。鉴于石器的出土量很少，这里的确更像猎杀遗址，而不是生活遗址，这和圣沙拜尔老人骸骨的背景环境截然不同。但如果的确是生活遗址，那也很少有群体居住，因为只有不到 1% 的洞熊骸骨上有切割痕迹。

答案可能是：随着时间的推移，雷戈杜遗址本身产生了变化。在部分洞顶坍塌后，这个原本深邃的洞熊冬眠场所变成了一个天然陷坑。尼安德特人骸骨所在的地层还出土了类似鹿、野猪和野马等动物的骨头遗存，这些都是失足坠落的受害者。也许有一天，一名狩猎者不走运，在高速追赶猎物时，突然感到天旋地转，随同猎物跌入一片黑暗之中。更有趣的是，研究发现了一具新的古人类骸骨，这暗示另一个人可能遭遇了相似的命运。

还有最后一个反转：沿雷戈杜洞穴所在的山坡向下，是另一座遗址——拉斯科洞穴。距今大约 1.7 万年前，智人走进这座黑暗的洞穴，在洞顶绘制出巨大的野马和公牛的图案，而在上方的一处洞室内，散落着大量动物的骸骨和一具已经有 8 万年历史的尼安德特人的骸骨。

最引人入胜的尼安德特人遗址挖掘或许发生在 1993 年。在意大利南部阿尔塔穆拉附近的拉马伦加（Lamalunga）洞穴，有人在狭窄的通道尽头发现了一具出奇完整的古人类骸骨，比雷戈杜骸骨的历史更加久远，可追溯至17万到13万年前。骸骨胶结在"此人的后殿"里，前面有石笋遮挡，很难靠近。研究人员只能采用创新方法，除了利用运动摄像机和激光扫描仪记录这些骨骼化石外，还拉长一个精密的取样装置，穿过缝隙抓取一小块肩胛骨进行分析。

这名尼安德特人的骸骨为何会嵌在石块中呢？散落的骨头表明骸骨在尸体腐烂过程中支离破碎，但最初的死亡姿势，乃至这里是否是最初的死亡地点，都无从确定。拉马伦加洞穴从未有人居住过：根本没有考古学发现。迷路的可能性似乎不大，因为尸体距离旧的洞穴入口只有50米。如果这个洞口早已封闭，唯一的可能就是从通向地表的裂缝中跌落，但是与雷戈杜洞穴不同，拉马伦加洞穴似乎并不是天然形成的动物陷坑。这里发生了不同寻常的事情，但我们可以肯定的全部情况，就是尸体在黑暗中慢慢腐烂，骨骼移位并散落在地面上，随后表面覆盖了一层奇怪的、高低起伏的流石壳层。

成年尼安德特人的整具骨骼能完好保存数万年已经足以令人震撼，更别说脆弱的婴儿骸骨了。儿童的尸骸分解得更快，所以如果没有防护措施，他们的骨骼尤其容易遭到破坏。但是正如第三章提到的，我们仍发现了不同年龄段的青少年尼安德特人的骸骨，包括相当完整的婴儿骨骼。出人意料的是，新生儿的骨骼因为矿化程度更高，抵抗侵蚀的能力还稍强一些。相比洞穴中极其少见的食肉动物幼崽的残骸，各地尼安德特人遗址出土的婴儿骸骨数量惊人。

前文提到的勒穆斯捷 2 号新生儿并非独一无二。高加索山脉挖掘出一具年龄最小的尼安德特人，可追溯到距今约 7 万年前。它去世时最多只有一两个星期大，骸骨完好的程度令人吃惊。它就位于梅兹迈斯卡娅洞穴的岩床上方，身体呈右侧卧状，膝盖弯曲，双腿向上蜷缩，同时左臂略微向胸部弯曲，看着简直像在打盹。骸骨保存完好无损，就连微小的牙蕾也依旧存在，大多数骨头没有错位，基本未受到干扰，只有小腿部分骨头可能遭到周围硬化的沉积物侵蚀，出现了松动。

这个稚嫩的婴儿骸骨被掩埋并保存得如此完好，应该如何解释？这意味着要么出现了一系列特殊情况，要么有其他尼安德特人采取了防护措施。这么小的婴儿不可能是被人遗忘，或者死后被直接丢弃。当然，失去父母的黑猩猩幼崽如果不被其他成年个体收养，确实会生病、郁郁寡欢，然后死亡。但即便这是一具被丢弃的遗骸，仍旧存在其他问题。

新生儿通常在数周之后才能学会翻身，所以侧卧的姿势令人吃惊。虽然有啮齿动物闻嗅并啃咬暴露在外的干燥腿骨，但它并未受到任何大型食腐动物的伤害。此外，虽然没有墓坑的证据，但是婴儿骨骼周围的沉积物与洞穴最底层的其他部分明显有区别。这里没有任何石器或动物骸骨，却有其他地方没有的木炭碎片。

不管这名婴儿是死于梅兹迈斯卡娅洞穴还是其他地方，结合各方面证据来看，似乎是有人有意将他的骸骨放置在此进行保护。

我们几乎可以明确地想象到一个母亲的形象，她很可能还在流血，乳房涨奶，是她将婴儿柔软的尸体放进一个小小的洞坑里，然后掩埋了尸体——可能是用熄灭的火塘残余物——最后离开。

相比最近挖掘出的梅兹迈斯卡娅婴儿骸骨，我们对勒穆斯捷2号婴儿的情况没有太多可说的。对于这个大得惊人的坑洞，佩罗尼的说法很难评估，因为他明显没有绘图，也没有拍照。[1]他在考古记录中提到，填满坑洞的沉积物看着像是三个地层的混合物，这为挖掘提供了证据支持，另外骸骨没有风化，说明它很快就被覆盖了。有关骸骨姿势的信息并未保存下来，但骸骨与梅兹迈斯卡娅婴儿几乎一样完整。同样，就勒穆斯捷2号婴儿的保存状况来说，这要么与不同寻常的自然环境有关，要么是其他尼安德特人有意的埋葬行为。

我们相信尼安德特人会通过各种方式面对幼儿夭折带来的情感伤害，从考古学上来说，有些或许只能通过细微的线索才能察觉。在整个古人类文化中，虽然有些夭折的婴儿会被掩埋，但也有一些被丢弃在垃圾堆或者放置在墙壁、水井、地板下甚至是罐子里。根据每个社会对婴儿期的理解，"恰当"的埋葬方法各不相同。马尔萨尔岩棚的儿童骨骼（我们通过牙齿了解其生长率）或许就代表了尼安德特人的埋葬方式：尸骸被掩埋了，但并不是我们所说的墓葬。

---

1 发现这些遗存的是佩罗尼的工人们，佩罗尼当时忙于管理多个遗址的挖掘工作，其中包括费拉西岩棚。

　　　　　　　　　　　　　　　　　　　　　血缘

近10年来对1961年考古发现的重新分析，重点就在这具基本完整的骨骼奇特的安息之所：一个中空的石灰岩洞。虽然这是一座纯天然的岩洞，但尸体是怎么进去的却很难看出来。骸骨的面部朝下，角度稍微向下倾斜，这说明尸骸是通过某种方式滑进去的。但双腿都面向右侧并紧紧蜷曲，同时左臂向下伸入空洞，不管是被水流冲入，还是被涌入的碎屑推动，都很难看出如何造成这种情形，而且当时的气候也不足以使尸骸风干或冷冻。

当然，马尔萨尔岩棚的儿童骸骨是另一个进入空洞时各部分完全相连的案例。除了悬垂的指骨被蚯蚓弄得乱七八糟，小腿骨因暴露在外受到损害外，其他部分都保存得非常完整，没有受到食肉动物的侵害。这不能称作墓葬，但单纯自然作用也无法作为合理解释。洞穴内没有证据显示曾出现大规模的快速沉积现象，所以骸骨周围的黑色物质——与其他洞穴完全一致——肯定是慢慢堆积而成的。

也许这就是一个因迷路或者被遗弃而爬进山洞丧命的儿童留下的骸骨，尽管姿势非常奇怪。另一方面，有人认为两岁半到四岁的儿童与父母的关系非常密切，如果这名儿童夭折而群体成员就在现场，那他们与儿童进行肢体接触的冲动会非常强烈，很容易做出将婴儿骸骨放到狭小封闭空间的举动。

最后还有一个有趣的事实：这具骸骨周围的沉积物中不仅包含典型的石器碎片、动物骸骨以及牙齿，还有3件不同寻常的遗物。鬣狗、鸟类和完整的骸骨在整个遗址的其他区域都很罕见，但是在发现尼安德特人骸骨的空洞内，研究人员发现了完好无损的驯鹿骸骨、灰山鹑的肢骨，以及鬣狗的整个颌骨。它们可能不像贝壳或颜料那样特别，但它们与这具儿童骸骨的关系仍旧有待发掘。

安息之所？

破解单个骨骼之谜已经困难重重，要解释多具骸骨聚集的现象可谓难上加难。我们在雷戈杜和圣沙拜尔遗址发现了不止一具尼安德特人的骸骨，其他遗址的重新分析结果也显示出同样的情况。1910年，豪泽在勒穆斯捷遗址发现了一块孤立的头骨碎片，可能还有一颗牙齿（在哪儿发现的如今已经成谜），甚至菲尔德霍夫遗址出土的骸骨也比当初认为的要多。2000年，研究人员重新拼合了最初从悬崖底部保留的瓦砾堆中找到的尼安德特人骸骨碎片，同时发现了另外两名个体的骸骨碎片。

骸骨碎片是一回事，我们又该如何看待那些出土多具完整骨骼的处所呢？人们有时将这些地方称为墓地，但墓地代表一个持续数代的传统。如果尼安德特人的骸骨来自不同地层且具有明显不同的古物，那长期习俗的说法就很难说得通。但另一方面不可否认，有些特定遗址出土的骸骨数量确实过多。

在尼安德特人的直系祖先中甚至也可见到此类情况：阿塔普尔卡的"骨坑"遗址出土了将近30个古人类个体的骸骨。它们可能是从这个洞穴系统某个更高的位置一同来到此处，但不管是成年人还是青少年，骸骨数量都令人震惊。此外，随同出土的唯一一件人工制品是一个粉色石英岩制成的两面器，挖掘者称之为"圣剑"。看来在尼安德特人生存的初期阶段，安息之所的概念就已经出现。

克拉皮纳洞穴的考古遗存最为丰富，共出土了900块来自身体各个部位的骨头碎片，但骨头碎裂情况非常严重，要计算到底来自多少个体非常复杂。单纯根据牙齿数量计算，这里至少包括23名个体，是目前已知尼安德特人骸骨数量最多的遗址——但用其他方法分析，得出的结果可能将近80人。

克拉皮纳遗址属于特殊情况，但另外两处遗址也出土了至少20名个体的部分骸骨。在拉奎纳遗址，所有骨头散布在一系列相邻的挖掘地点和地层，但法国奥都洞穴遗址尤其引人入胜。它位于近乎垂直的百米悬崖中间，内部通道狭窄并酷似滑槽，绝非一个舒适的家园。尼安德特人将它作为短暂停留之所，但是在后期地层中情况似乎发生了改变，遗址的某个区域开始出现大量骸骨堆积，其中包括许多儿童和一名婴儿的骸骨。这种情况持续了数百年，很可能有数千年，但原因成谜。这处洞穴似乎没有格外突出的保存条件，那是另有其他原因吗？

其他一些居住率不高的遗址内仍旧挖掘出了许多骸骨遗存。离西班牙艾维纳斯洞穴不远，就是西玛德洛斯赫索斯洞穴，又称万人坑洞穴遗址。这是一个很深的竖井，里面充满深海氧同位素第6和第3阶段之间的沉积物。竖井在19世纪几乎被矿工们破坏殆尽，很快就废弃不用，直到1991年当地一位博物学家绑着救生绳下降到竖井下面，发现了附着在洞壁上的古人类骸骨。这些是原来巨大的胶结岩石堆的残余物。随后的 25 年，考古学家们利用特制的脚手架展开艰苦的挖掘工作，确认尼安德特人出现在这里并非失足跌落，而是出于更复杂的原因。洞穴内除了寥寥几件石器和一些灼烧过的动物骨骼外，还有至少 10 名尼安德特人的部分骸骨。这些遗存大约可以追溯到数百年甚至数千年前。

最引人注目的是 3 具相当完整的个体，定年都在距今大约 5.5 万到 4.5 万年前。位于最下层的是一名成年人，然后是一名儿童，最上层是一名身材矮小的成年女性。重要的是，这些骸骨的关节部位无疑还连接在一起。姿势也很独特：这名女性的一条腿伸直，另一条腿在身下交叠，同时双臂弯曲，双手向上贴近脸部。另一个成年人的双手也保持相似的姿势。

这里肯定从来不是生活遗址，但它的情况似乎与雷戈杜洞穴不同，而且并不是容易失足坠落的地点。它位于高耸的大理石高山上，山下是平坦的海岸，而竖井本身就像山体侧面的伤口。尼安德特人肯定是受到某种东西的吸引，才反复来到这里。

费拉西岩棚的情况很不一样，但出土的尼安德特人骸骨数量也不少。与万人坑洞穴遗址不同，它是毋庸置疑的生活遗址，这意味着至少 8 具古人类骸骨的堆积绝非偶然。费拉西 1 号可能是男性，骸骨基本保存完整，是 1909 年洞穴前修路挖开岩棚时发现的第一具骸骨。第二年夏天，个头较小、疑似女性的费拉西 2 号在西侧大约 50 厘米处重见天日。此后直到 20 世纪 20 年代，由主岩棚清理出的将近 1000 立方米的沉积物中又相继出土 5 组骸骨遗存。

这里还出土了许多儿童的残余骸骨，其中年龄最小的费拉西 5

血缘

号是只有两个月大的早产儿，而费拉西 4b 是一名新生儿，费拉西 6 号大概是学龄前儿童，费拉西 3 号大概 10 岁左右。60 年后，另一支考古小组在岩棚的后方挖掘出一名学步儿童的骸骨，也就是费拉西 8 号。

近年来，费拉西岩棚的考古挖掘工作不断重启，旨在探寻至少部分尼安德特人是如何到达这里的。他们重新定位了费拉西 1 号和费拉西 2 号的精确位置，这多亏了相对应的沉积物仍旧包裹在费拉西 2 号的一只脚上。两具骸骨的深度大体接近，定年在距今 4.73 万到 4.43 万年前。其他个体似乎也出现在大致相同的地层，费拉西 3 号和费拉西 4 号的间距甚至小于费拉西 1 号和费拉西 2 号的间距。这意味着费拉西岩棚为短时间内大量堆积的多具骸骨提供了确凿证据，另外 2019 年在对动物骸骨进行检查时又发现了新的牙齿，经鉴定至少来自另外两名成年尼安德特人。

多年来有关费拉西岩棚的许多不切实际的说法并未得到认可，比如有人声称墓穴中出土了特殊的物品，还有人声称覆盖费拉西 6 号的巨型石灰岩石板上有圆形雕刻。这些都是自然特征，同样，遗址其他区域出现的所谓"坑洞"很可能是冰冻作用造成的沉陷。

但是这些骸骨有可能是人为安葬在这里的吗？大多数骸骨基本上都保持东西向，而且费拉西 1 号并非平躺于地面，他的右臂举起，左臂向下伸直，双腿弯曲并向右倾斜。（费拉西 5 号和费拉西 3 号也保持相同姿势。）同时，他的头部转向左侧，下颌张开并与头骨稍微分离。新的研究或许能对这种奇怪的伸展姿势给出解释。

岩棚西区包含费拉西1号和费拉西2号的沉积物应该来自洞穴外面上方的一处平台。这两具骸骨很可能是沿着斜坡缓慢向下滑入洞穴的。

费拉西岩棚或许并不是人们普遍认为的公墓，但大量骸骨在数百年的时间跨度里大量聚集，肯定有着不同寻常的原因。这些与后来出现的少数智人骸骨相比格外显眼，年轻人的骸骨数量尤其惊人。最重要的是，就像圣沙拜尔和其他遗址的情况一样，古人类的骸骨遗存保存相对完整，几乎没有风化和野兽啃咬的痕迹，与动物骸骨的保存状况迥然不同。费拉西岩棚暗示出某种处理死者遗骸的长期趋势，包括人为将遗骸安置在这里，但另一处遗址提供了更加鲜明的证据。

你可能听说过伊拉克北部库尔德地区的山尼达岩棚，据说这里出土的一具骸骨周围放置有葬礼花束。如今人们认为这是不可能的，因为花粉可以自然累积而成。但山尼达遗址仍旧引人注目，因为这里出土了至少11名尼安德特人的骸骨，其中有很多明显原本是完整的骨骼。有10具骸骨出土于1953年至1960年，而近年来的野外挖掘又发现了另一具骸骨。

要探寻山尼达骸骨之谜难度很大，一方面因为大多数骸骨化石的挖掘都没有达到现代标准，另一方面也因为这个遗址有岩石坍塌的危险，即便今天也是如此。类似事故或许能对部分骸骨，包括山尼达1号、2号和3号做出解释。值得注意的是，山尼达5号的特殊姿势可能是岩石砸断这一个体的脊柱，导致头部向后撞到岩石造成的。但即便2015年到2016年出土了这具骨骼的更多碎

血缘

块，仍旧很难确认当时的场景。如果落石确实是罪魁祸首，那肯定是突发事件：虽然山尼达5号的年龄可能超过40岁，但他不存在山尼达1号那样的身体问题，不会因此减慢速度。

然而，山尼达遗址另外5名尼安德特人的情况非常特殊。即使花葬的说法无法得到证实，与之相关的那具骸骨——山尼达4号的姿势仍旧耐人寻味：他左侧卧于岩石凹洞中，身体几乎蜷缩成胎儿姿势，双膝向上曲起，左手明显位于脸颊处。怀疑论者指出骸骨周围缺少坑洞的特征，并认为这里只是该个体的死亡地点。但是当地干燥寒冷的气候条件都不足以自然保存尸体，这说明骸骨在某种程度上得到了防侵蚀和防干扰的保护。而周围并没有明显的快速沉积的自然来源。

这正是事情的怪异之处。山尼达4号的骨骼极度易碎，1960年挖掘人员决定将其作为一个独立沉积物块挖走，以便事后在巴格达博物馆进行研究。他们准备就绪才意识到山尼达4号正下方的部分骸骨碎片来自另外两名成年尼安德特人和一名幼儿，分别是山尼达6号、山尼达8号和山尼达9号。它们的位置非常接近，有些遗存已经混杂在一起。[1]其他成年人中也有一具骸骨呈蜷缩姿势，但发现还不止于此。

60多年后重新启动挖掘时，沉积物块周围的区域被重新定位，沟壁上更多先前遗漏的骸骨化石显露出来。细致的研究结果

---

1 遗憾的是，沉积物块内不同骸骨化石的空间关系无法完全重建，因为它们被放在出租车顶部运往博物馆时经历了剧烈颠簸。

证实，这些骸骨来自一名成年男性，仅有上半身，他几乎就躺在其他尼安德特人的正下方。此外，他虽然仰卧于地面，但姿势与山尼达4号惊人地相似。头骨虽然破裂但总体完整，偏向左侧，右臂放置在曲线优美的胸腔上方，右手紧握。在下巴下方，左臂向上弯曲，手腕后弯，看起来几乎像在睡觉。

考虑到沉积物块的相对位置，山尼达4号位于最上层，新发现的上半身骸骨很可能属于山尼达6号或者山尼达8号。这个至少来自4名个体的紧凑的骸骨集群在尼安德特人遗址中可谓绝无仅有，这是唯一有多具骸骨在原始位置紧密簇拥的遗址。情况不止于此，研究人员在对这具新骸骨的背景环境进行检查时发现，周围是快速沉积的深棕色沉积物，可能是腐烂的尸体残骸，但也有一些饶有趣味的植物遗存。在这个迄今最能证明墓坑学说的遗址中，所有证据都包含在一个底部明显弯曲的凹洞中。这里最初很可能是一条河道，但微形态研究显示有人为挖掘加深的迹象。

最不同寻常的是，这具骸骨旁边似乎有一件人为放置的人工制品。新的骸骨中间只有两件石器，其中一件是在死者的胸腔内部发现的。它的方向是垂直的，但可能只是在血肉腐烂时沿这个方向滑落，而且它距离左手只有几厘米远，就好像曾经被握在手中。

综上所述，山尼达遗址虽然准确来说并不是尼安德特人的墓葬群，但这些遗骸绝不只是因落石遇难那么简单。即使是遭遇落石，幸存者也有极大可能与死者发生身体上的互动：猝不及防的突然死亡尤其令人痛苦，可能会促使人们试图去移动或安置尸体。但是 3 名成年人和 1 名婴儿的骸骨密集分布，确实说明这些尸骸要么是在很短的时间内被放入同一个狭小空间，要么是尼安德特人一再回到同一个地点。关于后一种理论，有意思的是新发现的头骨附近有两块奇大的岩石堆叠在一起。它们并非落石的组成部分，而是穿过沉积物向上延伸，在其他物体形成的堆积中始终清晰可见。

这些在泥土中安息的完整的尼安德特人骸骨总是吸引着我们的目光，但那些碎骨呢？它们只是迷路的、被遗弃的或是遭遇其他不幸的个体吗？目前研究人员尚无法解释洞穴内和露天区域广泛散落的"孤儿"头骨和其他骸骨残余。

单单德国的尼安德特人遗址，就显示出他们栖居的自然景观有多么丰富多样。施泰因海姆头骨从河流砾石中挖掘出来，另一个头骨来自瓦伦多夫，另外莎斯特出土了 1 名成年人和 1 名幼童的部分骸骨，万恩－奥赫滕东死火山出土了一大块头骨碎片。除此之外，德国也以出土带有尼安德特人遗存的石灰华泉和钙华遗址而闻名。早在 1871 年，陶巴赫遗址就出土了被猎捕的犀牛，以及成年和儿童尼安德特人的牙齿。同样，比尔钦格斯莱本遗址也出土了至少 3 名尼安德特人的牙齿和头骨碎片。[1]

有些露天遗址具有不同寻常的保存过程。魏玛－埃林斯多夫遗址不仅发掘出完美的栎树叶印痕，还从石灰华采石场挖掘出至

---

1 另一个疑似尼安德特人的头骨于 1816 年出土，如果得到认可，这或许是已知的第一个古人类化石。

少 6 名尼安德特人的骸骨碎片。虽然大多是头骨，但是有一名儿童的骸骨遗存比较完整，包含颌骨、部分肋骨和包裹在石灰华中的臂骨，与一名成年尼安德特人的部分骸骨相距不远。这些地方肯定曾吸引食草动物和食肉动物光顾，如此小的尸骸似乎无法躲过四分五裂的命运，除非它沉入了水塘。

其他遗址出土的骸骨残余同样令人百思不解。在以色列迦密山以北的艾因卡什（Ein Qashish）遗址，尼安德特人在深海氧同位素第 4 和第 3 阶段之间漫长的时期曾在当地自然景观中活动。早期地层中发掘出奇怪的古人类骸骨碎片，但稍后的一个地层出土了一名尼安德特下半身的大部分骸骨，包括几乎相连的左大腿骨和胫骨，还有右小腿的部分骨头和脊骨。所有骸骨遗存都散落在数米范围内，而且可能来自一名年轻的男性个体。

遗址地处洪泛平原的湿地边缘，有些季节可以看到水塘，这样的自然景观肯定很吸引人。艾因卡什的这名个体可能外出狩猎，死亡原因可能是韧带旧伤导致他走路一瘸一拐，结果成了动物捕食者的目标。

但是骸骨表面并没有食肉动物啃咬的痕迹，骨头富含油脂的末端也完好无损。此外，骸骨所在的地层保存状况良好，包括拼合的石器堆，骨骼的上半部分似乎也不可能因为侵蚀作用而消失。但是露天遗址不单单是狩猎的"快车道"。像博萨茨这类遗址就告诉我们，尼安德特人有很多活动都在洞外进行，包括加工颜料。艾因卡什遗址出土骸骨的同一地层还发现了赭石碎片、疑似石灰岩石砧／磨石，还有一个从至少 10 到 15 公里外带回的海洋贝壳。这些遗物与骸骨都没有直接联系，但对这一地区来说却极为罕见。如果这一系列遗物出现在早期智人遗址，那可能会有人宣称这是象征行为。

尼安德特人肯定感受到与死者遗骸互动的强烈冲动，但这种冲动如何产生，可能取决于死亡发生的地点。在露天场景下，处理遗骸的正确方式可能与在洞穴或岩棚中不同。虽然人为掩埋遗骸的具体证据少得可怜，但是像艾因卡什这样的遗址或许反映出尼安德特人的某种积极参与。

食人行为

我们无法确定尼安德特人在露天场所会人为处理遗骸，但最新研究显示，山洞和岩棚中还发生过除墓葬之外的其他事件。目前有越来越多明显遭到屠宰的尼安德特人骸骨得到确认，甚至包括菲尔德霍夫遗址的一些原始遗存。总体而言，这些骸骨遭遇的情况与尼安德特人处理动物尸骸的操作如出一辙，包括剥皮、肢解、切成带骨肉和去肉，有时还包括全面折断和粉碎骨头。事实上自 1899 年以来，就有传言指出尼安德特人的这种行为，第一个确定的案例就来自克拉皮纳遗址的数百块骨头。多名个体不同部位的骸骨都经过加工处理，包括剥皮和去肉（甚至头骨也不例外），还有一些被碾碎。在尼安德特人研究史上，此类行为很早就引起注意，并被解读为食人行为，由此奠定了他们攻击性的恶名。

相反，数十年来始终无人注意到勒穆斯捷 1 号曾遭到屠宰。

许多原始出版物，如克拉施的日记和保存至今的照片[1]都显示出这具骨骼的奇特姿势。头骨面部朝下，角度靠后，下颌骨稍微分离。对照克拉施的日记和草图，能看出上半身有些部位的骨头从解剖学来说处于正确位置。照片显示长臂骨从颈后部伸出，这说明身体关节断开了。

现代分析显示，这个勒穆斯捷青少年的骸骨不仅混乱无序，而且有屠宰痕迹。他的脑袋被剥皮去肉，舌头被割除，颌骨被砍下来、削切并可能被击碎，一根股骨也被切除皮肉。但是奇怪的是，他的骸骨并没有散落到各处，头骨和下颌骨其实就紧挨在一起。此外挖掘照片和文件记录显示，脸部和前额直接靠在一块平板石块上，这块石头相对周围沉积物中的石块明显大得出奇。[2]

克拉皮纳遗址和勒穆斯捷遗址在时间上虽然相隔数万年，但都属于晚期尼安德特人遗址。正是这段时间，也就是约13万年前之后，这种处理人类遗骸的行为即便不常见，也不再罕见。许多情况下，处理古人类遗骸和动物骸骨的方式几乎毫无差别，重点同样集中在富含骨髓的部位。佩里戈尔东南部新发现的希罗格（Sirogne）遗址就是一个典型例子。这里发现的尼安德特人牙齿都失去了牙根，很可能就是咬碎颌骨获取骨髓造成的。

然而，或许很奇怪，很少有证据能直接证明尼安德特人确实**食用**加工过的人体遗骸。动物骸骨上的齿痕并不常见，所以古人类

---

1 豪泽在记录中提到每个挖掘阶段都拍摄了22张照片，但目前仅发现了寥寥数张。
2 可能是一块巨大的燧石石片或天然的石灰岩石板，可惜现在已经遗失。

骸骨上的齿痕尤其值得注意。克拉皮纳遗址至少有一条腿部骨片表面存在浅浅的成对切痕，看着就像人啃玉米留下的痕迹。

但是总体来说，骸骨上出现齿痕的情况极其罕见。与不同时期的智人食人行为对比，就显得尤为明显。在距今大约1.5万年前，英国西南部的高夫洞穴至少有6名个体的骸骨留有屠宰痕迹，这可能只是一个群体的几代人。这些骸骨的处理模式非常类似于被人猎杀的动物，也与动物残骸堆放在一起，但高达65%的骸骨表面有加工痕迹，而且将近一半带有齿痕。

焚烧古人类遗骸的做法在尼安德特人当中也很罕见，而这可以有多种解释。伊比利亚的萨法拉亚遗址虽然发现了3块与火塘有关的烧骨碎片，但是正如有关烹调动物骨头的争论一样，这可能只是偶然现象。但是克拉皮纳遗址也有烧骨痕迹，考虑到处理遗骸和食用人肉的大量证据，人们完全有理由相信这里至少有部分遗骸被烹煮食用。

我们假设至少存在一定程度上的食人行为，那问题来了：为什么呢？随着相关例证越来越多，21世纪的分析技术给出了比单纯追求卡路里更微妙的解释。在克拉皮纳遗址，虽然明显存在完整的骸骨，但是营养最丰富的部位似乎并不在加工之列，埃尔锡德隆遗址的情况就是如此。前几章已经介绍了这里出土的13个或更多个体的生理特点和行为，但他们也可能沦为了食人者的美餐。这些骸骨都经过深度加工，并留有肢解、切割和锤击的痕迹。

虽然有些人体遗骸遭到肢解，但看起来并不像典型的动物屠宰行为，不仅缺乏系统性，也没有针对肉质最多的部位。这些骸骨没有食肉动物破坏或风化的迹象，而且有些来自胸部、手臂、手脚部位的骸骨仍旧相互连接。此外，各要素的呈现形式也很奇怪：面部骨骼大部分缺失，但有舌骨（支撑声带的一种特别脆弱的骨骼），而且趾骨的数量惊人。但是埃尔锡德隆的所有骸骨都体现出一种模式：年轻人的骸骨表面切痕最多，这一点单纯从营养角度很难解释。

我们先不管遗骸，单纯思考食人行为本身。对任何种群密度低、以小群体形式生活的物种来说，同类相食通常会加速种群的灭绝。从经济学考虑，这也不合算，因为与体形大致相当的动物相比，古人类的身体从营养水平来说明显要低得多。

那可能是因为饥饿？狩猎采集者的生活方式充满挑战性，近代有些种群就出现过饥荒，虽然罕见，但也令人闻之色变。尼安德特人是否经历过更加令人绝望的时期呢？有些食人案例与冰期环境有关。比如，康贝-格林纳尔遗址的 25 层出土了两个成年人、两个青少年和两个不同年龄的儿童被肢解与切割的骸骨遗存，定年可能在距今 7 万到 6.5 万年前，而且周围散落着大量与寒冷环境相关的驯鹿骸骨。

但事情并没有这么简单。正如我们在第十章看到的，普拉代莱遗址是不折不扣的基纳技术型驯鹿狩猎营地，但新的证据显示，当地温度与现代威尔士或苏格兰相差无几。这一点非常重要，因为在所有被屠宰的动物中，还有至少 9 具经过处理的尼安德特人的骸骨，其中既有成年人，也有儿童。人体骸骨的处理方式几乎与驯鹿完全相同，都是去肉、敲碎骨头两端，大概是为了

血缘

吸食骨髓。

有人声称这种骸骨组合又是一个为获取营养而食人的案例，但这种说法根本站不住脚。首先当地气候算不上极度寒冷，另外大量被屠宰的驯鹿骸骨也说明，至少在某些季节，食物不成问题。

也有人认为，在气候极度温暖时，间冰期的遗骸加工遗址是因为饥饿的尼安德特人不习惯狩猎森林动物而形成的。克拉皮纳遗址的年代可以追溯到伊姆间冰期，但可能是在温度峰值之后，甚至可能包含距今12.1万年前之后出现伊姆间冰期末期干旱事件（LEAP）的极端环境破坏期。但这些骸骨来自两个不同的地层，所以这里的人体屠宰行为很可能持续了更长时间。

但是有趣的是，另一个食人遗址可能与克拉皮纳遗址属于同一时期。法国东南部莫拉－古尔西洞穴遗址15层在定年上极其相近，那里至少也有豪猪一类动物与干旱环境相关。6具尼安德特人的骸骨中至少有一半曾遭到屠宰，其中包含一名年长的男性、一名成年女性、两名青少年和两个儿童。莫拉－古尔西的遗骸处理程度极高，头部被剥皮，舌头被切除，关节和四肢被肢解，腿部的肉被撕扯下来食用并经过了彻底的碎骨取髓处理。

但是也有人对气候驱动的间冰期饥荒持反对意见。类似诺伊马克诺德这类遗址明确显示，尼安德特人早已适应了森林狩猎生活，能够投射长矛精准刺中黇鹿，甚至会丢弃肥美的肉食和骨髓。他们也会攻击体形庞大的大象；虽然赖林根骸骨和长矛遗址更像食腐地点，而不是猎杀地点，但伊姆间冰期的这些尼安德特人明显不愁食物。他们当然也能获取小型猎物，包括乌龟或河狸。在所有加工人体遗骸的遗址，营养不良的比例似乎并不比其他遗址高，更别说与现代的狩猎采集群体相比。要说与自然环境相关，唯一清楚的模式就是欧洲以外的遗址完全没有加工人体遗骸的现象。

食人行为会不会与特定气候毫无关系，只是说明尼安德特人会无情地杀害并啃食弱小的个体呢？老人和儿童面临的风险最大，但他们被屠宰的人数并没有超过青少年和成年人。另外，莫拉－古尔西的一名男性是目前已知最高大的尼安德特人，攻击他肯定很危险。

另一种解释是对陌生外来者的敌意。有人特别提出戈耶洞穴的骸骨遗存能有效证明尼安德特人存在攻击性食人行为。被屠宰的部位包括小腿、头骨和大腿，这符合食肉和碎骨取髓时最经济的选择。超过 1/3 的骸骨遗存表面有大量的切割痕迹，显示它们曾遭到肢解、削肉，甚至还有罕见的割开骨盆和肋骨、取食内脏的行为。此外骸骨碎裂的情况非常普遍（唯一完整的骨头是指尖），长骨末端可能也受到粉碎处理，这些都明确指向食人行为。有人声称这些受到攻击并被吃掉的都是陌生的外来者。但这种说法依赖于对稳定同位素的解释，也就是说同位素反映的只是非本地个体，而并非活动范围广阔、吻合石器迁移数据的尼安德特人。

其他遗址证实，那些被食用的人更像是当地人。克拉皮纳和埃尔锡德隆骸骨上的解剖特征说明，死者来自亲缘关系很近的种群，很可能就是当地种群。同样在莫拉－古尔西遗址，同位素分析数据显示，至少一名被屠宰的个体可能就生活在这片区域内相隔一两天行程的地方，那里也是许多石器的来源地。

如果不同群体争夺同一块土地，那爆发冲突就不可避免。但

血缘

是就这些有屠宰痕迹的遗骸来说，他们的年龄范围通常非常广泛，这意味着要么是发生了大规模屠杀，要么就是长时间的伏击猎杀。此外，被屠宰的个体死于暴力事件的概率并不比正常情况更高，而且我们需要假设尼安德特人倾向于为保护领地而发动攻击。正如前文讨论的，合作狩猎与分享食物是尼安德特人社会生活的核心，这也有效地驳斥了这一点。

事实上，食人行为和屠宰骸骨可能都存在原始动机，但不一定根源于贪婪或者好战。黑猩猩为我们提供了有趣的类比。虽然黑猩猩的狩猎行为比我们过去认为的要多，而且常以暴力方式解决社会分歧，但杀戮现象依旧非常罕见。

谋杀行为几乎总是会涉及其他群体，但前提是胜算很大，而且被害者几乎总是成年男性或婴儿。群体之间的杀戮行为极端不寻常，但杀婴行为众所周知。婴儿很容易沦为男性极端情绪下的牺牲品，比如在与外来陌生者发生冲突或者因狩猎触发杀戮冲动时。食人行为有时是社会动力学的组成部分，这意味着对黑猩猩来说，食用尸体从本质上来说追求的是营养以外的东西。

有时人体遗骸会像猎物一样被热情地食用和分享，也可能会受到攻击；许多成年人的骸骨上甚至有遭到树枝抽打或岩石撞击的痕迹。但是在其他情况下，这种互动更平静，更具试探性，而且进食者只是少量食用。遇害成年人的部分遗骸偶尔会被吃掉，而且同一群体内的女性似乎特别容易成为目标。[1]不过婴儿被食用的

1　包括重点关注受害者的生殖器。

比例最高，而且食用得更加彻底。狩猎后的杀婴行为尤其可能引发群体食人行为，有时就连他们的母亲也会参与进来。

倭黑猩猩再次为我们提供了有趣的对比。目前倭黑猩猩群体并没有有案可稽的杀婴事件，但母婴之间的同类相食案例真实存在，并呈现出分享肉食的特征。在一起案例中，当一只幼崽自然死亡后，群体成员花了一整个上午的时间吃掉它大半个身体，然后它的母亲将残留部分背上带走。

这说明要理解尼安德特人的食人行为和遗骸处理行为，必须考虑到非常关键的两点。首先，我们没必要预设尼安德特人具有攻击性。其次，吃剩的残留尸骸不会变成垃圾，仍旧会被视为死者的代表物或与死者相关的东西。

不管是对倭黑猩猩还是黑猩猩来说，死者遗骸都会触发很多情感。即使这个过程经常以痛苦和混乱开始，遗骸通常也会转向一种边缘状态；虽然没有生命，但也不等于一块肉。它们会比猎物受到更细致的处理，被携带的时间更长。至少在某些情况下，食用者肯定清楚它们吃的是什么，吃的是谁。同类相食可能是一种强有力的手段，不仅能帮助个体和群体消化情绪失控下的杀戮冲击，也能解决死亡带来的其他影响。换句话说，就是消除悲伤。

这种情况很可能出现在尼安德特人身上，甚至概率更高。我们还可以看到黑猩猩和倭黑猩猩利用工具与死者互动，比如用棍子戳碰死者的遗骸，就仿佛要唤醒它们。更令人吃惊的是有一个案例，死去的个体牙齿被拔掉了。2017 年，一个名叫托马斯的雄性黑猩猩在赞比亚保护所死亡后，它的养母诺埃尔拒绝离开。它在

血缘

守护尸体期间开始用一片草叶细心地清洁托马斯的牙齿，而它十来岁的女儿就在附近密切查看。

对黑猩猩来说，用草叶或木片剔牙本质上是一种亲密关爱的行为。早在大约50年前就有人首次报告这一行为。做出该举动的个体名叫贝尔，是一群孤儿中的一员，而且特别喜欢剔牙。值得注意的是，有人看到它拔掉了好朋友一颗松动的乳牙。

我们把这些场景转移到尼安德特人身上，再考虑到他们更复杂的认知能力以及以石器为中心的生活，就会觉得豁然开朗：他们可能将小心肢解猎物的技巧转移到了消除悲伤的过程中，而这个过程所包含的屠宰和食人行为都属于亲密关系的体现，而非对死者遗骸的亵渎。

研究人员在详细研究尼安德特人的食人行为及其处理遗骸的方式后，发现确实有证据指向此类解释。最令人震惊的是，屠宰本身并非总是与处理动物尸骸的做法相同，有时即使方法相似，具体操作也更细致。这一趋势其实可以追溯到旧石器时代晚期。在格兰多利纳遗址就能看到，人体遗骸的屠宰率是动物的两倍，而且更多地关注人的头部，舌头和大脑被切除了，手指和脚趾甚至被剥了皮。

有些尼安德特人遗址也呈现出相似模式。克拉皮纳遗址的古人类骸骨遭到比动物更彻底的粉碎；在莫拉－古尔西遗址，有一半的尼安德特人骸骨上留有切割痕迹，而只有不到1/4的鹿骨上有切割痕迹，其他物种的切割痕迹相对更少。此外他们特别注重碾碎骨头，可能会用到石砧，只有手骨和脚骨保持完整。另一个区别就是只有动物骸骨上带有灼烧的痕迹。

其他遗址也表现出此类特征。在普拉代莱遗址，驯鹿和古人类的屠宰率相同，都是大约30%，但对动物明显是基于不同部位的营养价值进行挑选后运回遗址，而古人类骸骨的情况却并非如此，几乎没有四肢，很多都是头骨碎片。在普拉代莱遗址，尼安德特人的骸骨经历了截然不同的事情，而且不单是来源的问题。这些古人类的骸骨虽然与动物骸骨没有明显分隔，但它们的保存状况更加多样，受食肉动物破坏的情况较多，有些牙齿曾从鬣狗的胃部穿过。这不仅表明古人类骸骨的堆积过程与动物骸骨不同，同时也揭示了人类骸骨在遗址内的遭遇，包括暴露在外面。

永恒

虽然每种处理遗骸和食人行为的背景都很独特，但两者之间的概念联系或许值得探讨。尼安德特人或许能游刃有余地屠宰任何遗骸，就像黑猩猩给死者剔牙一样，他们也渴望利用自身熟悉的技巧与死者联系。屠宰和食人行为，也许只是他们在死亡带来的混乱和恐惧中寻求安慰的企图。有迹象显示，正如我们一样，有些尼安德特人也许会试图将死者的一部分东西留在身边。

研究人员进一步仔细检查了收集到的动物骸骨，寻找各种骨制器物，包括修理器，这是目前发现的采用尼安德特人骸骨制作的典型样本。在克拉皮纳和普拉代莱遗址，大腿骨的碎片得到了使用，而戈耶洞穴出土的四个修理器则采用大腿骨和小腿骨的骨片制成。这里的尼安德特人似乎会特意挑选古人类骸骨,虽然其适用性相比其他物种的骨骼材料要差很多。

看来就像大多数动物骸骨样本一样,戈耶洞穴和其他遗址的修理器在骨头仍旧新鲜时就开始使用。尼安德特人并非随意挑选骨骼碎片,很可能在处理遗骸的过程中或者此后不久做出选择。此外在戈耶洞穴,修理器得到了充分使用,表面留有不同阶段造成的损坏。尼安德特人会使用一段时间,但具体时长不得而知。

目前所有样本都来自处理遗骸的遗址,没有证据显示这些修理器被带到其他地方。但这种可能性很吸引人,同时也提醒我们,目前还不清楚大多数孤立的尼安德特人骸骨和牙齿是如何来到特定遗址的。

如果死亡与情感存在紧密联系,那在屠宰、食用和利用遗骸时是否存在个人因素呢?很可能死者和屠宰者在生活中存在某种联系。众所周知,面孔是人类交流和个人身份认同的关键点,所以某些情况下死者的头部会受到额外关注,这点确实耐人寻味。在莫拉-古尔西遗址,所有古人类头骨碎片都有屠宰痕迹,而且支离破碎,这与鹿的屠宰情况不同。同样,勒穆斯捷 1 号头骨也被全面肢解,但屠宰痕迹仅出现在右大腿。

这让我们想到所有尼安德特人遗址中最奇特的人工制品之一。1906 年,史前史学家在拉奎纳遗址首次发现了骨制修理器,不过这个遗址也以出土了至少 22 具尼安德特人的骸骨(位于不同地层、不同区域)而闻名。其中有些头骨碎片可能来自同一个年轻人。一块带有切割痕迹的骸骨碎片也带有典型的敲击损伤,可见曾被用作修理器。

尼安德特人拥有超凡的知识，对不同物种的解剖结构也非常了解，他们肯定很清楚自己在做什么。戈耶洞穴的修理器甚至不单是修理器，他们选择使用这件物品绝非随意或偶然之举。戈耶洞穴的修理器就形状和厚度而言，与拉奎纳或其他遗址的修理器相去甚远，而且它是唯一已知用动物头骨制作的修理器。这件物品虽然适用性差，却被挑选出来；同一地层还有其他特殊的修理器，包括用驯鹿颌骨和野马的牙齿制成的修理器，但头骨修理器是该地层尼安德特人骸骨的唯一代表。

怀疑论者或许仍在试图证明，尼安德特人将死者遗骸分割成零散的部分并非出于实用考虑，而是一种通过社会和象征的方式引起共鸣的习俗。令人震惊的是确实存在这种证据，而且也涉及一个头骨。克拉皮纳洞穴出土的最完整的头骨表面留有 35 个大致平行的细微切口，从眉脊略微往上的位置一直延伸到头骨后侧。这些切口只有 5 毫米长，不符合任何屠宰模式，在克拉皮纳遗址是独一无二的存在；其他任何种类的古人类头骨上都没有类似的切痕。

但是这些切口确实让人联想到一些事情。它们代表了尼安德特人制作的最长系列的顺序标记，数量甚至超过了普拉代莱鬣狗骸骨或扎斯卡尔纳亚遗址渡鸦骨头上的切口。它们出现在一块古人类骸骨上，而且是头骨这样最具象征意义的部位，具有非同寻常的意义。与之最近似的是十多万年后生活在英国高夫洞穴的智人行为。在高夫洞穴，智人除了处理和食用死者遗骸外，还对骸

血缘

骨进行改造。他们雕刻头骨（可能用作容器），但在最引人注目的一块长骨碎片上，蚀刻了一个由许多小切口构成的精巧的重复纹样。

我们是否可以撇开个别的物体或骨骼，来谈论死亡对尼安德特人的意义呢？他们与死者遗骸复杂的互动——不管是安葬尸骸或部分骨骼，还是屠宰或将其用作工具——都与他们在其他方面，比如狩猎、材料技术和美学方面日益增长的技能和行为的多样性密切相关。距今15万年前之后相关遗存出土的频率加大，可能也不单是因为保存得更好，而是因为社会实践的扩展。此外值得注意的是，发现尼安德特人遗存的地方通常都包含多个个体的骸骨。

对待个体的方式可能也存在一定的趋向性。尼安德特人群体肯定也包含一些普遍认可的范畴，比如年龄和性别，可能还有生育状况、社交能力和技能水平。这些特征可能会影响个体在生活中的互动，也会影响他们对待死者的态度。

最显著的模式之一就是女性骨骼的数量明显不足。这并不是因为骸骨遗存的性别难以鉴定；现在只要能提取基因，就能确认解剖学分类。此外年龄也呈现出某种模式，年龄小的个体和老人常作为单独的骸骨出现，而不是被处理和循环利用的骨骼碎片。举例来说，克拉皮纳遗址到处可见被屠宰的成年人，但没有婴儿骸骨。

另一方面，儿童似乎与多遗骸埋葬现象有关。山尼达9号婴儿与一名成年男性和两名疑似成年女性安葬在同一个狭小空间内，加罗德认为塔本女人左臂旁边有一名婴儿，[1]但是在伦敦挖掘沉积物块时并未发现任何遗存。至于近东地区，虽然出土了大量骨骼，但就目前所知并没有处理遗骸的案例。

这一章的内容可能给人这样一种印象：那些遭遇过各种古怪事件的尼安德特人骸骨化石到处都是。但实际情况要复杂得多，有些遗址只发现了极少数骸骨碎片，有些出土了大量骨骼，遗址之间或遗址内部在遗体处理问题上没有表现出明确的关联性：勒穆斯捷的青少年遭到屠宰，但婴儿并没有。

此外还有一个事实：在许多考古遗存丰富的遗址根本没发现尼安德特人的遗存。最明显的就是罗曼尼岩棚遗址，它在数万年时间里都是古人类的居住地，考古挖掘也按高标准进行，但数十万块骸骨中没有一块来自古人类。似乎有尼安德特人居住过的伊比利亚遗址确实发掘出了古人类骸骨：2016 年特谢内雷斯洞穴出土一名儿童的牙齿和头骨碎片，科瓦尼格拉洞穴挖掘出至少 7 名个体的骸骨，其中有两个成年人、一个年龄较大的孩子和四个幼儿。

同样耐人寻味的是，许多遗址会随时间而发生变化。类似奥都洞穴这种情况，人类骸骨的存在可能会影响其他尼安德特人的行为。是安葬遗骸，还是肢解遗骸？具体选择可能也与尼安德特人的流动性有关，他们可能连续数月不会返回特定遗址。我们看到

---

1 在做出这次发现一个月后，她在致英国考古学家格特鲁德·卡顿－汤普森（Gertrude Caton-Thompson）的信中写道："我们在左肱骨附近发现了一个小婴儿的骸骨。"

血缘

的一些变化可能远远不能代表多样化的丧葬传统，而是反映不同环境的影响，他们会根据迁移和季节来做出相应的选择。

死亡的细节

从本质上说，我们现在很难再坚持尼安德特人的骸骨是随意堆积而成，或者说屠宰遗骸纯粹是为了果腹。一旦我们理解了丧葬习俗的范围，尼安德特人和早期智人在处理遗骸方面的界限就变得模糊起来。尼安德特人早在我们现代人之前就开始处理死者遗骸：塔本女人几乎平躺于地面，时间最早可追溯至17万到14万年前。

但是正如尼安德特人的美学传统一样，他们的丧葬传统也存在争议。露天遗址没有出土过完整的尼安德特人骨骼；虽然直到距今3万年的智人时期这种情况都很罕见，但是此后就出现了令人惊叹的墓葬习俗。双人或多人合葬的方式在智人中也比较常见，奥地利的克雷姆斯－瓦赫特贝格（Krems-Wachtberg）遗址挖掘出一对表面覆盖赭石的双胞胎遗骨，定年在距今大约2.7万年前。

死者的属性或许也有所不同。就智人的情况而言，成年男性的比例明显高于平均水平，女性极少，而老年人并不常见，这一点十分引人注意，推翻了智人活得更长久的说法。令人吃惊的是，幼儿和婴儿的数量还要少得多。

更明显的区别在于死者的身体姿势，智人种群的姿势更加形式化，早期样本中四肢极度弯曲的情况明显多于尼安德特人。但是随着时间推移，类似躺在石棺内的姿势变得越来越常见：平躺，手臂和双腿伸直。相比之下，尼安德特人的尸体倾向于部分或完全侧卧；有时双腿弯曲呈胎儿状，但是在其他情况下会出现不对称的弯曲或伸展。

智人的丧葬中无疑还包含惊人的随葬品。从勒穆斯捷岩棚遗址顺河向下游行走仅几分钟，佩罗尼在马德莱纳岩棚内发现一处幼儿的墓穴，定年在距今1.1万年到9000年前。根据他的记录，这名幼儿的骸骨像勒穆斯捷2号婴儿一样处在一个坑洞内，但相似性仅止于此。这名幼儿平躺在坑洞内，有红色颜料绘制的"光环"，另外头部、双肩、膝部、手腕和脚踝周围有成千上万颗细小的动物牙齿和贝壳珠子。这些东西可能要花几个月时间才能切割和打磨成合适的大小，而磨损模式表明曾有人将其拿在手里长时间地摩搓。其产地除了贝壳化石遗址，还有大西洋和地中海的海滩，这说明当时人要么活动范围广阔，要么存在广泛的交换网络。最重要的是，这些是成人墓葬的微缩版，明确表明儿童收到的都是特意依照其年龄段打造的物品。

总体而言，马德莱纳遗址引人注目的墓葬让人联想到一个孩童笑闹奔跑的场景，他的衣物上嵌满珠子，闪闪发亮，叮当作响。尼安德特人的遗址从未出土过类似遗物，但最能证明死者遗骸旁边放有特殊物品的证据是什么呢？有关"陪葬品"的说法通常都相当主观。在切舍克塔施遗址，一名男孩的遗存旁边散落着大量山羊角；万人坑洞穴遗址出土的关节部位相连的野马和美洲虎的脚骨都很不同寻常，但与遗骸没有明显关联。勒穆斯捷1号面部下

血缘

方奇特的石头肯定是陪葬品，但鉴于挖掘年代较早，考古发现也仅此而已。新发现的山尼达遗存手边相隔几厘米处有一块非典型的燧石石片，这项发现令人着迷，但最有说服力的样本来自近东地区的另一处尼安德特人遗址。

20 世纪 90 年代在死海附近一处洞穴挖掘出土的阿木德 7 号，是一个还不到 10 个月大的婴儿。它和梅兹迈斯卡娅的婴儿骸骨一模一样，呈右侧卧姿势躺在基岩上，虽然因沉积物作用出现断裂，但手指和脚趾都处于正确位置。阿木德 7 号的独特之处在于，它的髋骨紧靠着一个巨大的马鹿颌骨。马鹿颌骨在这处洞穴中很常见，但完整的骨头很少见。没有中间沉积物，说明这个沉重的、可能仍旧连着血肉的颌骨在尸体腐烂前就被直接放在上面。

但准确来说这并不是墓葬"饰物"。尼安德特人似乎对彩色矿石、贝壳以及鸟类身体的某些部位有审美兴趣，但在死者遗骸周围没有任何相关发现。另一方面，并不是所有早期智人的墓穴中都有丰富的陪葬品。欧洲最早的旧石器时代晚期文化在距今约 4.5 万到 3 万年前形成的丧葬习俗，更接近尼安德特人与死者遗体的互动：他们会保存死者骨骼的零星碎片，包括穿孔的牙齿。真正令人叹为观止的墓葬，比如俄罗斯松希尔的双胞胎儿童墓穴，直到第一批智人出现大约一万多年**之后**才出现。

"黄金时代"的墓葬往往会蒙蔽我们的双眼，让我们看不到那些反映更古老的尼安德特人传统的物品。在松希尔遗址，涂有赭石颜料的骸骨从其他遗址运来，与两具儿童的骨骼并排放置。旧石器时代晚期甚至也发生过食人行为。德国西南部的布里伦霍勒洞穴（Brillenhöhle Cave）比高夫洞穴的历史早一两千年。该洞穴出土了4名遭到深度屠宰的成年人和1名婴儿的部分骸骨。有人认为这是一种丧葬仪式，并非谋杀。

但是在欧亚大陆以外的地区，却出现有趣的反转。非洲的早期智人种群提供了大量复杂丧葬行为的证据，但几乎没有出现骸骨。只有两处遗址具有相对完整的骸骨，其中一具骸骨可追溯到距今大约7万年前，骨头放置在早就存在的采石坑中，但周围没有与丧葬相关的人工制品。另一具骸骨来自南非的边境洞穴，是年代大致相同的一名婴儿的墓葬。但是这个遗址是在1940年挖掘的，我们对儿童骸骨、对应的坑洞和单个贝壳（最初连成一串且涂有颜料）之间的确切联系并不清楚。如果尼安德特人的丧葬记录如此贫乏，那肯定会有人用这些来证明他们没有墓葬仪式。

我们有必要单用一章专门讨论死亡，因为它与我们对人类区别于其他动物的定义紧密交织在一起。尼安德特人对死者遗骸既没有置之不理，也没有视作垃圾废物。他们面对死亡并非无动于衷，而解决情感创伤的需求——即使无法找到合理的说明——很可能来自与死者遗骸本身的互动。

与其他古人类一样，尼安德特人与死亡抗争的做法为他们后期的生活抹上了一层不同的色彩。他们应对死亡痛苦的方式多种多样，包括安葬遗骸、肢解遗骸、通过食用让死者的原材料重新得到利用，把骸骨作为工具或以特殊方式进行标记。

我们执着于将墓葬作为衡量丧葬意义的最佳标准，此举明显贬低了尼安德特人独特的丧葬行为。同样，将饥饿或暴力作为食人行为的主要解释，源于西方近代的禁忌。事实上食用死者遗骸作为一种消除悲伤情绪的方式，虽然鲜少有人提及，但确实存在。2017年，一家小报报道一名英国妇女经常食用母亲的骨灰，而这并非孤例。这听起来或许很怪异，可是那些身体圣物，从头发到骨灰瓮，早已深植在西方社会体系中；在基督教的圣餐仪式中，人们普遍认为面包和葡萄酒进入信徒口中就会变为耶稣的身体。天主教徒认为这无关乎死亡，而是关于生命；也许尼安德特人也是这种情况。

我们从中学到的最重要的一点，是要根据客观事实理性看待尼安德特人，而不是按照预想，透过有色眼镜去打量他们。克拉皮纳头骨上那些微小的切割痕迹将他们生活中的许多元素联系起来：人类骸骨可以作为食物、原材料和画布，也能像加工它们的石器那样成为工具。在我们看来，它们的美学功能并不明显，但对制造者来说肯定意义重大。碎裂和带有标记的遗骸，反映了尼安德特人分解、运输和埋葬更多材料的广泛模式。这使他们的行为、记忆和身份得以在时空中延展，形成智慧的结晶。

正如火塘是遗址活动的中心一样，死者的存在可能从景观尺度影响了遗址的形成过程。与死者相关的地点可能具有独一无二的社会作用，例如黑猩猩、倭黑猩猩甚至大象都会频繁光顾或避开与死亡和遗骸有关的地点。如果尼安德特人通过主动选择来区分不同遗址以及周围整个场景，那么将死者遗骸包含进来可能只是生存行为的延伸。我们甚至可以想象，他们生活的环境会影响他们对死亡的反应。在山毛榉森林里死去，而不是在大群驯鹿活动的苔原里死去，这意味着什么呢？

✳   ✳   ✳

我们只能得出一个结论：如果丧葬传统不仅仅限于现代人，甚至能够追溯到我们与尼安德特人最后的共同祖先，那么关于人类的关键定义也是如此。根本不需要任何形式化的精神框架；尼安德特人的"葬礼"仪式可能多种多样，从虔诚、无序到有条不紊、分毫不差。就像生命之火的熄灭引出我们内心的原始渴望一样，他们举行葬礼仪式的动机也不仅是恐惧，还有爱。正是这些情感奠定了我们纠缠错杂的故事之尾声：灭绝和同化。

第十四章　血液中的时间旅行者

　　他们沿着纵横交错的小路前行，太阳在其身后镀上一层金光。他们熟知的一切都呈现出崭新的容颜：树木披上新叶，野兽换上了陌生的毛发，就连脚下的岩石都发生了改变。而且他们意识到还有其他生命。那些生命就在坚实小径上松软的泥土中，在碎裂的岩体周围挥之不去的焚烧石头的气味中，在袅袅上升、向低垂的云朵靠近的柴烟中。

　　像以往一样，所有小径归为一处。紧张的、试探性的舞步出现在湿漉漉的秋日天幕下，就在奔涌湍急的河流边，在幽暗的洞口前。有时他们惊恐不安，热血奔涌；有时他们伸出手，指尖掠过发丝、皮肤和嘴唇。许多长期携带的特殊物品，比如最优质的石料和丰厚的肉块在人群中来回传递。伴随着火堆前的低语，大腿滑近、交错的同时也带来了其他东西。母亲的腹部隆起，小小的脸庞在夜晚的星空下出现，干净清澈的双眸注视着这个世界，仿佛只是回归一样。呼吸着空气中的木烟香，小小的拳头张开，金色的乳汁在流淌。老人的灵魂在骸骨中永存，而新的生命在血肉中跳动。人们创造未来，延续数年、数百年，甚至数千年。

在过去大约 160 年里，研究人员大多数时间都在堆积如山的骸骨和石器中辛苦探索，希望能更多地了解尼安德特人。近 20 年来，检测古代 DNA 的技术成为现实，情况突然发生改变。遗传学能照亮考古学所不能及的隐秘之处，所以有机会研究尼安德特人的遗传基因，让人感觉即将登上山顶，眼前将随之一亮，看到意料之外的广阔美景。在特定的时空，每个基因样本打开一条缝隙，让我们得以一窥有关尼安德特人个体及其所属种群谱系与亲缘关系的独特信息。深入的 DNA 研究能够揭示出骸骨之外的生物学信息，甚至能揭示全新的古人类人种。

不断涌现的科技进步、新发现和理论重组让人始料未及，甚至很容易让专家们感到无所适从。但接下来讲述的是身穿白大褂的实验人员利用骨灰和试管寻根溯源的故事：DNA 技术为我们呈现出一幅远古的全景画卷，将古人类群体的迁移、互动和基因交流展现在眼前。

尼安德特人拥有独特的发展史，并形成了一个复杂的血统网络，其基因延续下来，流传于数千公里范围内。巧合的是，1997年提取的第一份基因样本就来自最初菲尔德霍夫遗址的尼安德特人个体。当时只能准确提取线粒体基因，而检测结果为风靡一时的进化理论提供了重要依据，认为尼安德特人崛起于欧洲并保持了遗传隔离。

后续研究似乎都支持这个观点，而且鉴于线粒体基因只是通过

血缘

母系遗传，研究人员能计算出不同个体的基因聚合的时间点。这样就大致找到了尼安德特人的"线粒体夏娃"：某个曾曾曾……祖母。[1]令人惊奇的是，推算的年代距今不到13万年，但因为尼安德特人的骸骨化石可再往前追溯数十万年，所以明显有什么地方弄错了。

研究人员从更多骸骨提取基因样本进行分析后发现，每个样本似乎都会严重影响整体画卷。线粒体基因最初显示尼安德特人的种群规模很小，而且组成结构相同；定年在距今大约5万到4万年前的西班牙、德国和克罗地亚的个体存在遗传相似性。但是，分析数据的增加使得遗传的区域多样性开始露出冰山一角。地理上的邻近有时与亲缘关系相匹配：戈耶洞穴多个个体在DNA的相似性上相对其他尼安德特人来说更为接近。另一方面，菲尔德霍夫遗址第二个个体的遗传学分析结果显示，他们更接近克罗地亚的温迪迦血统，而不是最初同一个洞穴出土的尼安德特人。

在距今大约5万到4万年前，那些分散到欧亚大陆西部的远古种群分支的后代仍旧繁衍兴盛。举例来说，2007年，乌兹别克斯坦的切舍克塔施儿童经鉴定与欧洲血统有关，而在西伯利亚阿尔泰地区更靠东的奥克拉德尼科夫洞穴，另一名儿童的线粒体基因揭示出更令人吃惊的信息。它的定年在距今大约4.5万到4万年前，是迄今发现的分布在最东端的尼安德特人。由此可见尼安德特人在欧亚大陆的分布更加广泛，从地中海一直延伸到西伯利亚。

---

1 "线粒体夏娃"（Mitochondrial Eve）并不是指第一个女性尼安德特人，而是指所有尼安德特人最后一个共同的女性祖先。

但是某个时刻发生了一次或多次大规模巨变。西班牙和法国的一些尼安德特人线粒体基因更接近奥克拉德尼科夫儿童的血统，而不是以埃尔锡德隆、菲尔德霍夫和温迪迦为中心的血统。反之亦然：与欧洲相隔数千公里的俄罗斯梅兹迈斯卡娅1号婴儿的血统更接近意大利尼安德特人，而不是奥克拉德尼科夫的儿童。

但是线粒体基因通常只能反映出事实的一个方面，要想更全面、更详尽地描述尼安德特人的基因遗产，需要用到核DNA。技术进步使得核DNA检测成为可能，学术界开始掀起一股尼安德特人遗传学研究的热潮。西伯利亚阿尔泰地区的丹尼索瓦洞穴拥有不同寻常的类似冰柜一样的环境条件，它开辟了一个"狂野东方"的前沿阵地，因为当地的DNA状况非常特殊。从D5趾骨提取的基因样本提供了第一份"高覆盖率"的尼安德特人核基因组，这是我们第一次看到另一个人种的基因构成。

这根趾骨属于一名在距今大约9万年前丧生的尼安德特女性，又被称为"阿尔泰尼安德特人"。她来自一个真正尊贵的血统，其族群在大约四五万年前与其他群体分离。出人意料的是，与她基因关系最近的并不是地缘上最靠近的奥克拉德尼科夫尼安德特人，反而是往西数千公里高加索地区梅兹迈斯卡娅的新生儿。

丹尼索瓦遗址带来的基因发现不止于此。自2016年以来，研究人员从另外6名尼安德特人的骸骨，甚至从洞穴土壤中提取DNA样本进行分析，[1]结果显示有些个体具有阿尔泰尼安德特人

---

1 有些沉积物中的DNA被描述为"分散性的"，可能来自粪堆。

的血统，另一些却没有，其中包括存活时间很短暂的 D11 个体。

这些基因检测结果揭示了欧亚大陆尼安德特人种群整体的深层结构。整个种群分裂为两大主要分支，随后在欧洲和亚洲分别独立进化了数千年。此外，这名阿尔泰尼安德特女性的后代有点儿像所有其他尼安德特人失散已久的表亲，他们明显灭绝并被来自欧洲的更细的分支所取代。就像欧洲线粒体 DNA 分析所揭示的一样，某个地区范围内似乎存在多个谱系，这主要分为两种情况：一种是同时期并存但没能充分融合，另一种是相互快速交换了大量 DNA。

这一切暗示着大陆规模的谱系迁移，当然是向东迁移，但也可能是反方向。这个迁移过程可能是循序渐进的，而不是像现代意义上的移民，但事实上从各个角度说这都是一场长期的巨变。就任何地区来说，我们都不能假设深海氧同位素第 5 阶段前后的早期尼安德特人之间存在基因连续性。

针对福布斯采石场头骨的最新基因分析使尼安德特人的"全家福"照片变得更加清晰。分析结果除证实该个体为女性外，还指出她与俄罗斯查吉斯卡亚（Chagyrskaya）的欧洲谱系以及克罗地亚温迪迦的基因组遗传接近度不相上下，由此说明她所在的种群是这两个谱系的共同祖先。

与此同时，她的 DNA 与阿尔泰分支仍有不同，这说明其族群与东部表亲分裂的时间可能跟 D5 测定的年代相近，也就是距今大约 17 万到 13 万年前。这个时期可能正好赶上深海氧同位素第 6 阶段的冰期结束，气候开始迅速回暖，接近伊姆间冰期的温度峰值。至少有些地区的考古记录显示，尼安德特人在深海氧同位素第5阶段出现了技术和文化上的转变，这也与有些线粒体DNA亚群出现的时间相吻合。在深海氧同位素第4阶段的深冻期结束后，欧洲的尼安德特人无疑开始扩大活动范围，重新占领"多格兰西部地区"（Western Doggerland），也就是后来所说的英国。这些或许反映了向东的大规模迁徙活动。

遗传学革命也促成了许多真正惊人的发现。如今丹尼索瓦遗址举世闻名，并不是因为阿尔泰尼安德特人的基因谱系，而是因为一块极小的骨头：一个女孩的指尖。这个女孩被称为"D3"，其线粒体DNA不同于任何古人类种群，她也由此意外成为一个不为人知的"幽灵"种群的代表。研究人员从丹尼索瓦人的骸骨、牙齿甚至洞穴土壤中筛选提取出越来越多的DNA样本，并将其生活的年代从距今大约5万年向前推进到距今15万年，不过这个种群在60万年前与尼安德特人分离开来。从进化角度看，他们彼此的亲缘关系比他们同现代人的关系更近，尽管差距并不大。此外，他们的DNA相比尼安德特人更加多样，所以存在两种可能：要么他们的种群规模更大，要么整个种群并未遭受太多的内部消亡。

丹尼索瓦人长什么样子呢？近十年来，研究人员对他们的外表也只了解一些皮毛。DNA分析显示有些人长着棕色的眼睛、头发和皮肤，牙齿与尼安德特人有所不同。但是鉴于身体其他部位的遗存数量稀少，具体来说只有D3的指尖和3颗牙齿，所以了解仅限于此。2019年，研究人员通过研究丹尼索瓦人身上与生长有关的独特基因，对其进行"逆向工程"，结果发现他们的脑袋可能比尼安德特人更宽，手指更长，但真相如何，可能要等发现其骨骼后才能确定。

然而解剖学之外的情况非常棘手。丹尼索瓦有考古遗迹，但地层因为自然冻结，明显已经变形，鬣狗的挖掘破坏也是一个问题。不仅如此，从遗传上推算的骨头化石年份与相同地层其他人工制品的年代也不吻合，这意味着有些古人类的骸骨可能脱离了原始环境。在这种情况下，根本就不可能弄清楚谁制造了什么。

所有线索都表明丹尼索瓦人是亚洲人种。值得注意的是，在阿尔泰东南部大约2000公里外，青藏高原高海拔地区夏河出土的颌骨上的蛋白质，要么来自丹尼索瓦人，要么来自其"姊妹"种群。但是我们也知道他们和尼安德特人曾在不同时期生活在同一个洞穴，那么他们见过面吗？答案是响亮的"是"。D3的DNA暗示她的祖先曾在某个时候与尼安德特人产生基因交流，但真正令人震惊的还在后面。

再来说D11，这块微小的肢体碎片来自一位生活在距今大约9万年前的青少年。它最初于2012年被发现，4年后通过蛋白质取样才被确认为古人类。D11的线粒体DNA分析确定这是一名女性尼安德特人，但这只表明了她母亲的谱系。相反核DNA分析证实她的父亲是丹尼索瓦人。

她的昵称是"丹妮"，是迄今为止发现的唯一一个第一代古人类基因杂合体。最初，研究人员认为这种说法荒谬至极，根本不敢相信，但其影响是惊人的。有人认为基因交流非常罕见，可能只有从我们研究的古人类骸骨往前推数代人才能找到直接证据。事实上，找到这个混合不同人种基因的儿童，意味着基因交流可能并不罕见。

事实上，丹妮的 DNA 包含更多基因交流的痕迹，至少她的父系祖先中至少有一个人曾遇到尼安德特人，不过这可能是在数千年前，也就是许多许多代以前。

最后令人意想不到的是，这个古老的尼安德特人祖先与丹妮的母亲来自不同的遗传种群。她的母亲属于在奥克拉德尼科夫发现的欧洲血统东方分支，而其父亲的尼安德特人祖先与更西端的埃尔锡德隆 - 菲尔德霍夫 - 温迪迦群组的亲缘关系非常近。

这个不同寻常的遗址所出土的一切都清楚地表明，古人类种群并非一成不变，而是在历史长河中经历了巨大变化。最新的研究甚至表明，当地所有古人类的祖先都可能出现过基因交流。是什么让丹尼索瓦人如此与众不同呢？更远的东方地区从未发现尼安德特人的化石遗存或 DNA，更往西也从未发现过丹尼索瓦人的遗存，或许这个洞穴正好是两个古人类种群的交界处。

我们曾经认识你

100 多年来，研究人员始终在猜测和幻想，可能还有另一个与尼安德特人存在遗传联系的人种：我们现代人。2010 年，丹尼索瓦人首次亮相后不久，第二大启示出现：与线粒体 DNA 相反，第一个尼安德特人基因组显示他们直接促成了我们现代人祖先的诞生。

血缘

假设不存在基因交流，那他们的 DNA 应该与所有现代人的基因截然不同，但事实上，除了撒哈拉沙漠以南地区非洲人的后裔，其他地区的人与尼安德特人的基因匹配度明显更高。唯一合理的解释是，智人走出非洲向全球扩散时，可能与尼安德特人相遇并生育了后代。

这个消息引发了有关人类起源的质疑，并对有关两个人种的许多基本假设产生了深刻影响。人们最初认为种间交配从时间上来说肯定发生在近代，在欧洲大约能追溯到 4 万年前。如今 10 年过去了，古 DNA 研究变得更加错综复杂，简单回顾一下智人的早期历史或许会有帮助。

100 万年前，欧亚大陆早已有古人类繁衍生息，但最古老的智人化石肯定来自非洲。过去许多人认为只有一个特定的"人类摇篮"，如今这种老旧的观念早已被推翻。最新的化石和遗传学证据表明，我们是从一个分布于非洲大部分地区、解剖学结构多样的元种群（meta-population）进化而来的。

距今 80 万到 60 万年前是智人演化史上的关键时期。这一时期，丹尼索瓦人和尼安德特人的祖先与现代人的祖先分道扬镳，化石记录少得令人沮丧。但是之后，在漫长的时间里，非洲不同地区的古人类演化形成了现代人共有的解剖特征。大脑在距今 50 万年前之后开始快速发育，但头骨和身体以一种模糊的方式更为缓慢地发育。距今大约 30 万年前的摩洛哥杰贝尔依罗居民拥有巨大的脑袋以及和现代人一样的扁平面孔，但具有更古老的上颅骨和后颅骨。最古老的智人头骨与现存人类非常相似，距今约 20 万到

15万年前他们生活在东非，而尼安德特人大致在同一时间融合形成了"经典"的解剖结构。

近期最大的变化之一，是在非洲以外的地区发现了越来越多外观疑似早期智人的骸骨。20世纪30年代近东地区的斯虎尔和卡夫扎遗址发现多具骨骼，后来定年为距今大约12万到9万年前。当时看来似乎不太正常，如今正好相反。2018年，以色列迦密山米斯利亚岩棚发掘出一块古人类上颌骨碎片，定年为距今19.4万到17.7万年前。虽然骸骨严重碎裂，但足以确定它不是尼安德特人。

2019年，希腊阿皮迪马（Apidima）遗址出土了年代更加久远的部分头骨，定年为距今大约21万年前。有人认为这是智人的头骨，但该处遗址的情况相当复杂。陡峭的悬崖竖井堆积着乱七八糟的沉积物，可能来自相邻的斜坡沉积物，这就意味着头骨的确切来源无从确定，而且还有一些研究人员指出这块头骨有类似尼安德特人的特征。

头骨的年代久远，再加上处于地中海沿岸，似乎暗示着早期有过一次意料之外的扩散，不过这里的环境背景与北非非常相似。现在我们已经清楚，早期智人在距今10万年前就已经深入东亚数千公里，并适应了当地截然不同的生态环境。他们在距今大约12万到8万年前到达中国，在距今7.3万到6.3万前到达苏门答腊岛，并在至少6.5万年前穿越海洋到达澳大利亚。他们肯定翻山越岭，穿越沙漠和密林，而且可能乘坐船只漂洋过海。

在2010年前，这些情况大都鲜为人知。在当时的人看起来，早期智人生活在类似卡夫扎等近东地区，并没有向更远的地方迁徙，然后在大约 9 万年之后被尼安德特人取代。可是，第一个尼安德特人基因组的出现使这一切发生了改变。近 10 年的研究表明，情况比我们想象中更复杂，也更有趣。目前的研究数据显示，除了非洲撒哈拉以南地区之外，其他地区每个现代人身上都包含 1.8% 到 2.6% 的尼安德特人基因，[1]只是地理分布并不均衡。西欧人携带的尼安德特人基因占比最低，只有不到 2%，而美洲原住民、亚洲人和大洋洲人，包括澳大利亚原住民和巴布亚人携带的尼安德特人基因占比高达 20% 以上。我们现在也认为种间基因交流曾多次发生，在某些情况下，智人也在尼安德特人身上留下了印记。

尼安德特人的核 DNA 包含了不同人种邂逅的细微线索，而最新研究显示种间基因交流早已司空见惯。尼安德特人与丹尼索瓦人的共同祖先——尼安德特索瓦人（Neandersovans）可能从已经存在了 150 万年左右的"超古代"欧亚人那里遗传了 DNA。当丹尼索瓦人踏上独立演化之路后，其他鲜为人知的早期融合信号随之出现，这次是与智人的融合。它属于阿尔泰和欧洲尼安德特人的基因谱系，这意味着基因交流出现在大约 14 万到 13 万年前的深度分裂之前。

另一个提示可能来自提供线粒体 DNA 的第一个真正古老的

---

1 他们也遗传了尼安德特人的部分 DNA，但似乎是后期在与欧亚大陆智人移民的基因交流中获得的。

尼安德特人化石。德国西南部霍伦斯泰因－斯塔德尔洞穴挖掘出一名男性的股骨，间接定年为距今12万到10万年前。他的线粒体DNA与后期尼安德特人迥然不同。如果他的基因谱系在大约27万年前就实现遗传分离的话，倒是能解释得通。如果确实如此，这一个体可能会彻底改变尼安德特人的线粒体DNA缺乏多样性的观念。但是还存在另一种理论。这个线粒体DNA之所以不同，可能因为它原本就不是来自尼安德特人，而是尼安德特人与智人早期相遇后产生基因交流的人种；此外，现在也有迹象显示尼安德特人的Y染色体存在类似的情况，时间甚至可能更早。这听起来很奇怪，但目前已知动物中存在相似的过程：北极熊在大约13万年前与棕熊产生基因交流，结果其线粒体DNA完全被棕熊的线粒体DNA取代。

这些推测需要通过研究更多的早期样本才能确定，但后期的基因交流相对比较容易确认。距今大约7.5万到5.5万年前的接触留下了最显著的遗传标记。在西伯利亚的乌斯季伊希姆地区，额尔齐斯河岸遗址出土的早期智人遗存就提供了明显的例证。这名男性的部分腿骨定年在距今大约4.68万到4.32万年前，他身上具有尼安德特人祖先一次或多次基因交流的痕迹，而基因交流可能发生在他死前1.3万年到7000年之间。后期研究人员将这些基因交流事件分为两个阶段：第一阶段在距今大约5.4万到5万年前，第二阶段年代较近，发生在至少5000年之后。

乍看起来，更早期阶段的基因交流可能吻合基于尼安德特人基因组的计算结果，但这里有个不利因素：目前还没有一个尼安德特人的基因组测序与现代人的 DNA 真正匹配。它肯定不是来自阿尔泰的基因谱系，与欧洲分支的温迪迦或梅兹迈斯卡娅 1 号也不存在基因相似性。这可能意味着，现代人与对我们影响最大的基因来源种群的基因交流，发生在一个我们还未获得任何尼安德特人 DNA 样本的地区。

这也意味着他们的分支在距今大约 8 万年前分离，吻合基于基因组的计算结果，即基因交流发生在大约 9 万到 4.5 万年前。从考古学角度，我们可以将定年精确到距今 6 万到 5.5 万年前，因为今天的原住民携带有尼安德特人的基因，在当时就已经在澳大利亚生活。综合所有因素，看来乌斯季伊希姆人经历的两个基因交流阶段距离现在太近，对现代欧亚大陆人并没有明显的遗传影响。

后期不同时期的多次基因交流也得到了其他数据的支持。我们可以看到欧亚大陆的早期智人种群在大约 5.5 万年前已经分裂为不同的谱系。如今，有些现代人携带有更多的尼安德特人基因，这可能源自和其他谱系额外的基因交流，随后这些混合基因又传入了亚洲及其他地区。

我们现在也知道，这些古人类人种间的互动发生在更靠近欧洲的地方。就在乌斯季伊希姆人的结果揭晓后不久，另一个早期智人化石的 DNA 也对外公布了。这名男性智人的化石来自乌斯季伊希姆以西数百公里的罗马尼亚"骨之洞"（Peșteracu Oase）遗址，定年在距今 4.2 万到 3.7 万年前。他在遗传学上的祖先几乎和丹妮的祖先一样令人惊叹，因为他有 11% 左右的基因是属于尼安德特人的。这意味着往前推四到六代，他的祖先就是尼安德特人。

这相当于我们和19世纪60年代那些研究菲尔德霍夫头骨的史前史先驱之间的时间跨度。就像乌斯季伊希姆人一样，奥瑟人的血统似乎也包含多次基因交流，而在他去世前大约2000年又发生过一次。

总之自20万年前以后，尼安德特人至少有3次、很可能是6次与现代人的祖先生儿育女。[1]所有证据都是不到10年内从屈指可数的化石中发现的，这充分表明两个人种的接触和基因交流比我们知道的可能更为频繁。

但是这里凸显出一种奇特的基因交流模式。研究显示，后期尼安德特人，甚至那些地理上邻近奥瑟人、只是年代略久远的温迪迦人，都没有来自智人的基因渗入。

这提醒我们在探寻数十年前的历史真相时，不能将化石出土的地点作为可靠的标记。也许当奥瑟人的某位祖上遇到尼安德特人时，他们生活在更远的东方或南方地区，事实上，目前近东和中亚的古人类化石中并未提取到智人的DNA。也可能繁殖中存在一些复杂性，导致我们的DNA在与尼安德特人混血时更容易遭到排斥，或者在他们的种群中消失得更快。

从基因再说回身体，我们要考虑的是尼安德特人与其他古人类结合的方式和原因。考虑到基因交流的次数以及我们体内留存

---

1 根据基因组的定年估算，与最古老的乌斯季伊希姆人接触是单独的一次，与较后期的乌斯季伊希姆人和最古老的奥瑟人接触在年代上重叠，而更晚近的奥瑟人太年轻，所以肯定是第三次。

血缘

的尼安德特人基因的比例，不难想象，当时可能有成百上千甚至更多的个体交媾并生出混血后代。维多利亚时代的学者们私下无疑很好奇种间关系，他们的猜想也受到了文化习俗和个人关注点的影响。[1]不过要理解5万年前尼安德特人和早期智人的感受，就困难得多了。

据说有许多动物会对自身以外的物种产生"性趣"，从抱着人腿做出交配动作的狗狗到对游泳者过度亲昵的海豚都是代表。人类的兽交行为并不常见，在人群中的平均比例只有1.5%到4%。但是在各地都存在这种现象，主要原因是容易接近，这也解释了为什么兽交现象在农业群落出现的概率会翻倍。然而动机却因文化和个人情况而千差万别。在一些狩猎采集社会，性行为植根于宇宙观，在这类宇宙观中，被猎捕的动物是生死轮回的重要组成部分。但是通常情况下，人们与猎物并没有直接的性接触。

以上情况都不适用于我们和尼安德特人。他们直立行走，携带工具，可能穿衣服，并发展出了某种语言。双方极有可能存在一种共识，清楚眼前的生命是人，而不是新的物种。

目前没有明确的证据表明他们发生性关系的方式，只有结果。大家别忘了，这两个不同的人种在广泛的时空范围内曾多次杂交，背后肯定有不同的驱动原因。DNA分析的结果暗示，男性尼安德特人与女性智人结合的可能性高于女性尼安德特人与男性智

1　到19世纪70年代，人们已经相信人类女性对雄性类人猿具有性吸引力。达尔文在《人类的由来》一书的脚注中提到过100年前针对雄性红毛猩猩和女性性工作者的一项科学实验，实验目的旨在确定跨物种生育是否可能。

人结合的可能性，但同样的数据也可能有其他解释。

研究人员在推测跨物种基因交流的社会背景时，一度倾向于认为强奸是主要原因；这源于过时的思想残余，那时史前史学家和公众更多地将尼安德特人视作野兽，而不是潜在的爱人。雄性黑猩猩会产生强迫性交行为，但那不是对陌生的雌性（它们往往会对陌生雌性痛下杀手）。从理论上讲，我们身上的某些尼安德特人基因有可能来自非自愿的性行为，但我们没必要预设早期人类会相互排斥，而不是相互吸引。

更新世的接触可能更像倭黑猩猩与陌生来客的互动，这种说法貌似也有道理。倭黑猩猩与黑猩猩不同，它们从本质上比较友好，即便瞅着陌生来客也会受到打哈欠的传染，就像我们一样。它们更乐于与其他群体成员保持积极的互动，而且从未出现在领地边界巡逻以及杀死外来群体成员的情况。我们或许应该问，古人类不能受欲望甚至是情感驱使结为热情的伴侣吗？为什么这种想法就更像一种童话，而不是靠谱的解释呢？

也许更贴切的说法是，不管以何种方式受孕，他们都会将混血后代抚养长大。通常情况下婴儿想必是跟着母亲生活，有人喂食、洗澡，暖暖和和；有人爱着。混血后代长大后理解他们所在群体的文化，然后继续繁衍自己的后代。

遗产

那些混血后代留给后世子孙的遗产，正是重大基因组合中让尼安德特人的基因得以保留到现在的那20%——最高或许能达到50%的成分。虽然个体欧亚大陆人的基因组中至多携带3%到4%的尼安德特人基因，但这个比例仍旧很高。我们能追踪基因融合所产生的生物效应甚或心理效应吗？

我们提到的这些基因数量其实很少，而且自然选择无疑会在每次基因交流过程中抹去大部分基因。尽管如此，尼安德特人和其他丹尼索瓦人的基因构成了现代人基因组中少量"活跃"的部分，其中有些的确让我们受益匪浅。

这是一门前沿科学，所以这些基因对我们的身体、健康甚至思想到底会产生何种影响，目前仍旧所知甚少。个体基因中携带的尼安德特人血统与其医疗记录的对照研究表明，尼安德特人留给我们的基因与消化系统疾病、泌尿系统感染、糖尿病和血液过度凝结有关。

从演化角度来解释这些谜团确实很动人，但是相关研究仍旧处于起步阶段，我们还无法理解特定基因在人体内的作用模式，更别说古代基因如何发挥作用。同样重要的是，别忘了，就像我们自己的基因组一样，许多尼安德特人的基因也会随机复制，而影响可能有利有弊。

但是有些情况下，我们最终遗传下来的尼安德特人基因，从智人进入欧亚大陆时面临的陌生环境来说，就解释得通了。毫无疑问，这些不断扩散的种群可能会遇到新的病原体，不只是疾病，还有细菌。拥有尼安德特人和丹尼索瓦人双重血统的现代人，似乎"更偏爱"尼安德特人版的某些有助于皮肤抗感染的基因。同样，尼安德特人和丹尼索瓦人的血统中都包含一种能让我们免受胃溃疡影响的基因，但是携带两种尼安德特人版基因的人具有额外的抵抗力。

智人在欧亚大陆还面临其他挑战，他们没有数十万年时间来适应低水平的紫外线照射和季节性的冬季永夜。东亚人和欧洲人都携带尼安德特人版的角蛋白相关基因——头发、指甲和皮肤的构成成分。这些基因可能比在热带环境下演化出的形态更有用。但另一方面，尼安德特人的头发和皮肤颜色多变，所以情况肯定复杂得多。生物钟是另一个保留着尼安德特人版基因的领域，这可能与昼夜节律受白昼长度和光照水平影响的事实有关。也许尼安德特人遗传的某种基因能帮助智人学会适应特别漫长、黑暗的冬季。

智人遇到的另一大难题就是适应更加寒冷的气候，虽然有衣服取暖，但尼安德特人的基因很可能也让我们受益匪浅。他们遗传给我们的部分基因与新陈代谢有关，所以会影响热效率。有一种基因会影响脂肪进入细胞的方式，导致基因携带者患上 2 型糖尿病的概率更高。但是对狩猎采集者来说，这或许有助于能量管理和应对饥饿。类似的情况或许也能解释促进肥胖的基因，还有一种与上瘾有关的基因。这些基因曾经有助于促使人们去食用口感鲜美、脂肪丰富的食物。

我们的基因组大多与尼安德特人无关，这可能意味着我们本身的基因值得保留。这是因为此类尼安德特人版的基因对他们也不利吗？总体来说，他们的 DNA 相比之下并不逊色，但是研究已经确认出一些高风险的基因变异。

有一种基因变异与污染有关。火塘遗存和尼安德特人牙结石中的细微木炭都说明，他们有时生活在烟雾弥漫的环境中。所有现代人共有的一个基因突变，让我们对烟雾和烧焦的食物毒性易感度降低到了原来的 1/100 到 1/1000。鉴于吸入明火或通风不良的火炉产生的烟雾是导致全球 5 岁以下儿童死亡的主要原因，所以这绝对不是小问题。

尼安德特人的基因在生育能力方面同样处于劣势。我们基因组中与 X 和 Y 染色体相关的基因明显与尼安德特人无关。至少一名男性尼安德特人——埃尔锡德隆 1 号携带有 3 种在今天与男性胎儿流产有关的基因。许多人由此猜测，杂交后代更可能是女性，就连混血儿也可能存在遗传缺陷。

但是经过数十年的研究，遗传学家发现 DNA 并不是以单一方式发挥作用。基因通常更像是配方中的草药或香料，它们的味道会因为其他配料和烹饪方法的不同而有所改变。在进一步研究现代人基因的运作方式之后，我们或许能了解有关人体内尼安德特人基因的更微妙的故事。

思想方面的情况也是如此。长期以来古代遗传学的主要研究目标，就是确认那些标志着尼安德特人认知差异的 DNA。智人是不是真的经历了由新的基因变异或基因组合引起的"灵光乍现"时刻，进而发展出更正规的艺术传统或豪华的丧葬仪式呢？事实同样难以确定。我们携带的一些尼安德特人基因参与了大脑的基本功能，比如能量管理，但关键问题在于社交表达上的差异。携带尼安德特人基因的现代人可能有更高的概率罹患情绪障碍或抑郁症，但从统计学角度看影响其实很小，而且我们也不确定这些基因的功能是否还跟过去一样。

特别有趣的是那些影响大脑结构的尼安德特人版基因。其中有些似乎引起后颅骨扩大，导致脑部物质总量增加并形成更深的皮层褶皱。如果现在有人依然携带着这类尼安德特人的基因，那它们要么没有影响混血儿及其后代的生存，要么它们实际上具有优势。

我们大脑中其他"尼安德特人化"的区域甚至与高级思维过程密切相关，包括学习手指运动的次序，理解相对数量和数字的概念并进行计算。那些刻在骸骨遗存上的线条和切口序列突然之间开始变得更加重要了。

最出人意料的是，尼安德特人还把我们早就遗失的更古老的基因还给了我们。我们与尼安德特人曾拥有共同的祖先，他们的基因在遗传给早期智人群体时出现遗失，然后在距今10万年前，通过与尼安德特人的基因交流，部分基因又重新回到我们的基因组。但这些基因并不是全都受到欢迎：我们祖先的叉头框P2基因就没能保留下来，这说明我们演化出的版本非常重要。

人种间的基因交流也存在反向传递，这意味着有些早期智人的基因应该也转移到了尼安德特人身上。但是我们目前还没获得这方面的信息，因为晚期尼安德特人的基因组并未显示出任何智人基因渗入的迹象。这个事实突出了每个新的基因组和实验室研究的关键性，目前研究人员已开始扩大采样的范围。

数量更多的基因样本彻底改变了用小型"元种群"来定义尼

血缘

安德特人的观念。如前所述，最初有些分析结果显示，尼安德特人的遗传多样性远低于同时代的智人。[1]由此出现了近交（近亲之间持续繁殖）导致他们消失的理论，甚至似乎得到了许多明确例证的支持。阿尔泰丹尼索瓦洞穴的女性尼安德特人的父母肯定属于下列几种情况：双表亲（拥有共同的祖父母和外祖父母）、姑姑和侄子、祖父母和孙辈，甚至是同父异母或同母异父的兄弟姐妹。按照许多文化的定义，这更像是乱伦，而不是近亲繁殖。研究人员对其 DNA 样本进行深入分析后发现，其数代祖先之间即使没那么极端，也存在相对较近的亲缘关系。埃尔锡德隆遗址也出现了类似情形，2019 年的一项研究报告列出了那里的尼安德特人骸骨中普遍存在的一长串怪异之处，另一处出土多具骸骨的遗址——拉奎纳遗址也表现出这一特征。

近亲繁殖为什么会造成影响？偶尔近亲配对不会显著增加健康风险，但从长期来看却会使破坏性的基因变异集中起来，引发免疫力低下等问题。在历史上和现存的大多数智人文化中，都禁止与父母双方的近亲发生性行为，许多种类的动物似乎也遵循类似规则。

但随着基因组数据的增多，整个研究图景已经发生变化。在对温迪迦高覆盖率的基因组完成测序后，研究人员发现其前几代并没有明显的近亲繁殖的标志，其父母也并非近亲。这说明尼安

---

1 撒哈拉沙漠以南地区的非洲人比欧亚大陆人拥有更多样的 DNA，而欧亚大陆人在距今 8 万年前的某个时间明显遭遇了遗传瓶颈——人口数量急剧减少。

德特人虽然存在近亲繁殖甚至乱伦行为，但对他们来说这并非常见现象，与其说是偏好，不如说是别无选择。温迪迦基因组还显示晚期尼安德特人的种群并非全都在缩减。如果霍伦斯泰因－斯塔德尔个体的线粒体 DNA 不是来自与智人最古老的基因交流事件，那么早期尼安德特人的种群数量估计会翻倍。另一方面，乌斯季伊希姆公布的最早的智人基因组比目前采样的任何尼安德特人 DNA 都更加多样化。

最新研究揭示出更加复杂的情况。2020 年，来自西伯利亚查吉斯卡亚的一份高覆盖率的基因组测序结果显示，其父母不存在近亲关系，但它来自一个和亲缘关系相对较近的阿尔泰女性同样小的繁殖群体，该群体连续数代平均只有 60 个个体。形成惊人对比的是，乌斯季伊希姆最早期智人的基因组比迄今为止任何尼安德特人样本的 DNA 都更为多样。这说明智人社会体系的内部关联可能从一开始就截然不同。

※　　※　　※

仅仅 10 年内，古 DNA 揭示的信息彻底颠覆了我们对尼安德特人的认知。人工制品长期以来始终暗示尼安德特人的种群内部存在深层分裂，但遗传学提供了一扇独特的窗口，让我们看到不同谱系的尼安德特人在不同大陆间迁移的画面。这说明并非只有智人是探险家。

最重要的结果在于，我们意识到他们的本质在细胞水平得以

血缘

存续，在我们的血管中流淌，在我们的发丝中飞舞。他们的基因遗产不仅影响到我们的物质构成，也影响我们的人格属性。然而到目前为止，我们从各处博物馆数百个体的数千块骸骨中，只提取出不到 40 个尼安德特人的基因样本，而且只获得 4 个高覆盖率的基因组。未来 10 年，我们对他们的复杂历史和生物学特征将会有更深刻的了解。类似种间基因交流频率的问题将会得到更加确切的答案，但是类似谁抚养混血儿这样的问题，则需要结合考古学探寻答案。然而比以往更加清晰的是，尼安德特人的"终结"，是一个涉及身体甚至是文化的融合过程。

第十五章　结局

　　阳光洒落大地，野牛们轻甩尾巴，不时挪动四肢变换重心。平静的牛群四周弥漫着一股汗水的味道，每双眼睛都凝视着，目光穿过狭窄的山谷，望向东方升起的白色山峦。阴影处，细碎的潮水在嘈杂声中起起落落。野牛们重新低下脑袋，舌头舔食着露珠，风卷残云般扯下禾草和芳香植物，慢慢将草地啃食一空。袅袅烟雾萦绕在草地边缘，在沿着山坡向下弥漫时被尖利的松针刺破，而后随风飘散，直到煤烟分子彻底消失。

　　但是这已经足够：鼻孔翕动，瞳孔扩张，身体僵硬，喷鼻声此起彼伏。它们向上卷起的尾巴，随着林间人影的闪动而焦躁不安地晃个不停。野牛群一动不动，远远地保持距离，但它们以前从未见过这些高个子，气味和颜色都如此陌生。人们沿着灌木丛边缘的草地慢慢散开，而野牛注视着他们的举动，似乎犹疑不决。情况不对。瞬间静止——随后他们紧绷的手臂抬起，轻轻弹动，芦苇般纤细的武器像一群鸟儿般飞射而出，裹挟着死亡的气息。细小的石制矛尖深深插入覆盖毛皮的腹部、颈部，它们脚步踉跄，轰然倒向侧面。未受伤的野牛四散而逃，心脏怦怦狂跳，一如它们那些在浸满鲜血的草地上被宰割的同类。这新的人种，新的狩猎方式，新的恐惧，将很快蔓延，直到落日西沉。

"最后的尼安德特人"早就存在于人们的想象之中：他们是孤独的灵魂，他们的死亡意味着一个物种在某个时空节点消失。尽管今天我们知道他们在细胞水平获得了部分永生，但他们从化石和考古记录中消失也是无可辩驳的事实。我们仍旧不清楚这些事实之间的联系，寻找答案的过程困难重重：古人类的骸骨非常罕见，尽管在年代测定方面取得了巨大进展，但个体样本的放射性碳测定法最高分辨率大约在500年至2000年，远远超出了我们所关心的代际时间尺度。

研究人员将重点放在出土最后的尼安德特人化石和挖掘出旧石器时代中期地层的关键时期。最近对多处遗址中异常年轻的骸骨重新定年，年份都往前推进了不少年。比如自从20世纪90年代以来，温迪迦遗址的部分遗存确认年份在距今3.3万到2.8万年前，但是以埋藏学来重新审视并使用胶原蛋白氨基酸样本以确保样本更纯净后，测定的年代整整向前推进了1万年。同样在比利时北部的斯庇遗址，年代测定为距今3.8万到3.46万年前的遗存经重新校准，定年为距今4万多年前。鉴于这些情况，直布罗陀戈勒姆洞穴遗存的年份被测定为2.8万到2.4万年前，就未免太晚了，尤其是当时现代净化技术还未出现，人们是利用木炭这种棘手的材料进行年代测定。[1]无数遗址的综合数据指向距今大约 4 万年前，可能还要稍晚一些，超过这个时间点再没有发现有关尼安德特人的可靠证据。

这是时间，那地理位置呢? 从历史角度而言，欧洲始终被认为是尼安德特人的活动中心，很可能是他们最后的据点。但他们真实的活动范围要大得多：丹尼索瓦洞穴距离法国勒穆斯捷遗址的路程，是它与蒙古国首都乌兰巴托之间距离的两倍多。虽然这里并没有发现晚期尼安德特人存在的证据，但该地区的其他遗址确实表明，他们在这里存续的时间几乎和在欧洲一样久。

丹尼索瓦或许是最东端的尼安德特人遗址，但他们的活动范围也许并没有真正的边界。比利时和白令陆桥之间广阔的大草原和针叶林，也就是连接亚洲北部和阿拉斯加的广阔土地，是他们极为熟悉的环境，而且距今 6 万到 4.5 万年前他们在欧洲的种群肯定开始扩散，包括重新在英国生活。

也许他们也开始向东方的地平线挺进，最终站在太平洋的海岸边。他们与丹尼索瓦人反复交融，说明东亚存在的其他古人类并不一定会阻碍他们迁移。有些研究人员也在中国的古人类骸骨中发现了类似尼安德特人的特征，但是它们在其他方面与早期智人非常相似。此外最有趣的是，除了通用的勒瓦娄哇技术，似乎还存在其他技术：中国金斯太洞穴出土的距今 4.7 万到 4.2 万年前的

---

1 在距今 5 万到 4 万年之间，含量仅 1% 的污染就会使测定结果比实际年份少 8000 多年。

人工制品，与阿尔泰西部大约 2500 公里外的查吉斯卡亚和其他尼安德特人遗址出土的锡比尔亚奇卡（Sibiryachikha）工具组合极其相似。我们完全有理由相信，最后的尼安德特人不只生活在欧洲南端，也存在于广阔的中亚或东亚的某个地点。

最后的典型尼安德特人遗骸是一方面，从另一方面来说，有没有出土过混血儿的骸骨化石呢？20 世纪 80、90 年代，种间杂交的遗传证据还未出现，对于许多定年为距今不足 5 万年前的尼安德特人骸骨，研究人员就其不太壮实的体格展开了激烈争论。有人甚至声称它们具有类似智人的特征：下巴突出，头骨更加圆润。温迪迦遗址的骸骨遗存就让人有这种想法，但基因组已经明确证明，这里的个体都是实打实的尼安德特人。

正如第十四章所讨论的，种间杂交的时空范围可能已经急剧扩大，这意味着呈现混血特征的不只是晚期欧洲的尼安德特人。近东地区在地理位置上处于欧洲和非洲之间，成为两个人种的接触区完全合乎情理，但是要证明尼安德特人与同时期的早期智人在近东地区共存非常困难。在距今 20 万到 9 万年前，他们可能交替出现，但是以色列马诺特洞穴（Manot Cave）出土的部分智人头骨定年为距今 5.5 万年前，这意味着阿木德和其他地区的晚期尼安德特人与这个智人种群大致生活在同一时期。

事实上，尽管马诺特头骨具有旧石器时代晚期欧洲智人的特征，它也有一个狭长形枕骨，颈部上方的隆起偶尔也见于近代人和古代人，但这几乎是所有尼安德特人共有的特征。近东地区的气候炎热，使得从骸骨化石中采集基因样本异常困难。而在完成这项工作之前,研究人员根本无法给出解释。

现在,奥瑟人的颌骨遗存仍旧是晚期基因交流事件的唯一化石代表,但是因为基因交流发生在该个体出生之前连续 6 代人身上,所以混血对他身体的影响已经弱化。

有关最后的尼安德特人,近期的研究始终聚焦于骸骨化石和基因组,但他们与现代人交流的就只有 DNA 吗? 在距今 4.5 万到 4 万年前,包含其独特技术体系的地层也失去踪影。随后发生的事情可能引起了最令人头疼的争论。在整个欧洲和西亚地区,少量奇特的石器组合覆盖着最后一些可确认的尼安德特人地层。这些地层既有旧石器时代中期以石片为基础的技术,也有以石叶和小石叶为中心的更具旧石器时代晚期风格的技术,此外还有更多成形的骨制品、鹿角和象牙制品。

正如第六章所示,尼安德特人明显知道如何制作石叶和小石叶,但这从来不是他们关注的重点,成形的骨制品同样很罕见。此外,中间文化层也包含许多毋庸置疑的象征性物品,包括穿孔的石头、动物牙齿和雕刻成的奇特环状物。

精确的年代顺序存在显著的地理差异:欧洲东部边缘出土的最古老的石器组合,定年在距今大约 4.5 万年前,而欧洲西部边界出土的最古老的石器组合年代相对较近,一直持续到距今 4.1 万到 4 万年前。但是从地层学来讲,似乎并不存在重叠。任何遗址出土的旧石器时代中期的石器组合通常都位于中间文化层下面,紧接着是典型的旧石器时代晚期地层。中间文化层似乎是尼安德特人和智人之间短暂的间隔期。鉴于其自身的独特性,史前史学家倾

血缘

向于给它们不同的名字，而且通常以典型遗址命名。比如匈牙利有塞勒特文化，捷克共和国有波虎尼森文化，意大利有乌鲁兹文化，保加利亚有巴乔基里（Bachokirian）文化，还有英国、比利时和东欧拼凑在一起的林科比－拉尼西亚－杰兹曼诺维奇文化。

所有人都关心的问题是：这些文化的创造者是谁？欧洲中间文化层之后，紧跟着出现的是早期奥瑞纳文化，其代表遗址——富马尼遗址出土的一颗牙齿，提供了大量智人的线粒体 DNA，而在此之前骨骼遗存极为罕见。令人备感挫败的是，许多关键遗址要么是在 40 多年前发掘的，要么存在明显的扰动或层间混合迹象。研究人员在深入理解埋藏学后，明显看到了沉积物内部的可能性，所以要探寻这些文化真正的意义，需要特别完备的考古背景和一系列高分辨率的分析方法。

第一个得到确认的中间文化是法国和伊比利亚北部的夏特尔贝龙。19 世纪中期，工人在修建连接煤矿和铸造厂的铁路时，在法国中部夏特尔贝龙附近的费斯洞穴发现了大量化石和人工制品。随后的 100 年里，其他地区出土的相似石器组合都被归为一类，但有人认为尼安德特人的智力水平太低，根本无法制造出这些石片或者骨制品。

接下来的一项发现令人震惊。过去在法国普瓦捷和波尔多两地的中心地带，蘑菇种植者们经常在拉罗什阿皮耶罗的崖壁上挖掘隧道，其间发现了许多比菌类更珍贵的东西：一处坍塌的岩棚下面的考古沉积物。随后考古学家启动了专业挖掘工作。出人意料的是，1979 年，夏特尔贝龙文化层出土了尼安德特人骸骨。

这副骨骼被称为圣塞赛尔1号[1]，但它并非孤例。在法国更北边屈尔河畔阿尔西的雷恩洞穴，一系列夏特尔贝龙文化层也出土了大量尼安德特人的骸骨和牙齿。这些意想不到的发现无疑是有力地驳斥了主流理论。当时主流理论认为夏特尔贝龙文化是智人的创造，并认为智人能取代尼安德特人是因为他们的文化更加先进。两种互不相让的理论出现了。也许夏特尔贝龙文化的确是由尼安德特人独立发明的，只是偶然呈现出与旧石器时代晚期技术相似的特征。又或者这种文化确实由尼安德特人创造，不过是和智人文化交融的结果。有可能两个人种全面接触，也有可能尼安德特人偷偷观察旧石器时代晚期的智人群体，或捡拾智人的垃圾，然后进行辨认和仿制。

如今情况变得更加错综复杂。从巴黎盆地到伊比利亚北部，目前已知的夏特尔贝龙文化遗址有将近100处，定年都在距今大约4.4万到4.1万年前。在法国，夏特尔贝龙文化层下面紧跟着旧石器时代中期距今最近的地层，但是在比利牛斯山脉南侧，夏特尔贝龙文化层出现前似乎存在大约2500年的间断。它在各地的发展速度很快，在特定地区持续大概1000年；间断相当于从最早出现纸币到我们现在的时间。

最关键的是，新近发掘的没有埋藏学问题的遗址揭示了截然不同的文化图景。旧石器时代中期的石片和石制工具仅出现在旧

---

1 称为圣塞赛尔"1号"，是因为还有一个尼安德特人的牙齿未曾公布，一些新生儿的骸骨有待研究。

血缘

挖掘地点或者有干扰迹象的地点出土的夏特尔贝龙石器组合中。这意味着明显的技术"过渡"特征远未找到证据支持。

研究人员深入分析了"纯净"的夏特尔贝龙文化层，发现一个真正的层片世界。制作者将石叶正对刃缘一侧进行修理，制造出夏特尔贝龙尖状器。他们选择石叶非常挑剔，所有不符合尺寸要求的皆弃置一旁。拉罗什阿皮耶罗遗址西北大约100公里的坎赛岩棚就提供了关键证据。这里出土了450多个石核，只有不到1%存在片疤。拼合分析证实当时的技术以石叶制造为核心，主要目的在于修理石叶制造尖状器，该遗址共出土了300多个尖状器。

露天的夏特尔贝龙文化遗址也显示出同样的情况。在法国贝尔热拉克附近的卡诺莱2号地点，夏特尔贝龙文化层与旧石器时代中期的地层之间存在清晰的分界线。这是一个规模化生产车间，薄薄的地层包含成千上万近乎原始的人工制品。其中将近1/3经过整修，而且毋庸置疑，他们的目标仍旧是用石叶毛坯来制作尖状器。

更重要的是，夏特尔贝龙的层片技术与尼安德特人制造石叶或小石叶的方式并不匹配，反而更像奥瑞纳文化初期的制造方法。预制或维修石叶石核产生的废料石片被随意使用，偶尔甚至也会进行修理。但是与尼安德特人的技术形成鲜明对比，夏特尔贝龙文化并未形成系统的石片制造技术。

有些研究人员在一些两面器和盘状石核技术石器组合中发现了人称"琢背刀"的工具，认为存在相似之处，并以此为证据，断言夏特尔贝龙尖状器存在技术上的直系"祖先"。但是也有人注意到琢背刀从严格意义说与尖状器截然不同，它们石叶状的平行片疤是在打制石片石核表面时偶然形成的。不仅如此，在一些遗址，出土琢背刀的地层和夏特尔贝龙文化层之间，存在着旧石器时代中期晚段的勒瓦娄哇技术阶段。这意味着两者在时间上相隔甚远，直接联系的说法就更不可信了。

今天，圣塞赛尔和屈尔河畔阿尔西遗址仍旧是仅有的两处与尼安德特人有关的夏特尔贝龙文化遗址（或者中间文化遗址）。但是新的 DNA 证据指出两处遗址都存在问题。屈尔河畔阿尔西的雷恩洞穴于 30 多年前刚开始挖掘时采用了当时的先进技术，但缺乏精确的定位记录和沉积物研究，也就是说至少 6 名尼安德特人的骨骼碎片只有所在地层和坐标方格的记录。其中大多数碎片靠近夏特尔贝龙文化层的底部，但也有一些来自更接近上层的位置，这意味着整个夏特尔贝龙文化时期都有尼安德特人的身影。

但是，就像夏特尔贝龙文化层出现了石块和严格意义上的旧石器时代中期的人工制品一样，下方旧石器时代中期的地层中也出现了夏特尔贝龙文化的石刀和骨锥（雕制的穿孔工具）。这有力地表明两个沉积层之间出现了扰动或位移。目前石器拼合分析的作用还很有限，但可以确认的是，这些碎片在不同的夏特尔贝龙文化层之间也出现了数十厘米的位移。此外，放射性碳定年的结果异常久远——早于 4.8 万年以前——远远超出了夏特尔贝龙文化层的时间范围。

综合而言，屈尔河畔阿尔西的雷恩洞穴提供的证据令人担忧，因为关键地层内部和层间遗存都曾发生过位移。研究人员采用最新的基于质谱的动物考古学分析技术（ZooMS）来鉴定更多尼安德特人遗骸，包括前文提过的哺乳期女婴，定年在距今大约4.2万年前。这些新确认的骨骼可能与此前确认的一名婴儿骸骨（包括头骨、颌骨和上半身骨骼）有关，也能说明扰动相对较少。但是考虑到其他遗物位移的证据，我们并不能完全排除尼安德特人的骸骨从最初的旧石器时代中期地层上移的情况。

虽然有人提出夏特尔贝龙文化层本身的麻烦可能是因挖掘所致，但冰冻沉积物的地热过程也能使遗物垂直移动1.5米以上。大量证据表明夏特尔贝龙文化形成于异常寒冷的时期。研究人员要想真正破解雷恩洞穴之谜，必须采用完整的拼合分析技术。

与此相反，圣塞赛尔的尼安德特人遗存似乎能提供较可靠的证据。最初出土时，遗骸连同一块直径1米的沉积物被整体移送到实验室继续挖掘。不过，有关骸骨位置和保存状况的全部细节从未对外公开。虽然直接定年的结果在距今大约4.2万到4.06万年前，但因为胶原蛋白含量低，真实年代可能更加久远。

但是，最近研究人员也重新严格分析了圣塞赛尔遗址的考古遗存，引发更多争议：这里的尼安德特人是否真的处在未受干扰的夏特尔贝龙文化层中？毁损严重的碎骨本身反映出复杂的埋藏学和自然侵蚀情况，虽然牙齿得以保留，但面部上半部的骨骼全都消失了。2018年公布了对人工制品的细致研究，结果也表明情况并不像表面看起来那么简单。

20世纪70年代挖掘的石器中，虽然只有15%采用三维立体形式记录，但研究人员依旧可能通过数字形式重建地层界限，并将其他人工制品重新归入正确地层。重建结果表明，夏特尔贝龙文化层几乎所有的石器都与石叶制造无关，反而与勒瓦娄哇和盘状石核技术有关。[1] 此外，所有旧石器时代中期类型的修理工具采用的原料都是石片，而不是石叶。更令人吃惊的是，虽然地层大多数混杂不清，有层间融合的迹象，但骨骼所在的那块沉积物中挖掘出的石器，从技术上来说都属于旧石器时代中期。

大型拼合分析项目的结果显示，能够重组的石器碎片只有4%，比例是卡诺莱2号的10倍。这已经说明所有夏特尔贝龙文化层并非原样保存，而空间拼合数据也证实，所有遗物沿着悬崖和斜坡向下移动了数米。此外，夏特尔贝龙文化层的所有遗存都显得更加陈旧，看起来就像某种大规模的沉积物流（Sediment flow）从悬崖上冲下，与所有遗存混合。

研究人员对圣塞赛尔的发现给出了新的解释：过去确实有个夏特尔贝龙文化层，但它的地层厚度很薄，而且正好位于遗存丰富的旧石器时代中期地层的上方。后来，地质扰动将两者彻底混合，但骨骼之谜仍旧无法解释。这具骸骨肯定是在地层混合前沉积下来，因为周围的石器和岩石与其他一切事物一样受到破坏，这也能解释头骨左侧的侵蚀情况。20 世纪 70 年代的现场挖掘日志虽然明确指出骸骨位于当时人们认为的夏特尔贝龙文化层的底部，但现在我们仍旧无法确定骸骨是从旧石器时代中期的地层上涌，还是确实形成于夏特尔贝龙文化时期。

1　呈现出明显技术特征的 4400 件石器中 90% 与之有关。

现在看来，不管是屈尔河畔阿尔西的雷恩洞穴，还是圣塞赛尔遗址，都没有明确证据将尼安德特人与夏特尔贝龙文化联系起来，也就是说目前仍旧不知是谁创造了这种文化。这也意味着在法国和西班牙北部，我们可以鉴定出来的最后的尼安德特人文化，很大程度上仍旧延续他们数万年来的技术体系，也就是盘状石核和勒瓦娄哇技术组合。在有些遗址能看出尼安德特人对颜料、贝壳化石、标记和类似抛光器这种修整成形的骨器有兴趣，但是雷恩洞穴和其他夏特尔贝龙文化遗址包含的人工制品明显更上一层楼，其中精细制造的骨制器就包括用鸟腿制成的细管，用鹿、狐狸和狼的牙齿穿孔和开槽制成的串珠，以及切割、抛光和雕刻制成的猛犸象象牙戒指。目前仍有一些并不明晰的线索暗示可能存在文化融合，但观念迁移的方向正好**相反**：从西班牙北部佛拉达达洞穴屠宰的鹰的趾骨可见尼安德特人对大型猛禽感兴趣，也许夏特尔贝龙人只是重拾这一兴趣。另外，他们可能跟随尼安德特人学习制作抛光器，然后用自己的 V 形雕刻进行装饰。

夏特尔贝龙文化有很长时间都是人们关注的焦点，但关于尼安德特人是否创造过其他中间文化，争论也持续了数十年。这些中间文化包括主要发现于意大利的乌鲁兹文化，它因为 4.65 万到 3.97 万年前两次可怕的自然灾难渐渐为人所知。第一次灾难起源于潘泰莱里亚岛，这是一个岩石火山体，1891 年最后一次喷发时，喷涌的岩浆以不可抵挡之势四处蔓延。4.65 万到 4.45 万年前有过一次巨型火山喷发，喷发形成巨大的火山口，火山灰直冲云霄。沉积物随着盛行风洒落于意大利大部地区，在许多考古遗址被称为

"绿色凝灰岩"。潘泰莱里亚岛东北部是著名的弗莱格里安菲尔德，它靠近意大利那不勒斯，在距今 4 万到 3.97 万年前曾有一场改变世界的火山大喷发。这些火山灰比绿色凝灰岩更厚，分布也更广泛。它飘落在意大利南部，穿越地中海，最远到达俄罗斯部分地区。这个地层被称为坎帕阶熔灰岩，简称 CI。它非常独特，完全可以通过显微镜和化学方式进行确认。

绿色凝灰岩和坎帕阶熔灰岩具有惊人的考古学价值，因为它们是极其短暂的时间标记，乌鲁兹文化正好被囊括其中。最初人们认为乌鲁兹文化是当地尼安德特人发展出来的文化，但最新研究指出情况并非如此简单。乌鲁兹文化遗址的数量明显少于夏特尔贝龙文化遗址，总共不到 30 处，但它们散落在意大利各处，只有西北部除外。它们还向东扩散到了巴尔干半岛和希腊。基于绿色凝灰岩、坎帕阶熔灰岩和放射性碳定年法来分析，最古老的乌鲁兹文化似乎可追溯到 4.45 万年前。

最著名的乌鲁兹文化遗址自然是阿普利亚的卡瓦洛洞穴[1]，这里也是现代意大利最热、最干燥的地区。从 20 世纪 60 年代开始，这里和其他遗址接连出土了奇特的新月形石器，说明乌鲁兹文化和我们所讨论的夏特尔贝龙文化大概处于同一时期。但是数十年的详细技术研究表明，它们是两种截然不同的文化现象。

乌鲁兹文化没有像勒瓦娄哇或盘状石核这样系统化的连续技术，只有一些向心剥取的石核，但它们很大程度上将随意的打制

1　又被称为乌鲁兹 A。

与一种不同寻常的技术结合起来。这种技术被称为"砸击石核"（bipolar），具体做法是在石砧上平衡石核的一端，然后直接向下敲击。这种方法几乎无法控制产品的形状，产品末端往往也会裂开，但这适用于品质一般的石料，比如卡瓦洛遗址的石板和从外地运来的小鹅卵石。砸击石片几乎和盘状石片或石叶一样随时可用，如果你想要又小又平的石段，这无疑是理想的做法。

这正是乌鲁兹文化想要的。他们最具标志性的人工制品是月牙形的半月形工具（lunates），通过向内修理最厚的一端，制造出扁平的石片或石叶段。这会留下一个与长长的刃缘相对的"背"面。乌鲁兹文化也会利用有机原料，但是这种情况比较少见。除了骨制修理器，他们也会制造圆柱形物体，一端或两端修理成尖状，通常不大，有些极小：有两件宽度不足 5 毫米。能鉴定出来的骨器都是采用马骨或鹿骨，有些反复修理过。它们可能并非武器的尖端，而是很像用于在皮革类中等硬度的材料和毛皮类较软的材料上穿孔的锥子；有些最小的可能是渔具。

遗存中也包含许多具有美学和象征意义的人工制品。明显带有穿孔的微小贝壳就来自卡瓦洛洞穴。有些具有管状外壳的贝类被折断并锯成小片，可能用于装饰。但是到目前为止还没有发现骨制雕刻品或鹿角器、串珠以及装饰性或彩绘器物。

乌鲁兹文化非常有趣，因为它十分复杂，很难指出它与旧石器时代中期在技术上的差异和相似性。乌鲁兹文化的石器组合中有时能看到采用砸击法的石核剥片，但这从来不是占据主流的做法。最令人吃惊的是，卡瓦洛遗址也包含旧石器时代中期的文化层，其中既有砸击石核技术的产品，也有勒瓦娄哇技术石器，这说明尼安德特人能够使用更巧妙的打制方法处理劣质石料。与尼安德特人形成鲜明对比的是，在条件允许时尼安德特人会选择不同类型的岩石用于不同活动，而乌鲁兹文化通过砸击法制作的石核剥片、石段和半月形工具，全都可以采用各种不同类型的岩石。

这种执着到底是为了什么呢? 了解这些石段的功能非常关键，目前已经得出重要的结论。少数石器装有手柄，用作切割和刮削动植物材料的工具，但石器表面的冲击毁损足以表明其中多数被用作武器。

有些用作武器尖端，有些可能是沿着杆柄安装的倒钩。它们个头小巧，平均长度不足 3 厘米，而且极其细窄，看上去不像长矛尖端，倒像是飞镖，甚至箭头。两处乌鲁兹文化遗址出土了红色和黄色的颜料块，而且卡瓦洛遗址的大多数半月形工具都带有红色残留物，特别是弯曲的背部，似乎是在安装手柄时用到了赭石，用于一种特殊的狩猎活动。

但是关于乌鲁兹文化和夏特尔贝龙文化的共同点，目前争论最多的是文件的创造者。2011 年，研究人员对 20 世纪 60 年代卡瓦洛遗址出土的两颗牙齿进行分析，确认他们是智人，但分析是依据解剖学特征，而不是 DNA。

遗憾的是鉴于这两颗牙齿的保存状态，无法直接定年，也有人质疑其初始环境的可靠性。据说其中一颗牙齿来自乌鲁兹文化层底部的一处火塘，该层有部分遗存穿过绿色凝灰岩，进入了旧石器时代中期的文化层。另一颗牙齿所处的位置明显要高出 15 到

20 厘米，但因为是在 60 年前挖掘出土的，而且并未完全公布，所以研究人员很难确定它们的准确位置。

此外，最初的挖掘者发现古代人掘土和近代的劫掠行为对遗址造成了大面积破坏，而且有些地方的侵蚀情况扩散到了整个乌鲁兹文化层。很难说这些牙齿有没有受到影响，虽然大多数研究人员承认这些牙齿来自智人，但鉴于没有直接定年和理想的 DNA 样本，很难将其作为可靠的证据来证明乌鲁兹文化的创造者是智人。

另一个与夏特尔贝龙文化相似的情况来自文化联系上的迷人暗示，而这些联系不单是指石器打制技术。在意大利中西部的拉法布里卡（La Fabbrica）洞穴，分析显示乌鲁兹人工制品上的胶合剂残留物中含有针叶树的树脂与动物脂肪的混合物。据说尼安德特人从未用过这种凝胶混合物，但是 2019 年重新分析卡瓦洛遗址石段残留物，揭示出一个新的凝胶配方。它主要包含 3 种成分，分别是赭石、植物树脂和蜂蜡。正如我们在第七章看到的，意大利的尼安德特人使用过后两种成分。

我们无法确定这到底是超乎寻常的趋同融合，还是某种文化交流的证据，但可以肯定，乌鲁兹文化的其他部分，不管是在石器，还是有机材料上，都不具备旧石器时代中期的典型特征。尼安德特人确实偶尔制造一些雕刻成形的骨器，但远远没有达到乌鲁兹文化中那种超薄的小巧尖头形状。

所以乌鲁兹文化似乎并不是由旧石器时代中期直接进化而来，但也不像夏特尔贝龙和大多数旧石器时代晚期文化的层片技术。

它与旧石器时代晚期技术的共同点在于致力于打造用于修理的人工制品（夏特尔贝龙尖状器也可能安装手柄作为武器尖端，这个可能性非常有趣）。

最后一批尼安德特人最晚于距今大约 4.3 万到 4.2 万年前从意大利消失。不管是谁创造了乌鲁兹文化，这种文化本身最多持续了一两千年。但是在欧洲东南部其他地方，有迹象显示情况并不总是这么简单。在有些地方，人们发现坎帕阶熔灰岩的层位位于典型的旧石器时代中期地层的下方，这说明尼安德特人在距今 3.9 万年前之后仍旧存在了一两百年。沿克里米亚山脉前行，在距离扎斯卡尔纳亚遗址不远的布兰卡亚（Buran-Kaya），研究人员在旧石器时代中期的地层下方发现了另一个中间文化层，也就是斯特莱茨卡亚 / 东舍勒提安（Streletskayan/Eastern Szeletian），年代测定为距今 4.39 万到 4.11 万年前。后期出土智人骸骨的遗址仍旧与斯特莱茨卡亚人有关，所以这些迹象显示尼安德特人和后期扩散到这里的其他人种存在同时期共存的情况。

近 20 年的研究表明，与尼安德特人相关的文化融合证据确实少得可怜。他们并不缺少制造乌鲁兹半月形工具或者夏特尔贝龙尖状器的悟性，真正的区别是概念上的。这些器物需要按照严格标准进行系统化制造、有条理地修理，因为它们从属于一个完整的体系：人们采用复合型的机械辅助武器进行狩猎，这些武器包括轻型长矛、镖头甚至箭。这与我们看到的尼安德特人的情况截然不同，尼安德特人即使有安装手柄的武器，也主要是戳刺型或类似标枪的投掷长矛。

结合其他原料的可能性也不是特别大。意大利的尼安德特人和乌鲁兹人都利用树脂和蜂蜡制作黏合剂，这个事实确实令人吃惊，但这只是个别事件。相比之下，乌鲁兹文化和夏特尔贝龙文化最多持续了一两千年，遗址数量也只有尼安德特人遗址的几分之一，但它们比整个旧石器时代中期拥有更多的成形骨器。更令人吃惊的是，中间文化层的美学和象征性器物出现的频率与多样性都远远超过旧石器时代中期。这一时期的文化相比旧石器时代晚期末段的文化层仍旧比较罕见，但是并未出现穿孔的牙齿、骨器和石器以及装饰工具或雕刻物品等已知由尼安德特人制造的器物。

最后一种值得探讨的中间文化更加神秘。这个文化来自法国东南部，令人困惑的地方在于它比夏特尔贝龙文化要早大约1万年，而且可能由尼安德特人创造。第九章已经介绍过这个关键遗址——曼德林洞穴。这里的洞壁上留有高分辨率的烟灰年代记录，同时还包含最丰富、研究最透彻的尼罗尼亚人（Néronian）样本。它的与众不同不仅在于技术，也是因为它夹在典型的尼安德特人时期的石器组合之间：前面是基纳文化层，之后是旧石器时代中期的另外5个地层，定年为距今大约4.7万年前。

目前还没有相关的化石证据能告诉我们是谁创造了这种古老文化。曼德林洞穴上游70公里处的类型遗址尼龙洞穴（Néron Cave）[1] 出土了一块不具典型特征的头骨碎片，但它无法提供足够

1　尼龙洞穴发现于19世纪70年代，由艺术家兼早期考古学家勒皮克子爵（Viscount Lepic）发现，他是德加（Degas）的朋友；这座洞穴其实与莫拉－古尔西遗址相距不远，但后者的考古沉积物年代更加久远。

的胶原蛋白用于放射性碳定年，因此也不太适合进行 DNA 分析。这意味着考古学证据占据主导地位，而且确实很重要。尼罗尼亚文化层的厚度不足 20 厘米，挖掘面积大约 50 平方米，目前已经出土 6 万件器物，另外还有大约数百万件打制石器的废料碎片。其中包含石叶、小石叶和勒瓦娄哇技术的尖状器，从技术上来说完全不同于西欧同时期的其他任何东西。关键是，它们是利用相同的石核依次制造而成，证明这是一套集成的技术体系。

而且这个石器组合的丰富性非同寻常：这里出土了 1300 件尖状器，数量超过欧洲所有旧石器时代中期遗址出土的总量。它们的形状虽然各不相同，但明显是按照 3 个不同尺寸有体系地制造而成，有些制成后保持原状，有些则进行了大幅度的修理。

其中 1/3 的尖状器长度不足 3 厘米，所以是细石器，但其他都极小，长度只有 8 到 15 毫米，厚度大约 2 毫米，研究人员称之为"毫微尖状器"（nano-points）。微痕分析证实，即使最小的磨损痕迹也是高速撞击所致，但因为武器手柄必须小于石制尖端，所以这些尖状器明显太小，不能用于长矛。此外，实验结果表明它们重量太轻，在没有机械助推的情况下无法达到有效射程：在这里我们看到的是类似用梭镖投射器投掷的梭镖，或者箭头（就毫微尖状器而言）。

这些特征使尼龙文化变得格外出人意料。在所有已知的尼安德特人石器组合中，即使制造精良，石叶也从未占据压倒性优势。在曼德林洞穴，大约 75% 的人工制品与层片技术和尖状器有关。同样，尼安德特人确实会制造细小的石片，包括使用勒瓦娄哇技

血缘

术，许多情况下也会制造小石叶，但通常是在有石料资源可用的情况下。纵观数十万年的历史长河，只有一种器物可能与推进技术有关，那就是萨尔茨吉特骨制尖状器。它个头小巧且明显雕刻成形，底部薄，而且肯定安装过手柄，具体安装手法不太清楚。但是继曼德林洞穴遗址之后，一万多年时间里欧洲再也没出现过任何可与之媲美的用于推进武器的小型石制尖状器。

综合测年表明，尼罗尼亚文化层的沉积物定年大约为 5.2 万到 5 万年前，而烟灰沉积的年代顺序指出它和之前的基纳文化层只隔了几十年，甚至只有几年。两者虽然在技术上存在相似之处，但没有足够的时间相互演化。除了同一地区发现的其他几个尼罗尼亚地层，数千年的时间跨度和数百千米的空间范围内，都没有类似的存在。

但它确实类似近东和欧洲边界一些所谓的旧石器时代晚期初段的文化。它们的年代测定大约为距今 5 万到 4.5 万年前，比欧洲的中间文化更加古老，其中捷克共和国的波虎尼森文化尤为重要。它包含利用石叶石核制成的勒瓦娄哇技术尖状器，而且有些遗址出土的石器都是微缩版的。

至少有些旧石器时代晚期初段的文化是由早期智人创造的。保加利亚巴乔基里文化出土的骸骨可追溯到大约 4.6 万年前，但是从技术角度来说它与尼罗尼亚文化并不相似，另外年代明显晚了数千年。从理论上说，早期智人可能在更早就有过向西欧地区的"神秘"扩散，也可能出现过古老的混血种群。乌斯季伊希姆和其他早期智人骸骨的 DNA 分析结果显示，尼安德特人和智人在 5.5 万年前确实存在基因交流。所以相关的种群可能从亚洲某地迁入欧洲，但种群规模肯定很小，因为在到达罗讷河谷之前他们并没有留下其他痕迹。

即便如此，还是能看出与尼安德特人的文化关联。曼德林洞穴的尼罗尼亚人制造出了欧洲最大型的金雕爪饰之一。关注猛禽的爪子根本不是旧石器时代晚期的趋势，事实上这类事物出现在旧石器时代中期、尼罗尼亚文化和一处夏特尔贝龙文化遗址。这就很耐人寻味了，毕竟在石器方面，这几种文化之间存在显著区别。

有关尼罗尼亚文化的情况，可能要等从沉积物中提取到 DNA 样本才能确定。但即使事实证明它跟尼安德特人无关，这些沉积物仍然非常有趣，因为它暗示着种群的动态。曼德林洞穴内的烟灰沉积年代顺序揭示出，他们从基于基纳传统的文化向尼罗尼亚文化的转变非常迅速，时间不超出百年，甚至更短。尼罗尼亚文化本身持续的时间看起来很短暂：一层薄薄的烟灰档案证明居住期只有 18 次左右。

随着尼罗尼亚文化的终结，这座洞穴有很长时间（可能是几千年）被弃置不用。但是尼罗尼亚人并不是这条线的终点。当曼德林洞穴再次燃起炉火时，围坐在四周的人们——据推测是尼安德特人——再次制造从本质上来说属于旧石器时代中期的人工制品。在后尼罗尼亚文化的第一阶段，石叶和尖状器的数量急剧减少，而石片增加，虽然它们仍旧小得不同寻常。第二阶段涉及四个地层，石片的个头明显变大，看着很像旧石器时代中期的产品。

后尼罗尼亚时期还有两个方面表现得很显眼。以采石为主的石器领地发生了巨大变化，范围缩小，无须再穿越罗讷河前往西侧。此外，烟灰沉积的年代顺序指出在后尼罗尼亚时期先后有90多个居住期，因此是一段稳定的时期。

我们可以用一种说法来解释这整个序列，那就是不管尼罗尼亚文化的创造者是谁，这些人都彻底取代了当地的尼安德特人，导致当地连续多代都没有尼安德特人的踪影。但这种情况并未持续下去，尼安德特人也并未因此灭绝。在曼德林洞穴，他们数千年后卷土重来，就在这个时候，旧石器时代中期末段的文化层不到100年就被初期的奥瑞纳文化所取代。

梦 想 终 结

尼龙洞穴的考古遗存告诉我们，从文化角度来说，旧石器时代中期的结束绝非一个简单的过程。它又持续了一万年，直到尼安德特人和智人之间最后一次亲密接触，就像奥瑟人的DNA分析所揭示的那样。令人沮丧的是，我们不清楚他的祖先究竟是在何地遇到尼安德特人的，毕竟时隔200年，他们可能迁移了数百或数千公里；我们也没找到与其颌骨相关的人工制品。我们应该如何称呼像奥瑟人这样的古人类呢？要多少尼安德特人祖先，时间上有多接近，才能定义种间基因交流？他的混血祖先是所在群体中唯一的存在，还是属于一种更广泛的模式？这些祖先是过往故事的一部分，直到他这一代才形成新的血统吗？

要解答这些疑问，只能期望从更完整的遗址中发现可以提取

DNA 样本的遗存。但是目前至少有一点很明确：不同的种群或文化并未出现大规模融合。在距今 8 万到 4 万年前的关键时期，所有地区的尼安德特人都未表现出任何基因交流的迹象，而早期智人也只在个体间进行基因交流：不管是巴乔基罗人的线粒体 DNA，还是富马尼洞穴早期奥瑞纳人的牙齿，都证实他们与奥瑟人几乎处于同一时期。

但是，现存人类的基因模式表明其祖先之间确实存在某种程度的同化融合。即便尼安德特人最后的骸骨遗存依旧保持着独特的身体特征，基因交流的规模和重复性，再加上遗传给我们的基因范围，也意味着他们是人类——现在依旧是。从生物学上来说，能够发生性行为并产生可育后代的个体，都属于同一物种。黑猩猩和倭黑猩猩在外形与社会交际方面有很大不同，但也只是在距今大约 85 万年前分离开来；大致在同一时期，我们现代人的祖先与尼安德特人和丹尼索瓦人所在的谱系分离。

现代动物学有关同种异体（allotaxa）的概念，可能更适于描述尼安德特人与我们的关系：近亲物种在身体外观和行为上各不相同，但也可以繁殖。牦牛和牛就是典型例子，更新世的动物群肯定也有这种情况：不同种类的猛犸象有时会杂交，而最新研究显示，现生棕熊保存有一小部分洞熊的 DNA。在最近记录的北极熊和棕熊之间的案例中，生物学家也观察到杂交种和亲本之间在进行"回交育种"。[1]

---

1 最初是一头雌北极熊与两头雄棕熊产下幼崽，接着这几头熊又与它们的杂交后代交配。

　　　　　　　　　　　　　　　　　　　　血缘

有关尼安德特人的灭绝，目前得出的基本结论就是他们遭遇了意想不到的变故。虽然过去数十年里年代学、技术分析和物种鉴定方面都取得了巨大进步，但要解决的各方面难题也大大增加。这里面有许多比较有趣的不确定因素，包括是什么原因导致种群分离、扩散分布以及从深海氧同位素第 5 阶段就可见端倪的尼安德特人元种群被取代的情况。一种可能性是气候影响，温度迅速上升，在伊姆间冰期达到峰值，随后整个世界不断变化，气温从 11 摄氏度大幅提升到 16 摄氏度。种群变化在考古学中的体现，就是在距今 12.5 万到 4.5 万年前，各种技术体系和区域传统大幅增加。

另一个亟须了解的主题，是尼安德特人和其他人种，特别是早期智人接触的进程。我们倾向于以胜利者自居，但是在非洲以外，我们至少经历过一次近乎灭绝的情况，并在距今大约 7 万年前经历了一次重要的种群崩溃，这正好发生在与尼安德特人出现基因交流之前。此外，分散的种群在 6.5 万年前虽然一路扩展到澳大利亚，适应了当地干旱的沙漠和潮湿的山林环境，甚至穿越海洋到达印度尼西亚，但在中欧或西欧，直到两万多年后才明显出现智人生活的迹象。

也许那片土地已经是尼安德特人的领地，而且他们的发展足够成功，至少在一段时间内能阻止其他人种闯入。然而尼罗尼亚人出人意料地扭转乾坤，这提醒我们，考古学研究揭开的远远不是故事的全部真相。

更具讽刺意味的是，长期以来声称早期智人拥有某种内在优势的说法根本站不住脚。奥瑟人在欧洲走向灭绝，但他们在亲缘关系上更接近现代人的美国原住民和东亚人。更惊人的是乌斯季伊希姆人，就在他生活的时代前后，发生了最重要的基因分裂，形成古代欧亚大陆东部和西部的两大智人谱系。但他几乎和任何现存人类都没有关系。[1]此外，在奥瑟人之后的2.5万年里，旧石器时代晚期的种群之间持续进行基因交流，然后被后来的史前文化取代。今天这些表面上继承了欧洲血统的巴黎人、伦敦人或柏林人，即使在1万年前的中石器时代，几乎也毫无关联。他们的DNA大都来源于新石器时代大量涌入的西亚人。[2]

　　这意味着许多早期智人种群面临的灭绝危险更甚于尼安德特人；这绝不是进化优势的重要标志。随着提取的古DNA样本越来越多，它们无疑会带来进一步的范式改变。我们目前关于基因交流的证据可能有点像早期对系外行星的探索，当初人们认为系外行星非常罕见，但是数十年的研究显示，在我们太阳系，行星的数量似乎超过恒星。今天我们知道，欧亚大陆一直是个大熔炉，造就了成百上千的混血儿。尼安德特人的遗址可能暗藏着更多有关他们及其近亲的证据，它们就隐藏在那些未鉴定的骨头碎片或洞穴沉积物中。

⁂　　⁂　　⁂

　　尼安德特人的命运始终是人们关注的焦点，但研究他们本身

1　一项研究表明，西伯利亚东部和东亚的原住民可能有混血后代。
2　巧妙地反驳了那些试图声称白人至上论与旧石器时代晚期有关联的人。

　　　　　　　　　　血缘

可能是最无趣的事情。换个角度，我们就会发现，尼安德特人在过去 10 万年里经历了严峻的挑战，但他们并没有发出最后的绝唱，而是敞开怀抱去迎接新的机遇。到 2 万年前，地球表面只剩下我们自己。尽管如此，仍旧可以说尼安德特人活在我们中间。即使最初的相遇早已从我们的记忆中消失，但在我们和我们孩子的血液中，仍旧包含与宇宙中另一个实验人种融合的果实。那些在地下深埋已久的骸骨和石器正等待我们去重新发现我们共同的未来。当我们最终做到这点时，一切都会改变。

第十六章　永恒的爱人

　　油灯给高顶礼帽的丝质帽檐抹上了一层柔和的光芒。这个温文尔雅、侃侃而谈的人对北方浓烈刺鼻的烟尘味早已熟悉。他曾经以为桑德兰的煤烟可能就是来自地狱的刺鼻臭味，直到他亲身感受到伦敦的乌烟瘴气。但那是好多年前的事了，一切恍若隔世。现在他重归旧地，对聚集起来聆听他讲话的人群露出微笑。地方的工业大亨、粗野的知识分子和社会革命者坐满了硬板凳，甚至有些矿工也在这里，揉着眼角顽固的沙砾，身上流淌的汗水如同黑金。纵横交错的铁路网就像人体内的毛细血管，将成吨致密的煤块从北部大煤田运抵桑德兰码头，再从那里分头奔向各地的火塘、窑炉和熔炉。巨型轮船的发动机启动，就如同在钢铁腹部燃烧的幽冥之火。他知道船上有韧性饼干和咸牛肉，货舱里装满了帝国的战利品，还有跟他一样皮肤黝黑的人。

　　塞缪尔·朱尔斯·塞莱斯廷·爱德华兹（Samuel Jules Celestine Edwards）摘下帽子，清清嗓子，感受着真相的重量。这份重量由过去数代人的殷殷希望压缩而成，就像古老的

血缘

热带雨林沉积挤压成碳元素一样。演讲能减轻他的负担，也让他变得光芒四射。每次演讲前，他的脑海中都会闪现出一座明媚的热带岛屿，周围环绕着加勒比海清澈的海水，他的父母以及他们的故事也会闪现：他的悲伤与骄傲都源自其中。他再次集中精神并开始宣讲，他讲自然选择和那些奇怪的头骨，申明任何种族都不应践踏其他种族。在未来，人类共有的悠久历史就是他的救赎之路。

在菲尔德霍夫遗址重见天日一年后，在 7200 公里外，大西洋的对岸，一名黑人男婴呱呱坠地。塞缪尔·朱尔斯·塞莱斯廷·爱德华兹在英属殖民地加勒比长大，他的父母是奴隶出身，不到 30 年前刚获得自由。他年仅 12 岁时成为偷渡者，整个 19 世纪 70 年代都在环游世界，然后在英国北部的工业城市桑德兰安顿下来。19 世纪 90 年代，他获得神学学位，学习医学，成为备受尊敬和欢迎的福音讲师。事实还不止于此，他也是一位传记作家，英国第一位黑人编辑，负责"兄弟会认可学会"的会刊《博爱》(Faternity)，还是英国照明联合协会官方刊物 LUX 杂志的创办人。

爱德华兹是坚定的社会主义者和反帝国主义者，他的巡回演讲吸引了大量观众，因为他极富感染力地谈到解放和反殖民主义。[1]尤其是他指出进化科学将黑人比作狒狒的做法明显带有种

---

1 1891 年，他再次到访桑德兰，我的曾曾祖父、煤矿工人、当地非宗教演说家霍尔·尼科尔森（Hall Nicholson）很可能是听众之一。

族偏见。1892年，也就是在斯庇和克拉皮纳遗址相继挖掘出尼安德特人骸骨的这段时期，他发表了一篇题为"黑人种族"的文章，指出日益增多的古人类化石不仅没有暗示黑人或原住民是单独的次人类种族，反而揭示出截然相反的情况。地球上的所有人都有一个共同的起源，所以在智力、开化和人性方面都是平等的。

憧憬和幻想

爱德华兹的说法当然没错，但是远远超前于他的时代。他所说的正是那些声名显赫的史前史学家拒绝面对的。虽然许多原住民文化中的起源故事提到了极其古老甚至延续至今的祖先谱系，但对于西方知识分子来说，要理解尼安德特人所代表的远古时代，无疑还需要更长时间。最早模糊的概念来自约翰·康耶斯（John Conyers）。他是17世纪的药剂师，对古文物研究兴趣浓厚，以至于在伦敦大火之后大规模重建的过程中，他乐此不疲地在废墟中寻找古文物。1673年正是他在格雷旅馆收集到一个手斧，那是一位利利先生（Mr Lilly）在黑玛丽洞附近的砾石坑发现的。康耶斯认出这是一件手工制品，但是他虽然了解基本的地层学，也注意到在更深处有罗马罐，但这些砾石和手斧的真实年代远远超出了他的想象。

人类对自然界的理性评价从古典时代就已经开始，经过长达数百年犹太—基督教传统的影响，多少变得有些僵化。在宗教的认知中，历史只有几千年，但人们总是对时间和古代遗迹着迷，特

血缘

别是对化石。

鲜活的生命冻结在石头中，这种悖论甚至似乎吸引了尼安德特人。他们从曾经覆盖古老海洋的碎石中捡起一个贝壳，用红色赭石涂色，然后带着它翻越意大利群山。很久以后，人类文化将化石嵌入现有的世界观，为化石的存在找到了合理解释：洞穴中的骸骨来自龙或独眼巨人。当时，许多人把手工制造的石制工具看作精灵的杰作。就在格雷旅馆的文物出土4年后，博物学家兼化学家罗伯特·普洛特（Robert Plot）推断，那些与所有已知生物都不匹配的巨大骸骨肯定属于远古时期的巨兽；事实上就是恐龙。于是人们关于古代世界的概念，开始变成一个充满早已消失的人族种群和灭绝动物的世界。

在格雷旅馆的手斧被发现将近200年后，尼安德特人的骸骨于1856年凭空出世。200年时光如梭，社会、经济和技术领域的变革风起云涌，大大动摇了西方社会的宇宙观，而电磁学、辐射和无线通信对普通人来说无异于神奇的魔法。18世纪，时间本身得以扩展，对岩石的思索让地质学家的思想跨越了圣经年表无法解释的巨大鸿沟。到19世纪50年代，人们对地球的悠久历史有了更深的理解，并认可将灵长类动物的化石作为探索远古人类的路标。尽管如此，尼安德特人骸骨的出现还是让所有人惊诧不已。对英国著名生物学家托马斯·赫胥黎来说，这就像打开了一个潘多拉魔盒，里面藏着我们难以想象的血统起源：

那么，我们从哪里寻找原始人呢？最古老的智人是出现于上新世还是中新世，又或是更古老的年代？我们必须摆脱一切有关人类起源的思想禁锢，将他们的年代不断向前推进。[1]

如今我们知道，现代人和拉斯科洞穴中那些勾勒彩绘壁画的人之间隔了1.5万年，由此再向前推进万年以上，我们或许能看到最后的尼安德特人。而要看到他们初次登上历史舞台的模样，可能还要再向前推20倍长的时间。

无论在过去还是现在，尼安德特人本身都代表多种含义。我们不知道工头在发现菲尔德霍夫遗址的骸骨不是来自熊时有何想法，也无从得知弗林特上尉展示福布斯采石场的头骨时是何感受。19世纪的科学描述枯燥乏味，唯一的例外就是查尔斯·达尔文（Charles Darwin）对这同一块化石的反应。他觉得很"不可思议"，而几十年后，新一代人在面对尼安德特人的骸骨化石时显得异常兴奋和激动。

在1908年勒穆斯捷1号的挖掘过程中，克拉施记下了一本生动逼真的私人日志。除了对化石做出专业的描述，他还提到了小规模的团队竞争，讲到自己如何喝着香槟酒在月光下遥想冰河时代的猎人，冥思苦想直到深夜。现场挖掘和骨骼的出土让他兴奋不已，日志中的叙述变成了现在时态和激动的叹号："牙齿！"来自远古时期的男孩骸骨让他感动不已，他不辞辛苦地重新组装骨骼碎片，

---

1 托马斯·赫胥黎，1863年，《论人类的骸骨化石》（On Some Fossil Remains of Man），《英国皇家学院学报》3（1858—1862）：第420—422页。

并在第二天晚上记录道"这是我做过的最负责的技术任务"——他做梦都梦到了头骨。

人们对尼安德特人的想象甚至超出了科学领域。在尼安德特人首次亮相后的 20 年内，各种关于原始人的奇幻小说相继问世。它们满足了公众对这些奇特生命的好奇心，哪怕只是在脑海中幻想。值得注意的是，在与新生的科幻小说融合时，邂逅尼安德特人的故事总是以敌意和战斗为主题。1911 年，J. H. 罗斯尼（J. H. Rosny）的《寻求火种》描述了许多暴力冲突，而它最初的法语书名是《火之战》（*La Guerre of Feu*）。

到 1955 年，在两次世界大战的废墟中，威廉·戈尔丁（William Golding）在小说《继承者》（*The Inheritors*）中将智人刻画成了终极侵略者。但事实上，真正贪得无厌的掠食物种是我们现代人，而不是他们。我们无法理解尼安德特人的感知能力和恻隐之心。在随后数十年里，总体趋势在此基础上继续扩大，直到 20 世纪 80 年代，在美国著名女作家琼·奥尔（Jean Auel）大获成功的《洪荒孤女》（*Earth's Children*）系列中，尼安德特人才被允许去爱和被爱。

奥尔的作品在许多方面极具先见之明。最引人注目的是，她对人种间亲密关系的大胆推测遭到主流文化的排斥，但 30 年后，基因科学证明她的说法是对的。[1]对 19 世纪的史前史学家来说，有关混血后代的说法似乎更加离谱，虽然他们对此也很感兴趣。如果在

---

1 奥尔最大的影响可能是为未来的考古学家提供了灵感。

威廉·金 1863 年发表关于物种命名的演讲之后，一位来自现代的时间旅行者站起来宣布尼安德河谷发现的奇怪"类人猿"从分子尺度来说仍旧站在这个房间，那他肯定会遭到嘲讽或面临骚乱。

　　但即使在那时，尼安德特人也能带来独特的思想震撼，甚至激发未来旅行的想象。1885 年，一位名叫布奇尔·雷伊·萨维尔（Bourchier Wrey Savile）的牧师发表了一篇反对进化和自然选择的论文，题为《进化中的尼安德特人头骨：本该在公元 2085 年发表的演说》，文中还附有三幅插图。在冗长的序言之后，我们发现头骨本身作为叙述者，现身 21 世纪末的晚会，出现在维多利亚时期伦敦主要的音乐场馆——皮卡迪利的圣詹姆斯大厅的舞台上。头骨的一句开场白"我不习惯在公共场合演讲"令人着迷。他（假定为男性）通过冗长的宗教争论向观众保证，他无论如何与现代人类没有任何血缘关系。他礼貌地希望"作为朋友"分开，然后消失。[1]虽然从现在到 2085 年可能会发生很多变化，但把尼安德特人看作我们失散已久的表亲，这种观点不大可能彻底改变了。

　　萨维尔可能不赞同把尼安德特人视为有血缘关系的祖先，但他有一点做得很对，就是渴望与尼安德特人建立联系。这体现在重建远古世界的能力上。对尼安德特人最早的视觉呈现，是赫胥黎在一次会议上用墨水勾勒的一幅素描。素描中的尼安德特人有点儿像猿类，但不管怎样它具有迷人的生命力。1873 年，研究人

1　这不算剧透——萨维尔在书的结尾用一种屡试不爽的文学手法写道："我突然醒来，发现这一切都是一场梦。"

血缘

员首次认真尝试复原的尼安德特人形象出奇地现代，旁边还有一件带手柄的武器和犬类伴侣。20世纪初开始出现对比鲜明的视觉形象，反映出了有关人类起源的不同观点。

圣沙拜尔遗址"老人"酷似类人猿的复原图最初发表在一份法国报纸上，并于1909年由《伦敦新闻画报》转载：他弯着腰，心不在焉地拿起一根木棍，身上的毛发和脚明显很像猿猴。这幅画作设定了一种根深蒂固的原始基调；据说这幅画是与布勒联合制作，那种过于类人猿般的外观或许说明他拒绝承认尼安德特人是智人的祖先。两年后，同一家媒体刊出了一幅对比鲜明的图像。英国史前史学家阿瑟·基思（Arthur Keith）认为尼安德特人并不是走向演化死胡同的失败者，相反却是现代人类的直系祖先。他托人绘制了一幅毫无威胁的形象：一个满脸胡须但看上去很整洁的男人坐在熊熊燃烧的火炉旁，小心翼翼地制作工具；再加上简单的家庭场景，还有一条项链，暗示他们能思考，有现代人的心灵。

随着解剖精确度和城市中产阶层化水平的提高，21世纪复原技术进一步发展。其中描述的人工制品发生改变，反映出考古学对尼安德特人文化更丰富的鉴赏。但更根本的改变在于他们的姿势，尤其是面部不再充满痛苦，而是充满智慧、尊严和满足。

雕塑是最引人注目的：人们围绕他的身体查看，衡量他的存在，注视着插图根本表达不出的真实的脸庞。尼安德特人从情绪低落的生物一跃变成了充满自信、喜悦和爱意的人，甚至在某种情况下闪耀着狡黠的微光。在一个迷恋明星的时代，巴黎人类博物馆2018年的复原图承认了尼安德特人的重要身份：他们身穿由服装设计师阿尼斯贝（Agnès B.）设计的服装，这是以我们的形象重塑的尼安德特人。

但是，欣赏模特表演与近距离接触真实的骸骨遗存完全是两回事。正如著名的考古学实体，比如埃及女王娜芙蒂蒂胸像或庞贝城的铸像一样，真正的尼安德特人化石具有一种致命的魔力。它会让人忍不住蹲下来，远离人潮涌动的博物馆游客，全神贯注地凝视那些没有肉体的面孔。他们在玻璃箱中迎来了自己的来世，偶尔会访问他们从未踏足的大陆，面对的人数比他们有生之年见过的要多上数千倍。

我们对尼安德特人的痴迷从未消退，这一定程度上要归功于媒体。尼安德特人提供了一款融合科学、社会甚至道德的劲道鸡尾酒，是 19 世纪媒体的理想题材，报纸上源源不断的报道散入千万读者群中。[1]与过去相比，今天的它们更受欢迎。互联网上对尼安德特人的搜索，长期以来远远超出更普遍的人类进化问题，而当代媒体很乐于迎合公众的喜好。

然而科学会受到曲解：面对潮水般涌现的新数据，就算专业人士都无所适从。始终围绕认知和灭绝这两个主题，并无助益。各种类似"尼安德特人没那么蠢"或者"他们还是比我们笨"的说法，在过程、背景和变化的基础上，曲解了微妙而有趣的现实。

但是，尼安德特人的第一个基因组揭示了他们是人类的直系

1　19 世纪末甚至有一整套就像互联网搜索服务一样运作的新闻剪报行业，你只要出价指定关键词，大群剪报员就会搜索相关文章，然后邮寄给你。

祖先，这不单在研究人员中引起强烈的反响，也引发了一场轰动。这是自尼安德特人重现天日以来让公众看法改变最大的发现。[1]现在，他们不再是抽象的穴居人，而具有了人格属性。DNA 研究倾向于采用泾渭分明的陈述，传递的信息简单明了。但其他同样令人兴奋的事情却鲜少引起注意，因为数据本身非常复杂，而且很难传播。

这意味着许多有关尼安德特人的陈词滥调依然存在，比如他们缺乏复杂的技术，而且不具备创新能力。但是这些说法挥之不去的另一个原因是，这些讨论并不是为了理解尼安德特人本身，而是为了把他们塑造成我们的陪衬。在这个意义上，他们始终代表终极的"他者"，是镜子里的影像。我们注视他们，就像邂逅一个多光谱镜像，反映出的是我们的希望和恐惧，不仅是为他们显而易见的命运，也是为我们自己。

过去的影响力

让我们说回塞缪尔·爱德华兹。关于人类进化的问题，同时代那些知识渊博的学者为何没有得出和这位非洲奴隶的儿子一样的结论呢？原因很简单，因为他们生活在一个等级世界，而他们自己处于社会的顶端。自18世纪以来，科学家们不仅在探索世界，也在了解不同的人。卡尔·林奈1758年第一次给智人命名时，其实

---

1 在线搜索"尼安德特人灭绝"的次数减少了。

是照着镜子将自己作为模式样本。[1]

从一开始，尼安德特人就为白人至上的观点提供了科学依据。各种认为头骨大小反映智力甚至道德能力的虚假观念在 19 世纪成为主流，并先后用来为奴隶制和殖民主义提供正当的解释。人种学和史前考古学将狩猎采集者定义为兽性意义上的"野人"，就连达尔文（他本该知道得更清楚，理解不同的人种可能来自共同的起源）也从假定的动物冲动和暴力本性的视角来看待他在智利火地岛遇到的原住民[2]。尽管阿尔弗雷德·拉塞尔·华莱士认为狩猎采集者和维多利亚时期普通绅士的大脑大小相当，但他想不明白为什么"无思考能力"的人需要这样的计算能力。

当代对菲尔德霍夫头骨的阐释清楚地表明，这些态度不仅影响我们对尼安德特人的理解，也得到了来自尼安德特人的证据支持。1856 年，德国报纸刊发文章，首次对不同种族进行直接对比，言之凿凿地称这个头骨来自北美的平头族。沙夫豪森将其解剖结构与"尼格罗人"和澳大利亚原住民相比，赫胥黎也是如此，他轻描淡写地称尼格罗人为"野蛮人"，并将莎拉·巴特曼（Sarah Baartman，被称为"霍屯都的维纳斯"）的大脑视为一个公开解剖的博物馆标本，完全去人性化。威廉·金的观点与此类似，不过他更倾向于把安达曼人看作最"堕落"的人种，"与野蛮愚昧相去不远"。就在前一年，被殖民者杀害的安达曼岛民的头骨被船运到

1　后来的版本使用了地理亚种来划分人类，用普遍负面的描述来定义非白人种族。

2　当时通称为"火地岛人"，可能是亚格汉人（Yaghan）。

　　　　　　　　　　　　　　　　　　血缘

英国用于解剖收藏。

这类对比产生的不利影响在于促生了一类种族观念，即非白人种群代表人属中原始的分支。就在塞缪尔·爱德华兹撰写有关人类进化的前瞻性文章时，极具影响力的生物学家、记者和达尔文学说的捍卫者恩斯特·海克尔（Ernst Haeckel）将"低等种族"归类为更接近野兽的种族，并声称殖民主义是正当的，因为这些低等生命存在的价值较低。

随着 21 世纪的到来，史前史自称是以先进知识为核心，但是尼安德特人仍旧被用来支持种族主义信仰。据说黑人缺乏白种人细微的面部表情，这些说法引发了有关尼安德特人是否会微笑的争论。在讨论圣沙拜尔遗址的发现时，布勒大言不惭地声称澳大利亚原住民是所有人中最原始的。

古人类在解剖结构和文化先进性上的等级都是由考古学创造的，并有许多著名学者，比如埃及学家弗林德斯·皮特里爵士（Sir Flinders Petrie）提供的古代头骨测量数据作为支持。这直接促生了竞争和种族净化等有害观念，奠定了优生学的基础。这在许多小说中都有所反映，比如 H. G. 威尔斯（H. G. Wells）1921 年创作的小说《怪客》（*The Grisly Folk*），将消灭寄生虫般的、充满兽性的人类种族巧妙地摆在攸关人类生存的位置。与尼安德特人化石直接相关的研究者本身成了这个科学框架的一部分：克拉施在其他出版物中将原住民作为一个起源于大洋洲和亚洲灵长类动物的独立的人族分支，而另一位为豪泽研究勒穆斯捷骸骨的人类学家维纳（Wienert），则任职于管控纳粹党卫军成员种族"纯洁性"的种族和聚居地办公室（Race and Settlement office）工作，并与他人合编《种族科学杂志》（*Zeitschritt für Rassen Kunde*）。菲尔德霍夫遗址最初被发现时处在纳粹帝国的统治范围内，1938年博物馆被迫关闭，就是因为它没有充分突出"日耳曼人"的种族起源。

在经历第二次世界大战的恐怖之后，以种族为基础的科学研究开始日渐受到排斥。对尼安德特人的探索开始从对头骨的迷恋转向对其行为的关注，但昔日的影响依然存在：著名人类学家卡尔顿·库恩（Carlton Coon）在1962年出版的《种族起源》中把白种人描述为"阿尔法"种族，把澳大利亚原住民描述为"奥米伽"种族。只是在近40年，非洲起源说才真正成为主流，并从遗传学上得到证实。现在有关尼安德特人是否属于人类的争论，总体上是相对智人而言的。这一点很重要，因为遗产从根本上来说与认同有关，而考古学提供物质证据，裁决过去的争端。

就尼安德特人而言，历来主要是神创论者——不管是基督教还是其他信仰——试图按照他们的观点塑造那些化石。古怪的是，东西德统一后，第一个接触到勒穆斯捷1号骸骨的人是美国神创论者杰克·库佐（Jack Cuozzo）。作为一名职业牙医，他对牙齿的研究在关于这具骨骼的出版物中自成一章。然而，库佐对《圣经》中的启示深信不疑，所以他总是试图在《圣经》的框架内来解释尼安德特人的解剖结构，[1]并对科学家提出质疑，结果出现了一本

1　他声称勒穆斯捷1号头骨的形状是轰炸造成的，但事实并非如此，因为它并未受到破坏。他也分辩说是因为化石比石器更加罕见，这让人们对有关旧石器时代的阐释产生了怀疑。

　　　　　　　　　　　　　　　　　　血缘

指控他策划阴谋的《达·芬奇密码》式的书。

虽然尼安德特人被视为人类进化游戏的失败者，但他们并未逃脱民族主义者的掌控。法国人对豪泽在勒穆斯捷遗址的工作充满敌意，不仅因为他出售文物，也因为他是外国人。在一代人之前的普法战争之后，公众渴望收回阿尔萨斯和洛林的部分土地，所以一个著名的法国科学"属地"变成德国人的财产，未免让人恼火。豪泽虽然是瑞士人，但他本人被视作德国人，并有传言说他是间谍。1914年第一次世界大战爆发时，他逃离法国，结果导致挖掘记录变得杂乱无章。豪泽长期以来被视为盗窃法国遗产的人，然而这是不公平的，因为佩罗尼也通过售卖文物赚取了可观的利润，只不过他将文物卖给了美国人。

德法两国的敏感关系也许始终只是喜剧意义上的比喻，但勒穆斯捷1号与民族的关联在21世纪仍旧会引起不满。来自9个国家的专家在2005年合作出版了关于该骨骼化石的权威文章，声明这是一项国际研究。但是一位评论者怒不可遏地说，勒穆斯捷1号虽然源自法国，但没有一篇文章是用法文写成的。第二年，在联合国教科文组织支持下举行了一次会议，庆祝菲尔德霍夫考古发现150周年。博物馆很自然地自称为"这位最著名德国人的故乡"。

数千公里之外，其他人也拥有"他们自己"的尼安德特人。山尼达遗址的新挖掘工作由库尔德地区政府邀请专业人员进行。山尼达为了独立的民族存在而战，象征着库尔德人深厚的文化历史。外国学者——甚至不是旧石器时代的专家——声称在电视采访中曾被要求确认山尼达尼安德特人实际上是"第一个库尔德人"。

过去几百年里，有越来越多国家和地区要求归还未经同意被掳掠的人类遗存和文物，但现在我们很难看到有谁能提供确凿证据证实自己与尼安德特人的联系，从而要求归还尼安德特人的骸骨。尽管如此，还是出现了第一个遣返请求。

2019年，直布罗陀当局要求归还出自巨岩的两个头骨。措辞富于情感，但可能不太准确。魔鬼塔孩子和福布斯采石场女人最初的生活范围可能远远超出了直布罗陀的弹丸之地。他们很可能在现代西班牙，甚至是地中海海底的其他遗址度过了大半辈子。

人类起源作为一门学科，植根于一种代表全人类来解决全球重大问题的信念。但西方的兴趣往往具有特权，主要体现在过去和现在的大量研究都是利用来自原住民社区的骨骼材料，把尼安德特人和狩猎采集者进行比较，包括本书提到的一些研究也是如此。至少有些骸骨是以可疑或完全不道德的方式运到西方博物馆的，而这些目前用塑料包装并用卡钳固定的骸骨，很可能是某些当代人的远古亲属。这门学科需要建设性地运用这一遗产，这样尼安德特人研究才不会继续对原住民社区产生负面影响，这一点非常重要。

洞穴外的思考

虽然原住民的身体——最近还包括他们的DNA———直被用来进一步研究尼安德特人，但是从很大程度来说，他们的知识和世界观与远古时代的科学理解毫无关联。但是，对传统狩猎采集群落的深入研究表明，聚焦那些并非源自以城镇为主的西方科学传统的视角极其重要。有些人具有科学家所缺乏的技能，他们能对我们在考古记录中看到的东西做出不同的解释。最近的一个项目模拟了联合的可能性，邀请纳米比亚的追踪专家来研究欧洲旧石器时代晚期洞穴的物理痕迹。他们凭借自身的知识发现了新的踪迹，并对这些地方发生的事情做出了新的解释。

尼安德特人考古研究还从未出现类似合作，但是在重新思考人类起源时，仍旧有可能借鉴原住民的观点。就连"我们从哪里来"这个问题都没有达成普遍认同的意见，因为许多原住民文化认为原始人出现在各个地点，在时间上并非线性地出现。在某种程度上，这与最近非洲和欧亚大陆出现的大量元种群的证据越来越吻合。我们现代人和尼安德特人就是由这些元种群演变而来，是数十万年来不断分离和融合的结果。

在尼安德特人的问题上，强调原住民群体中相互联系、统一和关联的观念，是弱化西方主导地位的另一些方式。我们的生理结构实际上限制了我们感知现实的方式：如果你的眼睛能感知红外线，你就能看到自己发光。但其他事情也会影响人类看待世界的方式。

狩猎采集者会注意到其他人没有注意到的东西——追踪就是一个很好的例子——有些文化很容易区分西方人难以分辨的不同色调的绿色。认识到尼安德特人的动机不符合标准的解释，是尝试应用这些想法的一种方式。他们很可能遵循与能量学或成本效益平衡相应的理性原则，但他们的决定很可能是基于情感，这是所有人类都遵循的准则。除此之外，尼安德特人还可能与狩猎采集者一样拥有更广阔的视角。狩猎采集者的宇宙观通常基于关系观念。这不是拙劣的"剪刀加糨糊"式的类比，而是质疑大多数研究员使用的各种假设的客观性。

我们运用这些想法，可以重新想象尼安德特人与其他动物的互动。主流的解释都是围绕统治、剥削和冲突的主题展开；生命就是一场与大自然的抗争，而动物是没有思想、没有感情的商品。与此形成鲜明对比的是，关系框架强调人类和非人类的相似性。等级制度存在，血液仍在流淌，但是在关系世界中，各种群体基于对共同人格的认同而共存，人类只是其中的成员，而非主人。人类的生存与自然界的生物毫无冲突，反而与它们有着错综复杂的关系。

尼安德特人狩猎和维持生计的方式，突然间变得不同了。对生来就有强烈社会意识的人类来说，世界从一开始就充满实体和相互间的责任。你需要假定你所面对的生物也有完全合乎逻辑的思维，甚至极具适应性，因为狩猎技能需要关注身体、习惯和动机。

在这样的世界，尼安德特人对动物的所思、所感，不只是从它们的热量价值出发。很多洞穴都有不同居住期留下的清晰痕迹，尼安德特人离开洞穴和岩棚，动物们入住。在科瓦尼格拉洞穴，"其他时间"主要居住的是狼群和啮齿动物，它们会啃咬尼安德特人丢弃的食物残渣，与此同时蝙蝠世世代代生活在令人不安的黑暗中，冬日它们冻僵的尸体会落在地面。从关系的视角，我们不仅要考虑尼安德特人利用以前人类居住者的痕迹，还要考虑其他生

血缘

物的痕迹。

　　尼安德特人把动物想象成有思想和感觉的生物，这意味着他们除了对动物躯体的物质属性有精妙的鉴赏力，可能还非常重视其他方面。以此为背景，我们可以探索他们狩猎特定物种是否并不单纯因为这些猎物容易捕获。

　　他们对鸟类，尤其是猛禽明显很感兴趣，但在大约 20 万年前的比亚什圣瓦斯特，他们也开始系统地狩猎洞熊。在河流沉积物的多个地层，成千上万的骸骨表明尼安德特人狩猎并全面屠宰了至少107 头德宁格尔熊和棕熊。虽然法国北部的地形普遍很平坦，但比亚什圣瓦斯特正好位于卡尔普河从丘陵向北流入佛兰德斯的地方。由于熊会在地面松软的斜坡上筑巢，所以即使没有洞穴，尼安德特人也能在它们冬眠期间狩猎。但被捕获的大多数是成年公熊，这与里奥塞科这类洞穴的狩猎模式并不完全吻合。卡尔普河本身可能便于伏击，特别是如果成年公熊因为捕鱼而分散注意力的话。

　　但是不管这些骸骨是如何获得的，要找到洞熊都不是那么容易。虽然它们代表大量的肉食和脂肪，但猎杀洞熊要比猎杀其他肉质更丰富的猎物，比如野马或大角鹿更危险。这些物种都曾出现在比亚什圣瓦斯特遗址，但尼安德特人对它们并不是很感兴趣，反而更喜欢原牛和洞熊。厚重的熊皮很可能是一大诱因，而骸骨上的切割痕迹也确实支持这一点。在气候比较寒冷的时期，狩猎洞熊的情况非常罕见。在缺乏明确经济学解释的情况下，有人用社会动机论来解释比亚什圣瓦斯特洞熊骸骨的情况：尼安德特人故意选择危险的猎物来获得威望，但这种解释非常西方化。

但这可能也体现了人类和洞熊之间的某种关系。耐人寻味的是，虽然许多原住民部落吃熊——纳塔什昆因纽人甚至将他们的土地命名为"我们猎熊的地方"——但是也存在动物与人类和人性密切相关的观念，纳斯卡皮人、特林吉特人、易洛魁人和阿尔冈昆人都是如此。[1]在旧石器时代，熊与尼安德特人有着共同的生活习惯，它们会搬进洞穴生活，把骨头和爪印留在同一个洞穴里。考虑到这点，比亚什圣瓦斯特洞穴还有另一个奇怪之处：大量被屠宰的头骨。这些洞熊并不是以完整的尸体形式进入洞穴的，但如果尼安德特人的主要兴趣点是皮毛和脂肪，为什么要将极其沉重的头部、眼睛、舌头和大脑带回，而不是在其他地方割下来呢？

无数证据显示，尼安德特人主要根据质量来挑选携带的物体。就动物来说，这包括身体各部位的相对大小和肥美程度。但是在这里和其他地方，头部比预期的更为常见，尤其是对大型动物而言。如果尼安德特人是通过分享食物来建立、更新和协调社会关系，那也许动物的身体部位也能以其他方式实现这一点。

由此出现了尼安德特人生活中无处不在的碎片。软锤和修理器满足了功能需求，但是从关系角度来看，它们可能具有更深层次的意义。首先，在有些遗址它们的数量多得惊人——普拉代莱遗址有 500 多件——相比其他活动类型和动物数量都相似的地方，明显过多了。虽然这些工具大都由新鲜骨头制成，但也有一些可能被随身携带辗转各地。我们甚至可以认为这些物件代表物质

1　熊的寿命很长，可以双腿行走，并且可以坐着给翻滚的幼崽哺乳。

血缘

材料相互作用的循环中某个节点：石制工具能切割肉体并拆解骨骼，随后骨制工具修理并形成石制边缘。这种递归（recursion）对尼安德特人来说可能会产生更深层的共鸣，并且很可能与他们选择特定物种甚至骸骨特定部位的方式有关。这让我们再次想到比亚什圣瓦斯特遗址，尽管洞熊是第二常见的狩猎物种，但数百个修理器中几乎没有一个来自它们的骸骨。

观察动物、气喘吁吁的追逐、血腥的肢解、运输和保存动物及其尸骸，这一切在尼安德特人对世界的理解及情感反应中可能居于核心地位。有趣的是，虽然石头作为材料更为常见，但大多数有意制作的标记和雕刻都是采用骨质材料。同样，带有标记的动物物种并不是主要的食物来源：想想扎斯卡尔纳亚遗址的渡鸦或普拉代莱的鬣狗，它们非常古老，很可能从其他地方带来。普拉代莱是个充满材料互动和循环的地方：兽皮加工、骨头打制，大量的修理器；在雕刻的鬣狗骸骨所处的地层，还发现了深度加工的尼安德特人骸骨。

死亡以及对死亡的反应，是另一个早该有新鲜解释的领域。我们一直没有找到明显由人工挖掘的墓穴，但即使没有这种执念，讨论尸骸加工总是局限于为获取营养而同类相食或采取暴力的场景也只能说是出于我们的假设，而非可靠的数据。

西方观点认为，被屠宰的尼安德特人沦落到了猎物水平：被捕获、被消费并被丢弃。但是想象一下，如果尼安德特人理解自己是生活在其他熟悉的实体中，这些实体的行为和他们群体的同伴一样有意义，那么当他们的身体被触摸、移动、肢解时，毛皮动物、羽毛动物和皮肤光滑的生命之间的边界发生了改变。从关系角度来看，肢解和食用死人可能不是生命的终结，而更多的是遗址内或整个景观内物质的循环和联系。有时死者作为完整的个体离开，还有一些人参与了身体、血液和脂肪维持生命的节奏。

当我们想象这些互动不单围绕对抗、恐惧和斗争时，我们或许有可能以另一种方式看待尼安德特人和现代人类的故事。智人并非野蛮侵入新的土地进行掠夺的殖民者，由此将呈现另一个不同的故事。世界是开放的，道路随着季节的变化伸展开来，提供新的机会。陌生的土地和生物等着他们去了解，崭新而又古老的人类在永无止境的生命之舞中成为搭档。

另一方面，尼安德特人也并非束手无策，坐等灭绝。他们善用直觉，为人机敏，没有把外来者看作生命的威胁，而是视为联系的机会。这不是一种结束，而是多次碰面、联合和转变；这是一种生存和重生的方式。

消失

不管我们如何考虑尼安德特人的消失，这个事实都像魔咒一般，几乎从方方面面影响着我们研究、描绘和想象他们的方式。有关他们失败、我们成功的叙述占据主导地位。这本书的其他部分已经明确表明，事实上没有明显或简单的答案来回答为何生存下来的是我们，而不是他们（至少就物质形式而言）。根本不曾发生类似导致大多数恐龙灭绝的巨型小行星撞击地球或全球火山爆

血缘

发那样的全球毁灭事件。

在本书结尾，我们可以重新思考一下。首先是身体。目前很少有证据表明我们的某些特征具有明显优势。走路的差别微不足道，尽管跑步更明显一些。尼安德特人发达的肌肉并不是以牺牲良好的抓地力为代价；像早期智人一样，尼安德特人的双手也很灵巧。事实上他们解剖结构上的每一点缺陷，几乎都得到合理的补偿。

那是行为上的优势吗？有时有人称尼安德特人像过于挑剔的大熊猫，饮食局限于大型猎物，无法适应变化。但有时也有人指责他们不够挑剔。最新的同位素研究结果表明，欧洲的尼安德特人和早期智人共享人族占据的特定生态位，他们彼此间的相似，远非有毛皮的食肉动物所能比。他们都捕食猛犸象，所以排除了另一种劣势理论的可能性。在特定环境下，捕食大型猎物可能是最佳策略，但是在其他地方和其他时间，尼安德特人完全有能力狩猎小型猎物，并采集适合的植物。

也许是其他挑战让他们陷入了困境。他们似乎不喜欢全面的冰川环境，但是从距今4万年前到最后这几千年里，气候相较之前严重恶化了吗？在距今4.5万到4万年前德国的盖森科略斯特勒岩洞，鹰、猫头鹰和红隼喜欢捕食毛茸茸的小型猎物，由于啮齿动物通常对气候敏感，猛禽的遗骸告诉我们，虽然真正的苔原物种在旧石器时代中期结束时变得更为常见，但它们在最后的尼安德特人消失后才真正占据主导地位。如果不是因为严寒的环境，也许是深海氧同位素第3阶段更广泛的影响起到了关键作用。

虽然狩猎采集者能成功地适应极端气候，但气候不稳定可能会引发灾难性后果。尼安德特人在经历伊姆间冰期的炎热之后，在后来的深海氧同位素第5阶段经历了一系列的气候起伏，这甚至可能是一段扩张和文化多样性的时期。但是在随后深海氧同位素第4阶段的冰川消融后，气候变得让人紧张不安。在距今大约5.5万年之后，深海氧同位素第3阶段进入一个锯齿状的、间歇性的冰期—间冰期的疯狂周期，有时尼安德特人在一生中会经历从差强人意到真正令人痛苦的时期。这并不代表尼安德特人生活在永久的危机中。夏季仍旧能看到他们在鲜花点缀的大草原上跋涉数日后风吹日晒的脸庞。但持续的不确定性会加大风险，这点在他们的核心猎物身上显而易见：野马和猛犸象被迫迅速改变饮食习惯，它们新的行为方式可能会影响传统的狩猎策略。

但是气候混乱并非故事的全部。最近的研究通过追踪同一关键时期鬣狗身上发生的情况，得出了令人惊讶的结论。在深海氧同位素第4阶段的冰期，猎物大量减少，它们遭受的影响远甚于尼安德特人，但是后来在暂时气候回暖的气候条件下，随着草原—苔原甚至开阔森林吸引来大量食草动物，它们又恢复过来。尼安德特人也出现同样的情况，随着气候再次变暖，他们不断扩张，甚至重新占领英国，并呈现出技术多样性的大爆发。但是这个黄金时代并没有持续太久。当深海氧同位素第3阶段的气候变得更冷，尼安德特人和鬣狗都因为猎物减少而承受着巨大压力。那些食肉动物和洞熊凭借强劲的颌骨顽强求生，在欧洲西南部遗址坚持到距今大约3.1万年前。与此相反，尼安德特人，这些之前比它们更胜一筹的竞争对手，却没能成功活到距今 4 万年前之后。

当时还有其他事情发生。根据人口统计学数据，至少有些尼安德特群体包含老年个体，他们的智慧和经验可能是减轻灾害的源泉。但如果情况恶化超出了他们共同的记忆，那逃跑可能是唯一的生存选择。然而，如果南部的土地早已挤满了其他尼安德特人，那更习惯捕食大型猎物的北方群体可能就找不到庇护所。此外，还额外增加了一个前几代人从未大规模遭遇的因素：智人。

在深海氧同位素第 3 阶段早期，原始人类种群可能呈现总体增长趋势。遗传学告诉我们，尼安德特人肯定是在这个时期前后遇到了智人，基因交流发生在多个阶段。即使双方总体上相处融洽，资源竞争在我们共同的历史中仍旧是最激烈的，就像在距今大约 4.5 万年前气候的不稳定真正产生影响一样。

2020 年春末写完这本书时，我难免也会想，种种复杂因素中是否还掺杂着一种可怕的传染病——由我们传给他们。很明显这在骨骼或基因组中根本看不到，尽管如此，过去几十年看似边缘的想法似乎也不是不可能。

虽然从基因角度说，有些尼安德特人的血统相对不那么孤立，但总的来说，更广泛的种群在数十万年里一直在缓慢萎缩。虽然他们聪明、灵活、充满韧性，但考古学研究确实表明，他们的社交网络越来越弱，越来越小，因为他们由小型群体组成，很少大规模集会。随着旧石器时代晚期的发展，远距离的石器移动变得更加极端、更加普遍，而且关键是，石器之外的其他物体开始被带到远方。共同的象征性网络反映出与遥远社群的联系，正是这一点界定了后尼安德特人的世界。他们在翻越多个山谷之后，在朋友们的篝火旁受到欢迎，由此就能让婴儿依靠奶制品残渣活下来，而不是成为被掏空的小尸体，放置在冰冷的裂缝中。

数千多年的小悲剧，可能会随着地方化基因库的隔绝和迟滞而愈演愈烈。与尼安德特人长期以来的基因小世界和群体内繁殖形成鲜明对比的是，迄今为止，还没有任何早期智人的基因组出现类似的过程。但是这里有一个自相矛盾之处：如果说尼安德特人倾向于隔绝社会联系，他们又明显与我们和丹尼索瓦人都存在大量的接触和基因交流。

气候崩溃，加上更加拥挤的大陆，最终导致我们存活下来而尼安德特人逝去。回想一下，欧洲猕猴也在同一时间走向了灭绝。它们在能量方面可能也是踩着钢丝线：寒冷的冬天，在北方短暂的白昼，要完成捕食、迁移和社会交流非常困难，也许根本不可能。由于维持身体运行的成本比我们更高，在极端环境的边缘蹒跚而行，对尼安德特人来说非常危险。

不同压力因素的多重作用，导致一切都不可逆转。关键是，种群和物种的消失有可能是因为各种与智慧无关的因素，但说到底还是时间和婴儿。最后的尼安德特人没有融入我们的群体，他们的命运与其说是一声战争的呐喊，不如说是悄声的告别；在夜色下母亲们的低吟中，他们悄然消失。

我们可能永远无法了解确切的细节；从大西洋到阿尔泰，当所有尼安德特人都拥有独特的故事时，我们又怎么可能知道所有细

血缘

节呢？但可以肯定的是，那些认为尼安德特人提前退场、走向绝路的观点，在长达 100 多年的时间里影响了人们对考古记录的看法。最初的线粒体 DNA 分析并未显示出基因交流的迹象，这只是片面的描述，而我们却欣然将其作为证据。大家不妨试着做一个思想实验：如果我们是在 2010 年才首次发现尼安德特人的化石，利用基因检测工具马上就能发现我们之间存在遗传关系，我们会怎样呢？或许从一开始，他们就会被视为我们暂时分离的人族大家庭的一个分支，同时也是我们遥远的远古祖先。他们会被称作什么呢？如果丹尼索瓦是第一处化石遗址，而且我们从一开始就知道第一代尼安德特人混血儿是有可能的，又将如何呢？

既然我们知道在 60 亿人的大脑中，那供养着像焰火一样噼啪作响的神经元的血液中携带着尼安德特人的遗传基因，情况就迥然不同了。现在绝大多数人类都是他们的后代，这从任何角度来看都是某种进化上的成功。再谈灭绝感觉就不对了，但与此同时，我们也没有无差别地完全接受他们的基因。我们的身体和早期智人并不完全相同，但现存人类中没有一个看着像尼安德特人。事实上，混血后代确实存在，他们生活、相爱并抚养自己的孩子，这些为我们各层面的亲密关系提供了最具说服力的理由。我们不仅意识到彼此的吸引力，肯定也会有某种程度的文化交流。

事后来看当然看得更清楚。但是如果说过去 10 年教会了我们什么，那就是没人能预料下一次尼安德特人会给我们什么启示。

直到距离我们很近的时代，世界各地仍旧散布着许多古人类，包括尼安德特人、丹尼索瓦人、印尼史前小矮人，以及其他如吕宋人等临时命名的亚洲智人。在非洲，纳莱迪人必然会成为其他尚未识别的古人类种群的先锋。即使就尼安德特人而言，研究人员也只是刚刚明白，还有许多"未知的未知"有待探究。今后的巨大挑战将是整合不断增多却又截然不同的证据：如何将遗传学与体态的多样性联系起来；如何将两者与它们所形成的文化联系起来。

从根本上说，我们长期以来对尼安德特人命运的痴迷，其实反映了我们对种族灭绝的深切恐惧。灭绝是极其可怕的，即便是提到这个概念，也会令人毛骨悚然。人类迟迟没有意识到我们最大的威胁是什么，而末日小说早已风靡一时，这是巧合吗？在灭种的恐惧面前，我们渴望得到寓言的慰藉，在寓言里，我们始终是那个幸存下来的人。更为重要的是，我们希望自己与众不同：我们所讲述的尼安德特人的故事，大都是自恋式的安慰，我们能"幸存"下来，就是因为自己与众不同。

然而，尼安德特人从来不是人类演化道路上的驿站。他们是最先进的人类，只是类型不同而已。他们的命运是一幅织锦，交织在其中的是每一个混血儿的生命、整体被同化的族群，以及在欧亚大陆的偏远角落孤独而日渐稀少的血脉——物种灭绝前最后的个体——只留下他们的 DNA，一点点渗入洞穴底部的尘土中。

未来

21 世纪遗传学的发展如同魔法一般，让我们能够从尘土中找到尼安德特人的遗传物质，但也使我们不得不面对进入科幻领域的困境。是什么造成了尼安德特人的不同之处？基因交流对人类有怎样的影响？极大的好奇促使我们采用多种方法去研究。从基因组和医学史数据库推断是一种方法，但唯一能够确定的方法还是观察活体中的 DNA。

有了这样的认识，研究人员开始进行生物学实验，将尼安德特人的基因嫁接到小鼠体内，也有人在研究具有尼安德特人基因的青蛙，判断它们是否有不一样的痛觉感受。不过我们必须要问一句：以研究人类起源为目的，给有意识的生物造成痛苦，是否恰当？

如果说这都不算什么，现在还有多个研究项目在制造"类尼安德尔人"，即经过基因编辑的小块人类脑组织。这些脑组织要经过 9 个月的培养，算不上真正的大脑，并没有意识或已知的信息处理能力。但是它们会自发地形成各种各样的结构，而且能够进行内部的电信号连接。最初研究者宣称不会将其与刺激源连接，然而在 2019 年，有报道称，它们被应用到了通过信号控制的机器人身上。那些四足机器人能够行走，一个团队还计划创建一个输入信号反馈系统来追踪神经系统的发育。

这些项目引起了强烈关注。科学界还没有就伦理问题进行公开讨论，而且由于研究报告至今尚未发表，这些研究都是秘密进行的。在缺乏专业认可的行为准则的情况下，我们无意中正朝着制造有自我意识的尼安德特人大脑的方向迈进。

我们质疑这些不仅是出于道德的考虑，也是为了科学实效。

环境和社会背景对遗传物质的功能有巨大的影响，我们既不能在试管中复制出更新世的环境，也不能复制出尼安德特人的社会，所以说基因编辑研究究竟能取得怎样的成果，是存在争议的。

如果不采取行动，未来可能出现更令人震惊的现象。缺乏监管的实验室完全有可能做出决定，将尼安德特人的基因赋予灵长类动物，"就为了看一看"。一旦越过底线，就会有人尝试创造人类：混合尼安德特人基因的婴儿很可能降生。一些遗传学专家已经在半开玩笑地说，要用人类代孕母亲克隆婴儿了。2019 年未经批准的基因编辑人类婴儿显示，这已经根本不成问题。这样的婴儿会面临严重的健康问题，而且这些"类人类"能否得到法律保护或相应的权利，都存在极大的不确定性。

如果我们在将人类的祖先当作研究对象时没有征得他们的同意，我们就认可了将人类——尽管是另一种人类——作为科学的玩物。这又何必呢？地球上有许多生物都拥有感知、智慧、自我意识，甚至文化。我们不仅没有表现出与大象、乌鸦、鲸或灵长类动物（黑猩猩除外，不过这只是我们自己的说法）真正交流的兴趣，而且在严重地虐待它们，这预示着我们会对尼安德特人做些什么，尽管我们知道他们是什么——或者说是谁。

起源、终结和不确定性是这一切的核心。19 世纪人类对宇宙的认识发生了极大的变化，我们对时间和空间的认识也有了巨大的飞跃。千百年来，人们逐渐认识到地球不过是太阳系中的一颗星球，而现在我们的认识突飞猛进，就连我们的太阳也不是独一无二的，而只是宇宙中的无数恒星之一。那时世界上最大的望远镜关注的还是处在视野边缘的模糊的"螺旋星云",而如今我们发现了更多的星系,里面有无数的星星。四维空间的宇宙几乎已经超出了人类思维的极限。在菲尔德霍夫遗址取得发现的40年间,有关月球生命、前往其他恒星或遥远未来的想法蓬勃发展。到1878年时,飞碟的故事出现了;1893年,威尔斯在想象100万年后的人类会变成什么样子。4年后,《世界大战》(*Wars of the Worlds*)出版;1909年,就在佩罗尼发掘出费拉西1号腿骨的同一年,最早接收外星信号的无线电项目启动。

聆听尼安德特人声音的梦想或许会成真。但从某种角度来看,他们代表了我们与外星人的第一次接触:不是来自地球之外的智慧生命,而是来自一个不同于我们的时代。他们和我们的第一次相遇一定很有意义,只不过我们与更新世相隔了4万年,维多利亚时代与当时挖掘出的骨骸之间的鸿沟,所引发的敬畏之心丝毫不亚于与外星人的相遇。

不仅如此,无论是史前史学家、地外文明[1]研究人员还是科幻小说作者,至今都仍在追问19世纪提出的那些深刻的疑问:人类来自何方?又会去向何处?知觉、智慧、创造力、自我意识,这些究竟是什么?

这些主题也与20世纪出现的最新的另类智慧——人工智能——出现了交集。我们认定尼安德特人属于人类的方式——评估他们作为猎人、打制者和艺术家的能力,或制定准则来考察丧葬仪

---

1 寻找地外智慧生命。

式的意义——与人工智能系统的自我意识测试有着诸多相似之处。真正的机械意识或许很快就会出现，我们现在相信，在所有星体中，有五分之一的星群中可能存在一个与地球体量相当的宜居行星。尽管前往这样一个星球还需要几千年时间，但总有一天我们会到达那里。如果真是这样，我们就不再是宇宙里的独行者了。

※　　※　　※

地球历史之深邃、壮观和荒凉，使早期的地质学家们感到恐惧和痴迷。在这个难以形容的古老星球上，曾经存在无数恐怖的蜥蜴、凶残的巨齿鱼和菊石群。尼安德特人带来了某种安慰：人类的起源也是这部宏大故事的篇章之一。

揭示尼安德特人存在的不是神的旨意，而是工业革命的喧嚣无序。最初发现的尼安德特人骸骨，是在开石、采矿、基础设施建设和城市扩张中，甚至是在战争期间挖掘出来的；将菲尔德霍夫尼安德特人炸碎的黑火药也是为生产弹药而研制的；在直布罗陀发现那两个头骨的人也是出于军事目的才去那里。在当今的数字生物技术时代，成千上万的骨骸碎片可以一点点地做人类蛋白生物标记检测。尼安德特人和丹尼索瓦人的孩子不是考古发掘发现的，而是从屏幕上微小的胶原纤维和数字里找到的。

作为我们（重新）发现的第一个古人类人种，尼安德特人也是我们最熟悉的一个，而且现在比以往更亲近，这似乎是很自然的。160 多年后，我们终于开始按照他们的方式看待他们。他们是成功的、灵活的，甚至是有创造力的：这些词汇都适用于他们。最重要的是，尼安德特人是幸存者和探险家，他们开拓了成为人类的新途径，在空间甚至时间上拓展了自我。他们尝试用新的方法来分解、积累甚至转化物质。在收集特殊物品、标记事物和地点、探索死亡内涵的过程中，存在着经久不息的美学余烬和富有象征性的明亮闪光点。

让我们放下警觉，通过这几页文字来完成这段共同的旅程。超越极限，穿越时空回到更新世。闭上你的眼睛，想象这样一个世界：在清冷的冬日暖阳下，有一片草地；温暖的林间小径，脚下是松软的土壤；或是一片如今早已陆沉的岩石海岸，海鸥的鸣叫声送来腥咸的海风。你听，迈步向前，她来了：

当你走到近前时，将掌心与她的掌心相对。感受她的温度。同样的血液也在你的身体里流淌。深呼吸，鼓起勇气，抬起头，凝望她的双眸。留神，你的膝头会变软，泪水会涌入你的眼眶，你会抑制不住想要哭泣，因为你是人。[1]

尼安德特人，人类的血亲。

---

1 《最后的尼安德特人》(*The Last Ncanderthal*)，"序言"，克莱尔·卡梅隆（Claire Cameron）著；经许可引用。

后记

这是尼安德特人的 10 年。一代又一代人曾凝神注视那些纪念自身存在的骸骨纪念碑，想象尼安德特人活着时的样子。我们想看到他们宽大的脚掌，看他们迈开腿翻越崎岖的山峦或是蜷缩在树叶后面；看他们用胳膊和双手举起巨石，从中打造出各种工具；或是拿起仍有余温的马腿，上面满是美味的脂肪。经过长久以来对片刻联系的追寻，当我们终于体会到他们还在我们身边——在亿万颗跳动的心脏中，在呱呱坠地的婴儿身上——发自内心的兴奋激动依然不曾消退。然而始终萦绕在我们心头的，是他们的头骨。他们硕大的面容既熟悉又陌生，在那面容后面曾有着精微的大脑，空洞的眼窝曾经见证那个消失的世界。

然而，一切都过去了。

> 如同一只饥饿的狼躲藏在树洞里……他们就像河流和瀑布……没有什么能与他们为敌。[1]

这就是威廉·戈尔丁笔下谦和的主人公——尼安德特人洛克

---

1 摘自威廉·戈尔丁的《继承者》。

所看到的人类在世界各地繁衍生息的景象。这一令人激动莫名的描写是在发现菲尔德霍夫洞穴 99 年后发表的，在此 4 万年前，世界上只剩下一种人类：我们。4 万年，相比尼安德特人存在的时间几乎还不到十分之一。

如今，我们体内的尼安德特人基因迎来了另一场危机。我们赖以生存的地球包裹在一层稀薄的大气层中，薄得就像苹果上抹的一层蜂蜜。长期以来，我们施加给这层大气的负荷越来越大。我们对物质属性共有的痴迷，已经转变成一种创造和消费癖，我们的手指更加灵巧，用石头、铁和塑料创造出了更多东西。

2020 年，我在居家隔离期间写完了这本书。如今人类的生存问题比比皆是。"新冠"疫情在短短一个月内就席卷了全世界，连接全球每个角落的数百万次航班大大加速了疫情的传播。然而，蔓延速度更慢、暂时被遗忘了的，是更为严重的气候危机。

自大约 1.2 万年前进入间冰期以来，我们基本上都生活在冰盖休眠的友善气候环境中。

如果没有工业革命，我们或许还有几千年的黄金时间，然后气温才会开始下降。但是二氧化碳的大量释放——超过了整个更新世及其后的任何时期——无限期地推迟了下一次冰期的到来。

当前的局面是前所未有的。在下一个千年——也就是约 30 代人的时间里——我们将进入一个比以往所有人类经历过的更热、更危险的世界。12 万年前的伊姆间冰期平均只比现在暖和一两摄氏度，然而即便算上泰晤士河的大型河马雕塑，海平面比现在高出 5 米到 7 米。有着美丽木屋和繁华都市的海岸线都将被淹没。而那时的大气二氧化碳含量要远低于目前的水平。

如果不立即采取严厉的措施，最新的气候模型显示我们将走上一条可怕的道路。极地冰盖有可能彻底消失。一旦出现这种情况，海平面将上升 20 米甚至更高。在过去的一年里，大堡礁的珊瑚群大片死亡，北极圈、亚马孙流域和澳大利亚饱受炙烤，高温纪录一浪接一浪地不断突破。

在尼安德特人曾经踏足过的古老欧亚草原的高速公路上，更新世的遗骸从巨大的冰原泥炭[1]中融化——猛犸象的脚、狼头、完整的洞狮幼崽——就像恐怖的末日骑士出现在大地之上。大解冻甚至可能带来我们与尼安德特人的第三次相遇：某个地方肯定还有一具骸骨，仍沉睡在 5 万年前的泥泞和永冻土层下。

我们可以安慰自己，毕竟尼安德特人曾在类似的极端气候变化中幸存下来。随着冰川的消失，大地似乎也在崩解，因为古老的永久冻土冒出了气泡，形成遍布湖泊的沼泽地，在地平线上一直延伸到天际。丘陵出现了又消失，如同巨大的季节性真菌；森林成片消失或是被洪水淹没，巨坑形成。整片山麓像冰激凌一样融化，土壤、植被等一切都滑落下去，摧毁局部生态系统；曾经清澈的河流——生命依存的根基——也在大地崩解的过程中充满了泥沙。尽管如此，尼安德特人还是坚持了下来。

但是曾经只有几十万人的欧亚大陆与现在有着亿万人的大陆

---

1 原文为 yedoma，出自西伯利亚的涅涅茨语，意为"没有驯鹿"，指在这些地方他们必须徒步行走。

血缘

是截然不同的。尼安德特人可以通过迁徙来躲避灾难，而我们无从知晓我们庞大的、工业化的、复杂到难以想象的文明将走向何方。"新冠"疫情带给我们的震撼在于，即便有技术缓冲，我们也在走向不确定甚至规模更大的动荡。

阳光曝晒、城市窒息、洪水、暴风雨，或许还有更多的瘟疫，这样的未来，就像是一只野牛正对着我们咆哮。如果我们不尽快行动起来，我们的后代将会蒙受苦难；他们的血泪将像最后的尼安德特人一样洒遍大地。

致谢

8 年前开始写作《血缘》，我就觉得难度很大，极具挑战性。尝试写一篇我倾注了极大热情的权威性文章，既是一种难得的幸运，也是一种磨砺。对准确性的疑虑会被无限放大，我甚至经常觉得写这样一本书有点儿不知天高地厚。然而由于尼安德特人本身的原因，这样的尝试也是至关重要的。我首先要感谢的也是他们，他们始终让我着迷、困惑、惊讶和赞叹。尽管写作过程缓慢拖沓甚至停滞不前，但他们总能让我重新抖擞精神。

说到写作，我要特别感谢一位审稿人，2009 年他拒绝了我的第一篇学术文章，称我对尼安德特人桦木焦油技术的社会背景和认知含义的研究"更适合出现在琼·奥尔的小说里"。是他让我下定决心找到一种途径，在致力于考古学研究的同时，继续创作"旧石器时代人类情感的新纪元讨论"。

在这一点上，我要自豪地向琼·奥尔表达我的谢意。她费尽周折，试图表现旧石器时代生活的细枝末节，促成了我童年时对史前史兴趣的萌芽。在许多方面，她对尼安德特人的描写是有先见之明的。其他让我看到旧石器时代生活的小说家包括伊丽莎白·马歇尔（Elizabeth Marshall）和克莱尔·卡梅隆（Claire Cameron）；对于后者，我很感谢她允许我引用她的《最后的尼安德特人》一书的一句话。此外，还要向其他许多不同类型的作家致谢，他们对技术的展示启发了我。其中包括 Gavin Maxwell、Richard Fortey、Kerstin Ekman、Primo Levy 和 Nan Shepherd。我要特别感谢布鲁姆斯伯里西格玛出版社的其他作者一直以来的鼓励和支持，尤其是 Jules Howard（朱尔斯·霍华德，著作中译名为《地球上的性》——编者注）、Kate Devlin、Ross Barnett 和 Brenna Hassett。

还要感谢许多考古学同行，没有他们，我不可能走到这一步。我非常感谢 Robert Symmons、Richard Jones 和 Naomi Sykes，是他们带领我走进了考古学的大门；感谢 John McNabb 在我硕士期间对我的培养，还有此后始终如一的支持，也感谢许多让我获得英国尼安德特人考古学博士学位的机构。还要感谢 Beccy Scott、Matt Pope 等人，他们给了我机会，让我在获得博士学位后，得以在泽西岛圣布雷拉德牧区拉科特洞穴研究尼安德特人的文物。

有很多学者和思想家的著作帮助我更深入地思考尼安德特人，在此仅提几位：Clive Gamble、Tim Ingold、John Speth、Louis Liebenberg、Zoe Todd、Vanessa Watts、Kim Tallbear、Donna Haraway，以及包括巴瓦卡县在内的雍古族原住民社区。

许多最亲密的研究生同伴帮助我提升了对史前史和考古学的思考，也对我的写作给予了支持。感谢 Ana Jorge、Christina Tsoraki、Erick Robinson、Nick Taylor、Geoff Smith、Karen Ruebens 和 Becky Farbstein。

我在波尔多大学的 PACEA 实验室拿到博士后基金后，就开始写作《血缘》一书。那里的许多同事给了我欢迎、鼓励和启迪，但让我受益最多的是与 Brad Gravina 在尼安德特人问题上的思想交锋，我的办公室和他的相邻，在很长一段时间里我们经常"开火"，但这不影响我们之间的友谊。

我也非常感谢更广泛的专业同行，特别是当我决定从学术困境中走出来，进入更自由的写作和创作生涯时。我与他们讨论和辩论关于尼安德特人的考古学问题，大多是通过社交媒体。这让我学到了很多。他们分别是：John Hawks、Alice Gorman、Julien Riel-Salvatore、Chris Stringer、Will Rendu、Colin Wren、Annemieke Milks、Marie Soressi、Jacquelyn Gill、Tom Higham、Kate Britto、Catherine Frieman、Jacq Matthews、Paige Madison、Jenni French、Andrew Sorensen、Hanneke Meijer、James Cole、Radu Iovita、Clive Finlayson、Ben Marwick、Manuel Will、James Dilley、Shanti Pappu、Michelle Langley、Antonio Rodríguez-Hidalgo、Patrick Randolph-Quinney、Joseba Rios-Garaizar，还有许多我记不起名字的人。

在写这本书的时候，我的收入很少，因此非常感谢作家协会在 2016 年提供的作家基金资助，以及在 2018 年和 2020 年的应急基金资助，这些都对我的写作具有决定性的影响。同样，也非常感谢《卫报》(The Guardian)、《万古》(Aeon) 杂志的编辑们为我提供了发表作品的机会。

非常感谢布鲁姆斯伯里西格玛的 Jim Martin 为我提供写这

本书的机会，并且在我还没有认真想清楚写这本书需要多长时间的情况下，始终对我充满信心。还要感谢西格玛的编辑 Anna MacDiarmid 始终如一的理解，感谢她能够表现出冷静乐观的精神。尽管时间紧迫，但与 Myriam Birch 的合作使得润稿成为一种真正的乐趣。Kealey Rigden、Amy Graves、Alice Graham 做了出色的宣传和营销。与插画师 Alison Atkin 合作也是一件美妙的事情（因版权问题，中文版未使用插图——编者注）；即便我最奇特的想法，她也总是乐于尝试，完全如我所愿地捕捉到了特定场景的情感。阅读手稿章节的好心人给了我非常宝贵的反馈意见，感谢 Brad Gravina、Angela Saini、John Hawks、Brenna Hassett、Tori Herridge 和 Suzanne Pilaar Birch。

后三位女性作为我个人的、几乎全天候的无政府主义女权主义啦啦队，也值得无限感激。自 2013 年以来，无论是或大或小的危机，她们都无条件地提供支持、理解和帮助。我每迈出一小步或取得一次胜利，都是她们无私的鼓励给了我继续前进的信心；不仅在《血缘》一书的写作中，在我选择离开学术研究的道路时也是如此。

最重要的是我的家人，他们像高山一样为我遮风挡雨。我希望能把这本书献给和我同样热爱历史的祖父 Sam；还有我的祖母 Dorothy，她热爱文学和诗歌（她的祖父 Hall Nicholson 是一名矿工，也是 19 世纪 90 年代桑德兰世俗学会的演说家，最后一章脚注中提到过他）；我的外祖父 Neville 对古典音乐的默默喜爱激发了我的鉴赏力，这也是支撑我写作的动力；我也一直受到外祖母

致谢　　　　　　　　　　　　　　　　　　　　　　461

Jean 的启发，她对我强烈而坚定的爱，意味着任何不好的评价都不会对我造成负面影响。

我的兄弟 Jack 和我的母亲 Rosalynd、父亲 Peter 一直在身边支持我，无条件地支持我经历毁誉、荣辱和成功。他们的爱、信任和骄傲对我的意义，远非文字所能表达。

最后，想对我的丈夫 Paul 说声谢谢。我亏欠你的，是任何言语都不足以表述的。

这本书也送给我的孩子们，还有在我之前的 3000 多代的母亲们，是她们把我们和尼安德特人联系起来。她们仍活在我生命的每一次呼吸中，也活在我的两个小女儿体内（孩子们有时很喜欢听妈妈讲她在写的"尼安德特人"，不过更希望她来陪她们玩）。

2020 年 6 月，于威尔士中部

血缘

译名对照表

Aboriginal Australians 澳大利亚原住民

Abri des pecheurs, France 法国, 佩舍尔角岩棚

Abri peyrony, France 法国, 佩罗尼遗址

Abric del Pastor, Spain 西班牙, 帕斯特岩棚

Abric Romani, Spain 西班牙, 罗曼尼岩棚遗址

adhesives 黏合剂

allotaxa 同种异型

Altai, Siberia 西伯利亚, 阿尔泰

Amud, Israel 以色列, 阿木德

Anaktuvuk Pass, Alaska 阿拉斯加, 阿纳克图沃克山口

androstenone 雄烯酮

Apidima, Greece 希腊, 阿皮迪马遗址

Aranbaltza, Spain 西班牙, 阿兰巴尔扎遗址

Arctic peoples 北极部落

Arcy-sur-Cure, France 法国, 屈尔河畔阿尔西

Ardales Cave, Spain 西班牙, 安达莱斯洞穴

Atapuerca, Spain 西班牙, 阿塔普尔卡

Auel, Jean 琼·奥尔

aurochs 原牛

australopithecines 南方古猿

Axlor, Spain 西班牙, 阿克斯勒

Baartman, Sarah 莎拉·巴特曼

Bachokirian culture, Bulgaria 保加利亚, 巴乔基里文化

backed knives 琢背刀

Bajondillo, Spain 西班牙, 巴洪迪约岩棚

Balzi Rossi, Italy 意大利, 巴兹罗斯

Barbary macaques 巴巴利猕猴

Barme Grande, Italy 意大利, 巴默格兰德

Berlin Museum of Ethnography 柏林民族博物馆

Biache-Saint-Vaast, France 法国, 比亚什圣瓦斯特露天遗址

bifaces 两面器

Bilzingsleben, Germany 德国, 比尔钦格斯莱本遗址

biosocial archaeology 生物社会考古学

bipolar knapping 砸击法石核剥片

bipolar 砸击石核

birch tar 桦木焦油

Bize caves, France 法国，比兹洞穴

bladelets 小石叶

blades 石叶

Blombos, South Africa 南非，布隆伯斯洞穴

Bolomo Cave, Spain 西班牙，博洛莫洞穴

Border Cave, South Africa 南非，边境洞穴

Borders, Francois 弗朗索瓦·博尔德

Breuil, Henri 亨利·步日耶

Brillenhohle Cave, Germany 德国，布里伦霍勒洞穴

Brixham Cave, Britain 英国，布里克瑟姆洞穴

Brome, Joseph Frederick 约瑟夫·弗雷德里克·布罗姆

Bruniquel, France 法国，布吕尼凯勒

Buran-kaya, Crimea 克里米亚，布兰卡亚

Busk, George 乔治·巴斯克

Campanian Ignimbrite 坎帕阶熔灰岩

Campitello, Italy 意大利，坎皮泰洛

Canaules II, France 法国，卡诺莱 2 号

cannibalism and body processing 食人行为和遗骸处理

Capitan, Louis 路易斯·卡皮唐

Causse du Larzac plateau, France 法国，拉尔扎克喀斯高原

Cavallo Cave, Italy 意大利，卡瓦洛洞穴

Chagyrskaya, Russia 俄罗斯，查吉斯卡亚

Chatelperronian culture 夏特尔贝龙文化

Christy, Henry 亨利·克里斯蒂

Ciemna, Poland 波兰，"暗洞"遗址

Cioarei-Borosteni Cave, Romania 罗马尼亚，乔阿雷-博罗蒂尼洞穴

Clacton-on-Sea, Britain 英国，滨海克拉克顿

cold-adapted species 耐寒物种

Combe Grenal, France 法国，康贝·格林纳尔岩棚

Commont, Victor 维克多·柯孟特

Conyers, John 约翰·康耶斯

Coon, Carlton 卡尔顿·库恩

Coustal Cave, France 法国，库斯塔尔洞穴

Cova Foradada, Spain 西班牙，佛拉达达洞穴

Cova Negra, Spain 西班牙，科瓦尼格拉洞穴

creationists 神创论者

Cueva de los Aviones, Spain 西班牙，艾维纳斯洞穴

Cuozzo, Jack 杰克·库佐

Cussac, France 法国，屈萨克洞穴

Darwin, Charles 查尔斯·达尔文

dating methods 定年法

de Jouannet, Francois Rene Benit Vatar 弗朗索瓦·勒内·贝尼·瓦塔尔·德茹阿内

de Mortillet, Gabriel 加布里埃尔·德·莫尔蒂耶

血缘

De Nadale, Italy 意大利，纳戴勒洞穴

de Perthes, Jacques Boucher de Crè-
vecoeur 雅克·布歇·德克雷弗克·
德比尔

Denisova Cave, Siberia 西伯利亚，丹
尼索瓦洞穴

Denisovans 丹尼索瓦人

Devil's Tower fissure site, Gibraltar
直布罗陀，魔鬼塔遗址

Diepkloof, South Africa 南非，迪克
鲁夫岩棚

digging sticks 挖掘棒

Discoid techno-complex 盘状石核技
术体系

Doggerland 多格兰

Dryopithecus 森林古猿

Edwards, Samuel Jules Celestine 塞
缪尔·朱尔斯·塞莱斯廷·爱德华
兹

Eemian interstadial 伊姆间冰期

Ein Qashish, Israel 以色列，艾因卡
什

El Cuco, Spain 西班牙，埃尔库克遗
址

El Esquilleu, Spain 西班牙，埃尔艾
斯奎勒遗址

El Salt, Spain 西班牙，埃尔萨尔特岩
棚

El Sidron, Spain 西班牙，埃尔锡德
隆

Engis, Belgium 比利时昂日

English Channel 英吉利海峡

Evans, John 约翰·伊文思

Falconer, Hugh 休·福尔克纳

Feldhofer Cave, Germany 德国，菲
尔德霍夫洞穴

Figueira Brava, Portugal 葡萄牙，菲
盖拉·布拉瓦洞穴

Flint, Edmund 埃德蒙·弗林特

Flores, Indonesia 印度尼西亚，弗洛
勒斯岛

Forbes Quarry, Gibraltar 直布罗陀，
福布斯采石场

Fossellone Cave, Italy 意大利，福塞
隆洞穴

FOXP2 gene 叉头框 P2 基因

Fuhlrott, Johann Carl 约翰·卡尔·富
尔罗特

fuliginochronology 烟灰年代分析法

Fumane Cave, Italy 意大利，富马尼
洞穴

Gailenreuth Cave, Germany 德国，盖
伦鲁斯大洞穴

Garrod, Dorothy 多萝西·加罗德

Geißenklösterle Cave, Germany（374）
德国，盖森科略斯特勒岩洞

Generosa Cave, Italy 意大利，杰内
罗萨洞穴

Golding, William 威廉·戈尔丁

Gorham's Cave, Gibraltar 直布罗陀，
戈勒姆洞穴

Gough's Cave, Britain 英国，高夫洞
穴

Goyet, Belgium 比利时，戈耶洞穴

Gran Dolina, Spain 西班牙，格兰多
利纳洞穴

Green Tuff 绿色凝灰岩

Grotte des Fées, France 法国，费斯

血缘

棚

La Folie, France 法国，拉福利耶遗址

La Madeleine, France 法国，马德莱
纳岩棚

La Pasiega, spain 西班牙，巴西加洞

La Quina, France 法国，拉奎纳遗址

La Roche-à-Pierrot, France 法国，拉
罗什阿皮耶罗

La roche-Cotard, France 法国，拉罗
什－康塔德洞穴

Lagar Velho, Portugal 葡萄牙，拉加
维利霍遗址

Lakonis, Greece 希腊，拉克尼斯遗址

Lamalunga Cave, Italy 意大利，拉马
伦加洞穴

laminar technology 石叶技术

Larson, Doug 道格·拉森

Lartet, Edouard 爱德华·拉尔泰

Lascaux, France 法国，拉斯科洞穴

Late Eemian Aridity Pulse 伊姆间冰
期末期干旱事件

Le Moustier 1 adolescent 勒穆斯捷 1
号青少年

Le Moustier 2 infant 勒穆斯捷 2 号婴
儿

Le Moustier, France 法国，勒穆斯捷
岩棚

Le Rozel, France 法国，勒罗泽

Lehringen, Germany 德国，赖林根

Les Bossats, France 法国，博萨茨

Les Eyzies-de-Tayac, France 法国，莱
塞济·德泰亚克村

Les Fieux, France 法国，菲厄斯洞穴

Les Pradelles, France 法国，普拉代

莱遗址

Levallois technology 勒瓦娄哇技术

Leysalles, Jean 让·莱萨尔斯

lissoirs 磨光器

lithic exchange 石器交换

Lomekwian artefacts 洛迈奎文化人工
制品

Lomekwian 洛迈奎文化

Lubang Jeriji Saléh, Borneo 加里曼丹
卢邦－杰里吉－萨莱赫洞穴

Lubbock, John 约翰·卢伯克

lunates 半月形工具

Lyell, Charles 查尔斯·莱尔

Lykov family 利科夫家族

Lynford Quarry, Britain 英国，林弗
尔德采石场

Maastricht- Belvédère, Netherlands
荷兰，马斯特里赫特－贝尔维德露
天遗址

Madjedbebe, Australia 澳大利亚，马
杰德贝

Maltravieso, Spain 西班牙，马特维索
洞穴

Mandrin Cave, France 法国，曼德林
洞穴

Manot Cave, Israel 以色列，马诺特
洞穴

Marine Isotope Stages 深海氧同位素
阶段

Mauran, France 法国，莫朗洞穴

Mayer, August Franz Josef Karl 奥古
斯特·弗朗兹·约瑟夫·卡尔·迈耶

Mezmaiskaya, Russia 俄罗斯，梅兹
迈斯卡娅遗址

micro-morphology 微形态研究

MIS 3 interglacial 深海氧同位素第 3 阶段间冰期

MIS 4 interglacial 深海氧同位素第 4 阶段间冰期

Misliya, Israel 以色列，米斯利亚岩棚

Mladeč, Czech Republic 捷克共和国，姆拉代奇

mobility patterns 流动模式

Montastruc, France 法国，蒙塔斯特吕克岩棚

Moscerini Cave, Italy 意大利，莫塞里尼洞穴

Moula-Guercy, France 法国，莫拉－古尔西洞穴

Mousterian culture 莫斯特文化

multi-body sites 多具骸骨聚集的遗址

musk oxen 麝牛

Neander Thal, Germany 德国，尼安德河谷

Neander, Joachim 约阿希姆·尼安德

Neronian culture 尼罗尼亚文化

Neronian 尼罗尼亚人

Neumark-Nord, Germany 德国，诺伊马克诺德

Noisetier Cave, France 法国，榛子洞穴

Oase man 奥瑟人

Okladnikov Cave, Siberia 西伯利亚，奥克拉德尼科夫洞穴

Old Man skeleton 老人骨骼

Oliveira Cave, Portugal 葡萄牙，奥利维拉洞穴

Pantelleria, Italy 意大利，潘泰莱里亚岛

Payre, France 法国，佩勒岩棚

Pech de l'Azé, France 法国，佩钦德阿泽岩棚

perikymata 釉面横纹

Peştera cu Oase, Romania 罗马尼亚，"骨之洞"遗址

Pešturina Cave, Serbia 塞尔维亚，佩斯图里纳

Petrie, Sir Flinders 弗林德斯·皮特里爵士

Peyrony, Denis 丹尼斯·佩罗尼

phenylthiocarbamide 苯硫脲 PTC

Plot, Robert 罗伯特·普洛特

Poggetti Vecchi, Italy 意大利，波杰蒂维奇遗址

points 尖状器

prepared core technology 石核预制技术

Prestwich, Joseph 约瑟夫·普雷斯特维奇

Proconsul 原康修尔猿

Proto-Aurignacian culture 早期奥瑞纳文化

Qafzeh, Israel 以色列，卡夫扎遗址

Quina techno-complex 基纳技术体系

Quina technology 基纳技术

Quina-making groups 制造基纳型石器的群体

Quinçay, France 法国，坎赛岩棚

Quincieux, France 法国，奎斯克斯遗址

Rabutz, Germany 德国，拉布茨遗址

血缘

ramification 衍生物

raw material units 原料单元

Regourdou, France 法国, 雷戈杜遗址

Rio Secco, Italy 意大利, 里奥塞科遗址

Roc de Marsal, France 法国, 马尔萨尔岩棚

Roca dels Bous, Spain 西班牙, 布斯岩棚

Roccamonfina volvano, Italy 意大利, 罗卡蒙菲纳火山

Rosny, J. H. J. H. 罗斯尼

Sagan, Carl 卡尔·萨根

Saint-Césaire, France 法国, 圣塞赛尔

Salzgitter-Lebenstedt, Germany 德国, 萨尔茨吉特遗址

Sant'Agostino Cave, Italy 意大利, 圣阿戈斯蒂诺洞穴

Schaaffhausen, Hermann 赫尔曼·沙夫豪森

Schmerling, Philippe-Charles 菲利普－夏尔·施梅林

Schoningen, Germany 德国, 舍宁根遗址

Scladina, Belgium 比利时, 斯科拉迪亚洞穴

second-generation approaches 二代方法

shanidar 1 skeleton 山尼达 1 号骨骼

Shanidar 3 skeleton 山尼达 3 号骨骼

Shanidar, Iraq 伊拉克, 山尼达

Sima de las Palomas, Spain 西班牙, 西玛德洛斯赫索斯洞穴 / 万人坑洞穴遗址

Sima de los Huesos, Spain 西班牙, 骨坑遗址

Sima del Elefante, Spain 西班牙, 象山洞窟

Sirogne, France 法国, 希罗格遗址

Somme vally, France 法国, 索姆河谷

Spy, Belgium 比利时, 斯庇遗址

Stratigraphy 地层学

Streletskayan culture 斯特莱茨卡亚文化

Streletskayan 斯特莱茨卡亚

Sulawesi, Indonesia 印度尼西亚, 苏拉威西岛

Sunghir, Russia 俄罗斯, 松希尔

Tabun 1 woman 塔本 1 号女性

taphonomy 埋藏学

Taubach, Germany 德国, 陶巴赫遗址

Teixoneres Cave, Spain 西班牙, 特谢内雷斯洞穴

Terra Amata, France 法国, 特拉阿玛达

Teshik-Tash, Uzbekistan 乌兹别克斯坦, 切舍克塔施遗址

thanatology 死亡学

Theopetra Cave, Greece 希腊, 西奥佩特拉洞穴

Torrejones Cave, Spain 西班牙, 托雷洪斯洞穴

Tournal, Paul 保罗·图尔纳

Tourville-la-Rivière, France 法国, 图维尔－拉里维耶尔

Trinil，java 爪哇岛，特里尼尔

Uluzzian culture 乌鲁兹文化

Umm et Tlel，Syria 叙利亚，乌姆埃特特勒

Ust-Ishim，Siberia 西伯利亚，乌斯季伊希姆

Vanguard Cave，Gibraltar 直布罗陀，先锋洞穴

Vârtop Cave，Romania 罗马尼亚，沃尔托普

Victoria Cave，Britian 英国，维多利亚洞穴

Vindija，Croatia 克罗地亚，温迪迦

Virchow，Rudolf 鲁道夫·魏尔啸

Vogelherd，Germany 德国，弗戈赫尔德遗址

Wallace，Alfred Russel 阿尔弗雷德·拉塞尔·华莱士

Walou Cave，Belgium 比利时，瓦卢洞穴

Weimar-Ehringsdorf，Germany 德国，魏玛－埃林斯多夫遗址

Wells，H. G. H. G. 威尔斯

Wrey Savile，Bourchier 布奇尔·雷伊·萨维尔

Zafarraya，Spain 西班牙，萨法拉亚遗址

Zaskalnaya，Crimea 克里米亚，扎斯卡尔纳亚

Zeeland Ridges skull fragment 泽兰山脊头骨碎片

达芬奇的贝壳山和沃尔姆斯会议
斯蒂芬·杰·古尔德 著　傅强　张锋 译
___

新生命史——生命起源和演化的革命性解读
彼得·沃德　乔·克什维克 著　李虎　王春艳 译
___

蕨类植物的秘密生活
罗宾·C.莫兰 著　武玉东　蒋蕾 译
___

图提拉——一座新西兰羊场的故事
赫伯特·格思里－史密斯 著　许修棋 译
___

野性与温情——动物父母的自我修养
珍妮弗·L.沃多琳 著　李玉珊 译
___

吉尔伯特·怀特传——《塞耳彭博物志》背后的故事
理查德·梅比 著　余梦婷 译
___

稀有地球——为什么复杂生命在宇宙中如此罕见
彼得·沃德　唐纳德·布朗利 著　刘夙 译
___

寻找金丝雀树——关于一位科学家、一株柏树和一个不断变化的
世界的故事
劳伦·E.奥克斯 著　李可欣 译
___

寻鲸记
菲利普·霍尔 著　傅临春 译
___

众神的怪兽——在历史和思想丛林里的食人动物
大卫·奎曼 著　刘炎林 译
___

人类为何奔跑——那些动物教会我的跑步和生活之道
贝恩德·海因里希 著　王金 译
___

寻径林间——关于蘑菇和悲伤
龙·利特·伍恩 著　傅力 译
___

编结茅香——来自印第安文明的古老智慧与植物的启迪
罗宾·沃尔·基默尔 著　侯畅 译

图书在版编目（CIP）数据

血缘：尼安德特人的生死、爱恨与艺术 /（英）丽
贝卡·雷格·赛克斯（Rebecca Wragg Sykes）著；李小
涛译．—北京：商务印书馆，2023
（自然文库）
ISBN 978-7-100-22065-1

Ⅰ.①血…　Ⅱ.①丽…②李…　Ⅲ.①尼安德特人—
研究　Ⅳ.① Q981.5

中国国家版本馆 CIP 数据核字（2023）第 037944 号

自然文库
血缘
尼安德特人的生死、爱恨与艺术
〔英〕丽贝卡·雷格·赛克斯　著
李小涛　译

商 务 印 书 馆 出 版
（北京王府井大街 36 号　邮政编码 100710）
商 务 印 书 馆 发 行
北京新华印刷有限公司印刷
ISBN 978 - 7 - 100 - 22065 - 1

2023 年 4 月第 1 版　　　　开本 880×1230 1/32
2023 年 4 月北京第 1 次印刷　　印张 15
定价：75.00 元